Elisabeth Beck

# Wer denken will, muss fühlen

Mit Herz und Verstand zu einem besseren Umgang mit Hunden

Kynos Verlag

Konrad-Zuse-Straße 3 • D-54552 Nerdlen/Daun
Telefon: +49 (0) 6592 957389-0
Telefax: +49 (0) 6592 957389-20
www.kynos-verlag.de

Titelbild: »Riera Aldo Augusto«, Foto Natalia Kostikova, www.horsephoto.ru

Gedruckt in Lettland

ISBN 978-3-942335-00-3

Mit dem Kauf dieses Buches unterstützen Sie die
Kynos Stiftung Hunde helfen Menschen
www.kynos-stiftung.de

# Inhaltsverzeichnis

## Von Flüsterern und Methodikern

Flüsterer haben Konjunktur. Zunächst waren es die Pferdeflüsterer, die die Menschen beschäftigten, bald war auch von Hundeflüsterern die Rede und inzwischen scheint es Flüsterer für fast jede Tierart zu geben. Trainer, die sich Flüsterer nennen, haben großen Zulauf. Offenbar wollen sehr viele Leute »flüstern« lernen – aber warum?

Menschen schaffen Hunde an, weil sie sich nach einer innigen Beziehung zu einem anderen Lebewesen sehnen – die meisten wenigstens. Das ist natürlich nichts, was ich sicher wissen kann, aber je länger ich mit Tierhaltern und ihren Vierbeinern zu tun habe, desto sicherer bin ich, dass ich da nicht ganz falsch liege.

Wir leben in einer Zeit, in der uns mehr Wissen über Hunde zur Verfügung steht denn je. Noch nie gab es eine so reiche Auswahl an Hundetrainingsmethoden und so viele Trainingsangebote wie heute. Ideale Voraussetzungen für ein harmonisches und glückliches Zusammenleben mit dem vierbeinigen Hausgenossen also? Nicht ganz. Für viele Menschen stehen, kaum ist der Vierbeiner im Haus, bald nur noch Probleme und Schwierigkeiten im Vordergrund. Und während ihnen Hundebücher, Hundetrainer und zahllose Fernsehsendungen die angeblich perfekte Lösung für jedes Problem anbieten, will sich der erwünschte Erfolg für den einen oder anderen trotz aller Anstrengungen nicht einstellen. Nähe und Vertrauen zwischen Mensch und Tier, um die es ursprünglich gegangen war, bleiben über all dem irgendwann auf der Strecke. Fast könnte man meinen, das viele Wissen, das uns heute über Hunde vermittelt wird, habe es eher schwieriger als leichter gemacht, eine gute Beziehung zum eigenen Vierbeiner zu haben. Wie kann das sein?

Während man sich früher in der Hundeerziehung hauptsächlich auf die eigene Erfahrung und das eigene Gefühl verließ, ist es heute fast selbstverständlich geworden, eine Hundeschule zu besuchen, Experten zuzuziehen. Die Ausbildung von Hunden ist also weitgehend professionalisiert. Damit wurde sie den Menschen aber auch ein Stück weit aus der Hand genommen. Und viele von ihnen sind unzufrieden. Sie spüren irgendwo, dass sich der Umgang mit dem Tier, so wie er vermittelt wird, oft nicht gut oder stimmig anfühlt. Sie sollen lernen, dem Hund zu zeigen, wer »das Sagen hat«. Vieles, was ihnen Freude gemacht hatte, wie etwa die abendliche Kuschelstunde auf dem Sofa, soll plötzlich grundfalsch sein. So mancher, der sich einen Hund ins Haus geholt hat, weil er den engen Kontakt mit einem anderen Lebewesen sucht, erfährt, es sei vollkommen verkehrt, dem Tier Aufmerksamkeit zu schenken, er müsse lernen, es konsequent zu ignorieren. Professionelle Hundetrainer erklären Leuten, die ihre Vierbeiner lieben, dass Hunde ihrerseits niemals etwas aus Liebe tun würden, sondern immer nur auf ihren eigenen Vorteil bedacht seien. Vor allem aber sei die Einstellung vieler Hundehalter eine, die das Tier vermenschlicht. Und das sei das Schlimmste von allem. Die Menschen glauben den Experten. Die Erklärungen und Theorien klingen schlüssig. Der Kopf stimmt zu, aber das Herz sagt »nein«. Kein Wunder also, dass der Ruf nach dem Flüsterer laut wird. Ein Flüsterer – könnte das nicht jemand sein, der die Lücke, die da zwischen Verstand und Gefühl klafft, zu schließen vermag?

Was aber meinen wir überhaupt, wenn wir von »Flüsterern« und vom »Flüstern« sprechen? Ich wollte es genauer wissen und habe daher eine Umfrage unter Tierhaltern veranstaltet. Vor allem interessierte es mich, was denn die Einzelnen mit dem Begriff »Flüstern« verbinden und wie jemand sein müsste, der die Bezeichnung »Flüsterer« ihrer Meinung nach wirklich verdient. Hier sind einige der eindrucksvollsten Antworten, die ich bekommen habe: »Flüstern suggeriert für mich ein leises Zwiegespräch, das erst mal gar nicht für andere Ohren gedacht ist, das sich auf Vertrauen und Nähe gründet.« Oder: »Die Person soll in dem Tier ein Wesen sehen, das individuell und einzigartig ist. Er soll dieses Wesen achten und respektieren.« Und: »Er (der Flüsterer) müsste auf einer anderen Ebene als die meisten Menschen mit den Tieren kommunizieren können, also sich mit ihnen verwandt, mit ihnen eins fühlen und ihre Sprache sprechen, sei es in Gedanken, Gebärden, Lauten.«

Insgesamt verbanden fast alle der Befragten mit der Idee des Flüsterns in erster Linie einen besonderen Zugang zum Tier und immer wieder tauchte in den Beschreibungen das Wort »Geheimnis« auf. Es gibt also offenbar einen deutlichen Unterschied zwischen dem, was die meisten Leute von einem Flüsterer erwarten und dem, was eine Trainingsmethode ausmacht.

Eine Methode ist ein planmäßiger Weg, den man wählt, um ein bestimmtes Ziel zu erreichen. Wir können Methoden auch mit Rezepten vergleichen – oder besser mit ganzen Kochbüchern. Kochbücher stehen in der Regel unter einem bestimmten Motto wie »Französische Küche«, »Süßspeisen«, »Schnellgerichte«, usw. und sie enthalten viele einzelne Rezepte. Jeder kann sie nachkochen und wer das einigermaßen korrekt tut, wird ein gutes Ergebnis bekommen. Auch Hundetrainingsmethoden stehen unter einem Motto, das heißt, sie beruhen auf einer bestimmten Philosophie, und sie stellen Trainingstechniken (die einzelnen »Rezepte«) zur Verfügung. Diese sind nützlich, wenn wir unserem Hund beibringen wollen, bei Fuß zu laufen, auf Zuruf zu kommen, Agility-Hindernisse zu bewältigen, bestimmte Aufgaben zu erledigen oder Kunststücke zu erlernen. Bis zu einem gewissen Grad können sie auch helfen, Probleme zu lösen. Wenn wir uns jedoch eine vertraute Beziehung zu unseren Hunden wünschen, ist das etwas, das eine Methode nicht leisten kann. Ebenso wenig, wie ein gutes Kochbuch aus irgendjemandem einen Meisterkoch macht, werden wir zu »Flüsterern«, indem wir eine Methode anwenden.

Anders als die Methode bezieht sich »Flüstern« – wenigstens in der Vorstellung der meisten Menschen – auf die Person, die mit dem Tier umgeht, auf ihre Einstellungen und Fähigkeiten. Wer sich jedoch an einen Trainer gewandt hat, der sich Flüsterer nennt, wird – ein wenig enttäuscht vielleicht – festgestellt haben, dass dieser auch nur mit Methoden arbeitet und keineswegs irgendwelche besonderen Fähigkeiten vermittelt. Das jedenfalls ergab der zweite Teil meiner Umfrage, in dem es um konkrete Erfahrungen mit Flüsterern ging.

Die Flüsterer-Methoden wurden sehr unterschiedlich beurteilt. Die Palette reichte von »eindrucksvoll« und »faszinierend« bis »grausam« und »abstoßend«. Interessant fand ich, dass die Pferdeflüsterer dabei insgesamt besser wegkamen als die Hundeflüsterer. Die meisten dieser Trainer stellen zwar die Mensch-Tierbeziehung in den Vordergrund, meinen damit aber letztlich auch nur die »Dominanzbeziehung«. Es geht also einmal mehr darum, wer »der Chef« ist – wie in der Hundeschule nebenan. Oft arbeiten die Flüsterer überwiegend mit der Körpersprache. Das ist eine sehr gute Sache, da viele Tiere auch untereinander überwiegend körpersprachlich kommunizieren. Aber es genügt nicht. Auch ein grundsätzlich guter methodischer Ansatz führt nicht automatisch zu einer tiefen, innigen Beziehung zwischen Mensch und Tier.

Fast könnte man meinen, die Fähigkeiten, die wir dem Flüsterer zuschreiben, existierten überhaupt nicht, sie seien nichts weiter als ein Produkt unserer Fantasie. Dennoch hat es zu allen Zeiten und lange, ehe der Flüsterer-Begriff in Mode kam, Menschen gegeben, die mit Tieren intuitiv richtig umgehen und so eine besonders innige Beziehung zu ihnen herstellen konnten – und es gibt sie noch heute. Worin aber besteht ihr Talent?

Um dieser Frage genauer auf den Grund zu gehen, habe ich mich an Tiertrainer gewandt, die dem recht nahe zu kommen scheinen, was die meisten von uns mit dem Flüsterer-Begriff verbinden – auch wenn sie sich selbst nicht »Flüsterer« nennen. Sie alle arbeiten im Showbereich – was mir sehr entgegenkam, da sie aus diesem Grund keine Methoden verkaufen müssen, wie das bei Hundetrainern oft der Fall ist – und mit sehr unterschiedlichen Tieren. Viele von ihnen kenne ich gut und lange und ich schätze sie ganz besonders für die beeindruckende Art und Weise, in der sie mit ihren vierbeinigen Schülern umgehen und mit ihnen kommunizieren.

Ich habe die Arbeit dieser hochbegabten Tiertrainer sehr genau beobachtet und viele Gespräche und Interviews geführt. Dabei haben sich schließlich jene Fähigkeiten herauskristallisiert, die weit über verhaltensbiologisches Wissen und methodisches Know-how hinausgehen: Alle Spitzentrainer erwiesen sich als Meister des Selbstmanagements. Mit welchen Widrigkeiten des Alltags sie auch zu kämpfen hatten, sie konnten blitzartig jeden Ärger sowie Sorgen und Probleme beiseite stellen, sobald sie begannen, mit ihren Tieren zu arbeiten. Dabei schienen sie vollkommen in dem aufzugehen, was sie taten. Sie alle konnten sich in einer ungewöhnlich intensiven Weise in ihre vierbeinigen Schüler einfühlen und sie waren hochflexibel in ihren Handlungen. Am auffallendsten aber waren ihre blitzartigen und intuitiven Reaktionen auf die Tiere.

Selbstmanagement, Flexibilität, Einfühlungsvermögen und Intuition sind emotionale Fähigkeiten. Das Talent, Tiere zu verstehen und sich ihnen verständlich zu machen, hat offenbar mit der Art zu tun, wie Gefühl und Wissen, Herz und Verstand in dem Menschen zusammenwirken, der mit dem Tier umgeht.

Dieses Buch möchte das Geheimnis der innigen Mensch-Tierbeziehung ein Stück weit lüften, indem es sich mit jenem Bereich befasst, der im Hundetraining für gewöhnlich ausgeklammert wird: mit der Rolle der Gefühle in der Kommunikation zwischen Mensch und Tier und der emotionalen Kompetenz des Menschen am anderen Ende der Leine. Dies ist also kein Buch darüber, wie Sie Ihren Hund am besten erziehen oder ausbilden. Das ist auch gar nicht der Schwerpunkt meiner Arbeit, denn ich bin keine Hundetrainerin, sondern Human- und Tierpsychologin. Als solche bin ich ganz besonders an den vielen Fähigkeiten von Menschen und Tieren interessiert und an der Art, wie sie miteinander kommunizieren und einander bereichern können. Nicht der Hund und sein Verhalten stehen hier im Mittelpunkt, sondern die Beziehung zum Hund als wichtigste Grundlage des Trainings.

Wir alle verfügen – von Mensch zu Mensch unterschiedlich ausgeprägt – über emotionale Fähigkeiten. Wir können flexibel handeln und unsere Befindlichkeiten managen. Wir können uns in andere Lebewesen einfühlen und Situationen intuitiv erfassen. Warum also nutzen wir dieses Potenzial nicht im Umgang mit unseren Hunden? Es mag daran liegen, dass die Fähigkeiten des Zweibeiners im Hundetraining bisher so gut wie keine Rolle gespielt haben. Je nach Schule hat man den Menschen allenfalls gesagt, sie hätten selbstbewusst aufzutreten, oder aber sie müssten überhaupt keine besonderen Fähigkeiten haben, um Tiere zu trainieren, sondern lediglich wissen, was sie tun. »So etwas« wie Intuition, das sogenannte Bauchgefühl, war sogar regelrecht verpönt. Hunde trainierte man mit dem Kopf.

Der Frage, wie es dazu kam, dass der Umgang mit dem besten Freund des Menschen immer »kopflastiger« wurde, beantwortet eine Exkursion in die Welt der Tierforschung. Sie möchte zeigen, wie Vorurteile, die unsere Vorstellungen von Mensch und Tier jahrhundertelang geprägt haben, dazu führten, dass der gesamte Bereich der menschlichen und tierlichen Emotionen aus dem Hundetraining ausgeklammert blieb – und warum wir uns aufgrund neuer wissenschaftlicher Erkenntnisse nun endgültig von diesen verabschieden können.

Ich möchte Sie ermutigen, mit Hilfe Ihrer emotionalen Kompetenz Expertenwissen zu überprüfen und aktuelles Wissen zu nutzen, um die für Sie und Ihren Hund besten Herangehensweisen im Training auszuwählen. Dabei spielt es keine Rolle, ob Sie Probleme lösen, Tricks trainieren, Ihren Vierbeiner zu einem angenehmen Zeitgenossen machen, ihn für bestimmte Aufgaben oder einen Sport ausbilden wollen. Schließlich wird es darum gehen, wie die besonderen Fähigkeiten herausragender Trainer, Selbstmanagement, Flexibilität, Einfühlungsvermögen und Intuition, miteinander verbunden sind und wie Sie diese Instrumente für sich und Ihren Hund nutzen können.

Was fortschrittliche Wissenschaftler innerhalb der letzten Jahre herausgefunden haben, steht nicht mehr in Widerstreit zum natürlichem Empfinden, das die meisten Menschen Tieren gegenüber haben. Wir brauchen uns also nicht zwischen »Kopf« und »Bauch« zu entscheiden. Das, worum es geht, ist eine gute Balance zwischen beiden. »Flüstern« im Sinne einer weiteren Methode werden wir also nicht. Wenn Sie aber am liebsten Flüstererfähigkeiten hätten, um eine immer inniger werdende Beziehung zu Ihrem Hund wachsen zu lassen, wenn »Flüstern« für Sie bedeutet, zu einem immer tieferen Verständnis anderer Lebewesen zu gelangen und Hunde mit Herz und Verstand zu trainieren, sind Sie herzlich eingeladen, ein wenig zu flüstern.

# 1
# AKTUELLES WISSEN

*Die Theorie bestimmt, was wir beobachten können.*
Albert Einstein

## Alte Vorurteile über Tiere und wo sie herkommen

»Haben Tiere eine Seele?« Was für eine Frage! Ich saß an meiner Abschlussarbeit zum Erwerb des »Bachelor of Animal Psychology« und sollte plötzlich dazu Stellung beziehen, ob ich der Meinung sei, dass Tiere eine Seele hätten. Schon der Ausdruck »Seele« statt »Psyche« war im Rahmen eines naturwissenschaftlichen Studiums ungewöhnlich. Aber ich wusste, was von mir erwartet wurde. Während der letzten Jahre war mir und meinen Mitstudierenden schließlich eindringlich genug vermittelt worden, dass Tiere lediglich durch Instinkte oder auch durch Reaktionen auf Reize »gesteuert« würden, gerade so, als seien sie nicht viel mehr als Automaten. Bewusstsein, Denken und das Erleben von Gefühlen sei eine rein menschliche Angelegenheit, hatte man versucht, uns beizubringen – recht erfolglos in meinem Fall. Ich hielt solche Ideen, besonders die, dass Tiere keine Gefühle hätten, für ziemlich abwegig und ich wusste, dass es den meisten anderen Menschen, die mit Tieren leben, ähnlich ergeht. Jedenfalls aber bedeutete das, dass man nach der offiziellen Lehrmeinung den Tieren alles absprach, was die Psyche – oder eben die Seele – ausmacht.

Die Antwort auf die Frage nach der Seele der Tiere sollte also »nein« lauten. Und es begann mir zu dämmern, weshalb man hier den üblichen Ausdruck

»Psyche« vermieden hatte: Das Fach »Tierpsychologie« hätte sich so selbst ad absurdum geführt. Wozu sollte man schließlich eine Tierpsychologie brauchen, wenn Tiere doch gar keine Psyche haben?

All das erinnerte mich an die Erfahrungen, die ich als junge Psychologiestudentin in den Siebzigerjahren gemacht hatte. Die Humanpsychologie befasste sich damals fast ausschließlich mit dem Verhalten von Menschen. Man hätte meinen können, auch beim Homo Sapiens gebe es so etwas wie eine Psyche gar nicht. Nicht nur das Unbewusste, sogar das Bewusstsein hatte für die wissenschaftliche Psychologie in dieser Zeit aufgehört zu existieren. Über Gefühle sprach man nicht – nicht als ernst zu nehmender Psychologe! Während sich die Humanpsychologie inzwischen von diesem unsinnigen, mechanistischen Weltbild verabschiedet hatte, war dieses in der Tierpsychologie offensichtlich immer noch Grundlage des Denkens.

Meine Antwort auf die Frage, ob Tiere eine Seele hätten, war »ja«. Obwohl ich zu dieser Zeit kaum wissenschaftliche Belege für meine Behauptung hätte anführen können, schrieb ich, dass ich der Meinung sei, höhere Tiere würden durchaus über ein Bewusstsein verfügen, sie seien fähig zu denken und Gefühle zu empfinden und dass man daher sagen könne, Tiere hätten eine Psyche. Ich bestand die Prüfung trotz dieser »Frechheit«. Einen Kommentar zu meinen Ausführungen habe ich nie bekommen. Die ganze Sache wäre also gar nicht der Rede wert gewesen, hätte mich nicht gerade durch die ungewöhnliche Frage nach der Seele der Tiere dieses Thema so gepackt, dass es mich nie mehr loslassen sollte. Ich hatte verstanden, dass dieses eigenartige, reduzierte Bild vom Tier nichts war, was nur die Tierforschung betraf. Es wirkte sich in unserem gesamten Umgang mit Tieren aus. Letztlich bildete die Vorstellung, Tiere seien eine Art Bio-Roboter, die lediglich genetisch festgelegte Verhaltensprogramme abspulen, auch die Grundlage der Hundetrainingsmethoden, die oftmals ein wenig wie Gebrauchsanweisungen wirken. Aus dieser Sicht heraus lässt sich auch nachvollziehen, warum in diesen der Mensch mit seiner emotionalen und sozialen Kompetenz kaum eine Rolle spielt. Anstatt weiterhin kopfschüttelnd hinzunehmen, dass Tierforscher eben so offensichtliche Dinge wie ein Gefühlsleben von Tieren bestritten, begann ich, nach den Wurzeln dieser Einstellung zu suchen. Was ich fand, war ein Gespenst, das seit mehreren Jahrhunderten in den Köpfen der Wissenschaftler spukte, und das nach wie vor über unsere Hundeplätze geistert.

## *Wie ein Gespenst jahrhundertelang die Tierforschung beherrschte*

Was würden Sie von einem Mann halten, der Hunde bei lebendigem Leib an Scheunentore nagelt, um anatomische Untersuchungen an ihnen durchzuführen? Mit einem Skalpell schlitzt er die Tierbäuche auf und erklärt dabei den Umstehenden, die Schreie der gemarterten Kreaturen seien nichts weiter als das Quietschen von Maschinen, da Tiere gar keine Empfindungen hätten. Sollte man so einen Menschen wegen drastischer Tierquälerei vor Gericht stellen? Oder müsste man ihn eventuell psychiatrisch untersuchen lassen? Schließlich geht der Sadismus dieses Mannes ja mit unglaublich dummen, verschrobenen Argumenten einher. Keinem vernünftigen Menschen würde es einfallen, ausgerechnet angesichts der Schreie eines brutal gequälten Tieres erklären zu wollen, dass dieses keiner Gefühle fähig sei.

Es war eine andere Zeit. Der Mann wurde von keinem Gericht verurteilt und auch keinem Arzt vorgeführt (er hatte sogar selbst unter anderem Medizin studiert). Stattdessen gelangte er zu höchstem Ansehen. Er hieß René Descartes und war der berühmteste Naturwissenschaftler und Philosoph des 17. Jahrhunderts. Im Mittelpunkt seiner Weltsicht stand der sogenannte Dualismus, die strikte Trennung zwischen Körper und Seele. Descartes forderte darüber hinaus, dass nichts als wahr betrachtet werden dürfe, was man nicht durch Nachrechnen, Kontrollieren und Analysieren als wahr erkennen könne. Er erhob das Denken zum obersten Prinzip und prägte den Satz »Ich denke, also bin ich«. Tiere konnten seiner Ansicht nach nicht denken und hatten keinerlei Gefühle. Wie mechanische Geräte seien sie völlig unfähig, irgendetwas zu empfinden, nicht einmal Schmerz.

Nicht alle von Descartes' Ansichten waren völlig neu. Schon die griechischen Philosophen der Antike hatten ähnlich gedacht. Sokrates war der erste, der die Vernunft über alles stellte. Sein Schüler Plato unterschied sogar zwischen zwei Arten von Seelen. Die eine war die »rationale Seele«, die Verstandes-Seele sozusagen, die das Unsterbliche am Menschen darstellte. Auf der anderen Seite gab es die »triebhafte Seele«, die von irrationalen Emotionen regiert wurde und sterblich war. Allerdings verfügten nach Platos Ansicht nicht alle Lebewesen über eine solche edle und unsterbliche Seele. Den Frauen, den Sklaven und selbstverständlich allen Tieren sprach er lediglich eine primitive, triebhafte, unvernünftige Seele zu. Aristoteles, der wiederum ein Schüler Platos war, setzte diese Denkweise fort. Sehr vernünftig also, dass wir die griechischen Philosophen heute als das betrachten, was sie sind – »alte Griechen« eben, Vertreter einer längst vergangenen Zeit mit interessanten und bewundernswerten, aber auch falschen und überholten Ansichten.

Die Idee, dass die Ratio, die Vernunft, über allem stünde, teilte Descartes also mit den Philosophen der Antike. Plato und seine Nachfolger hatten den Frauen und Tieren zwar Gefühle zugetraut, sie aber als »Sklaven der Emotion« betrachtet. Für Descartes waren Tiere nichts weiter als Maschinen, die auch keines Gefühls fähig waren. Und ganz im Gegensatz zu den alten Griechen ist René Descartes mit seinen Ideen nicht einfach ein Relikt aus der Vergangenheit. Als Begründer des modernen Rationalismus hatte er Einfluss auf wissenschaftliches Denken bis in unsere Tage hinein. Das galt ganz besonders für die Ansichten der Wissenschaftler über Tiere. Überdauert hat dabei auch ein besonders eigenartiger Widerspruch: Auf der einen Seite behauptete man, Gefühle seien einzig und allein dem Menschen vorbehalten, andererseits betrachtete man Gefühle als »tierisch« und primitiv.

## *Wie den Tieren erneut die Gefühle abhanden kamen*

Im 19. Jahrhundert erregte Charles Darwin die Gemüter, indem er zeigte, dass alle Lebewesen miteinander verwandt sind. Darwin hatte sogar über die Emotionen von Tieren geforscht und ein Buch geschrieben, das sich mit dem Ausdruck der Gemütsbewegungen beim Menschen und bei den Tieren befasste. Er war der Meinung, dass der geistige Unterschied zwischen Mensch und Tier nur gradueller Art sein könne, aber nicht von unterschiedlichem Wesen. Obwohl Darwins Evolutionstheorie schließlich auf breite Anerkennung stieß, konnte auch er das Gespenst Descartes nicht nachhaltig aus den Köpfen der Wissenschaftler vertreiben. Seine Thesen über die Gefühlswelt und die geistigen Fähigkeiten der Tiere gerieten in Vergessenheit, vor allem in der Zeit, als der Behaviorismus begann, das Denken der Tierforscher zu dominieren.

Der Behaviorismus war eine der wesentlichsten Strömungen der Psychologie des 20. Jahrhunderts. Die Behavioristen befassten sich mit einer sehr einfachen Form des Lernens durch Verknüpfen von Reizen mit Reaktionen, der Konditionierung. Sie waren es, die uns jene »Psychologie ohne Psyche« bescherten, mit der auch ich mich noch als Studentin herumschlagen musste.

Begründer des Behaviorismus war John B. Watson, sein bekanntester Vertreter B. F. Skinner. War bereits Descartes davon ausgegangen, dass man nichts als wahr betrachten dürfe, was nicht beweisbar sei, forderten Watson und seine Nachfolger nun, den Gegenstand der Psychologie auf beobachtbares und messbares Verhalten zu begrenzen. Begriffe wie »Geist«, »Kognition« (das Wahrnehmen und die gedankliche Verarbeitung der Wirklichkeit) oder »Emotion« sollten daher aus der Wissenschaft verbannt werden, allen voran »der Witz Bewusstsein«, wie Watson das ausdrückte. Damit war der Mensch für die wissenschaftliche Psychologie auf sein Verhalten reduziert. Die Behavioristen sind also auch mit der menschlichen Psyche nicht gerade freundlich umgegangen. Noch viel drastischer aber wirkten sich ihre Ansichten auf das Bild vom Tier aus.

Ausgangspunkt der Konditionierungstheorien waren die Entdeckungen des Russen Iwan Petrowitsch Pawlow. Er untersuchte in den Zwanzigerjahren des vorigen Jahrhunderts die Zusammensetzung und Menge des Speichels von Hunden bei der Nahrungsaufnahme. Dabei war ihm aufgefallen, dass die Versuchstiere nicht nur dann vermehrt Speichel produzierten, wenn sie ihr Fressen vorgesetzt bekamen, sondern auch, wenn einer der Tierpfleger, die üblicherweise das Futter brachten, den Raum betrat, selbst wenn dieser gar kein Futter dabei hatte. Dieses Phänomen untersuchte Pawlow dann systematisch, indem er vor jeder Futtergabe eine Glocke betätigte. Nach einigen Wiederholungen reagierten die Hunde auch auf den Glockenton allein mit verstärktem Speichelfluss. Dieser Vorgang wurde als klassische Konditionierung bekannt. Watson griff dieses Prinzip auf und übertrug es auf die Humanpsychologie.

Skinner beschäftigte sich mit der operanten Konditionierung, dem Lernen durch Versuch und Irrtum, dessen Prinzipien zunächst der etwas in Vergessenheit geratene Edward Lee Thorndike herausgearbeitet hatte. Auch Skinner setzte auf Experimente mit Tieren. In Labyrinthen sollten Ratten versuchen, den Weg zum Futter herauszufinden. In sogenannten Skinnerboxen stellte er unterschiedlichen Tieren wie Hunden, Katzen oder Affen bestimmte Aufgaben. Sie mussten z. B. nach einem bestimmten Lichtsignal mehrere Hebel nach einer genau festgelegten Reihenfolge betätigen, um Futter zu bekommen. Fehlversuche wurden mit elektrischen Schlägen bestraft. Skinner und seine Nachfolger glaubten, dass jedes Verhalten lernbar sei, wenn man es nur in entsprechend kleine Schritte zerlegte. »Behavioristen waren der Überzeugung, dass sie mit diesen schlichten Konzepten jedes tierische Verhalten erklären konnten. Für sie waren Tiere nichts weiter als auf Umweltreize reagierende Automaten«, erklärt Tierforscherin Temple Grandin in ihrem Buch *Ich sehe die Welt wie ein frohes Tier*[1]. Frau Grandin hatte selbst in der Blütezeit des Behaviorismus studiert und Skinner persönlich kennengelernt.

[1] Temple Grandin: *Ich sehe die Welt wie ein frohes Tier* (2005), S. 19

Noch weiter geht Franklin D. McMillan, Herausgeber des bahnbrechenden Werkes *Mental Health and Well-Being in Animals*. Mit dem Behaviorismus, stellt er fest, habe die Psyche der Tiere in den Augen der wissenschaftlichen Gemeinschaft aufgehört zu existieren.[2]

In der Humanpsychologie war der Behaviorismus zunächst durch die »kognitive Revolution« abgelöst worden. Man betrachtete das menschliche Gehirn nun als eine Art Hochleistungscomputer. Aber dann, gegen Ende des 20. Jahrhunderts, passierte etwas völlig Neues: Die Gehirnforschung entwickelte sich in schier atemberaubendem Tempo. Mit Hilfe von bildgebenden Verfahren konnte man dem Gehirn nun gewissermaßen beim Arbeiten zusehen. Und bald waren die Wissenschaftler den Gefühlen auf der Spur. In der Psychologie wurde die »emotionale Wende« eingeläutet. Erstmals sprach man von »emotionaler Intelligenz«. Das menschliche Bewusstein betrachtete man nun nicht mehr als »Witz« und selbst der unbewusste Bereich der Psyche wurde neu entdeckt. Die Tierforschung allerdings schien zunächst nach wie vor größtenteils in Traditionen des cartesianischen (auf Descartes zurückgehenden) Denkens zu erstarren. Dieses war längst zu einer Ideologie geworden.

## *Tragische Blüten einer verhängnisvollen Philosophie*

Ideologien sind Weltanschauungen, die gegen jede Kritik Widerstand leisten oder sie sogar verbieten. Eine Ideologie ist ein System von Überzeugungen, das den Status einer absoluten Wahrheit beansprucht und vor allem für eine bestimmte Gruppe von Menschen verbindlich ist. Wer es nicht vollständig übernimmt, läuft Gefahr, aus der Gemeinschaft ausgestoßen zu werden.

Der Druck auf Tierforscher, die es wagten, die »offiziellen« Ansichten anzuzweifeln, war enorm. Wer Fragen nach dem Bewusstsein von Tieren stellte, wer in Erwägung zog, Tiere könnten fühlen, denken oder einsichtig handeln, erntete Spott und Feindseligkeit und wurde bezichtigt, Tiere zu vermenschlichen. Damit war jede Diskussion von vorneherein abgeblockt. Natürlich gab es auch Wissenschaftler, die innerlich überzeugt waren, dass Tiere sowohl Gefühle als auch kognitive Fähigkeiten haben, also denken können. Die meisten von ihnen behielten dies jedoch lieber für sich. Man musste in der wissenschaftlichen Welt schon hoch renommiert sein, um sich einigermaßen ungestraft in solche Bereiche vorwagen zu dürfen. Nobelpreisträger Konrad Lorenz etwa benutzte durchaus auch gefühlsbezogene Begriffe, wie »Zuneigung« oder »Kummer«, im Zusammen-

[2] »With this, in the eyes of the scientific community, the animal mind ceased to exist«. Franklin D. McMillan in der Einleitung zu *Mental Health and Well-Being in Animals* (2005)

hang mit Tieren. Der Psychologe und Primatenforscher Roger S. Fouts vom Schimpansen-Menschen-Kommunikationszentrum in Washington erzählt im Vorwort zu dem bereits erwähnten Buch *Mental Health and Well-Being in Animals* von den Erfahrungen während seines Studiums. Für ihn als einen jungen Mann vom Lande, der mit Tieren aufgewachsen war, war es keine Frage, dass diese Freude oder Spaß haben konnten, Schmerzen fühlten und unterschiedliche Stimmungen kannten, wie die Menschen auch. An der Universität bezeichnete man seine Einstellung als blauäugig, sentimental und naiv. Man legte ihm dringend ans Herz, seine »subjektiven Meinungen« durch »Objektivität« zu ersetzen. Die cartesianische Weltsicht war, berichtet Fouts, so etwas wie die Eintrittskarte zu dem äußerst exklusiven Club der Wissenschaftler. Der damals noch junge Mann wollte nicht länger der unwissende Junge vom Land sein. Er wollte dazugehören, zu diesem elitären Zirkel. Er passte sich an – zunächst. Heute betrachtet Fouts die cartesianische Weltanschauung als eine zerstörerische Philosophie der Irrtümer, die Menschen dazu gebracht habe, andere Lebewesen wie Maschinen zu behandeln und die Natur aus Profitgier zu schädigen.

Welch unglaubliche und tragische Blüten diese grauenvolle Philosophie trieb (und es zum Teil noch tut), ist wahrscheinlich für die meisten Menschen kaum vorstellbar. Einige typische Beispiele beschreibt der Professor für Tierwissenschaften, Philosophie und Bioethik Bernhard E. Rollin in einem Artikel zum Verstehen des tierischen Denkens.[3]

Eines Tages fragte er im Labor arbeitende Veterinäre danach, welche schmerzbetäubenden Mittel sie bei zu Forschungszwecken durchgeführten operativen Eingriffen an lebenden Ratten verwenden würden. Die Wissenschaftler gaben an, keinerlei Narkose- oder andere Schmerzmittel einzusetzen. Etliche antworteten, es sei nicht bekannt, dass Tiere Schmerzen empfinden würden. Das war 1981, zu einer Zeit also, als man bereits alle schmerzbetäubenden Mittel, die auf dem Markt waren, an Ratten getestet hatte. Niemand schien sich die Frage zu stellen, wie es möglich sei, ein Schmerzmittel an einem Tier zu erproben, das gar nicht fähig ist, Schmerzen zu empfinden.

Von der Begegnung mit einem Veterinärwissenschaftler, einem Milchvieh-Spezialisten, erzählt Rollin, dieser habe ihm bei einem Dinner anvertraut, er sei durchaus überzeugt, dass sein eigener Hund denken, Entscheidungen treffen und Pläne machen könne. Als Rollin von dem Kollegen wissen wollte, ob die Kühe, mit denen dieser arbeitete, denn seiner Meinung nach ebenfalls solche Fähigkeiten hätten, bekam er ganz konsterniert zur Antwort: »Kühe? Niemals!«

[3] Bernhard E. Rollin, »On Understanding Animal Mentation«, in: *Mental Health and Well-Being in Animals* (2005)

Wissenschaftler, die bestritten, dass Tiere über ein Bewusstsein verfügen, haben experimentelle Operationen an Gehirnen von Tieren ohne Betäubung durchgeführt und dies damit begründet, dass die Tiere bei den Experimenten »bei Bewusstsein« sein sollten. Man hatte eine Erklärung dafür gefunden, wie Depressionen zustande kommen, indem man Hunden bei allem, was sie taten, elektrische Schläge versetzte und sie so in einen Zustand der Ausweglosigkeit brachte. Die Tiere reagierten mit schweren depressiven Verstimmungen. Zugleich behauptete man, Tiere könnten nicht psychisch krank werden. Auch sämtliche Psychopharmaka waren an Tieren getestet worden, die angeblich keine Psyche haben.

Wie aber konnte es passieren, dass fast die gesamte Tierforschung für so lange Zeit einer ebenso unsinnigen wie fatalen Ideologie aufsaß? Eine Erklärung mag sein, dass wir Menschen stark dazu neigen, alles auszublenden, das nicht dem entspricht, was wir bereits glauben. Die Psychologen nennen dieses Phänomen »Belief-Disconfirmation-Paradigm« (BDP). Dieses Wortungetüm beschreibt, wie Menschen auf Informationen reagieren, die ihren inneren Konzepten widersprechen: Natürlich kommt es vor, dass sie ihre Überzeugungen daraufhin ändern. Sehr viel öfter aber passiert es, dass die neuen Informationen gar nicht richtig wahrgenommen oder falsch interpretiert werden. Häufig suchen Menschen in dieser Situation die Unterstützung anderer, die die ursprünglichen Annahmen bestätigen sollen, oder sie versuchen sogar, andere vom eigenen Glauben zu überzeugen. Auch Wissenschaftler sind nicht davor gefeit, in die BDP-Falle zu laufen. Und je stärker wissenschaftliche Theorien auf scheinbar objektiv Beobachtbarem beruhen, desto sicherer ist man sich bezüglich ihrer Wahrheit. Einer aber, der in seinem Denken seiner Zeit weit voraus war, erkannte dieses Prinzip menschlicher (Fehl-)Wahrnehmung lange bevor es erforscht war: Albert Einstein. Bereits 1926 stellte er fest: »Es ist durchaus falsch, zu versuchen, eine Theorie nur auf beobachtbare Größen aufzubauen. In Wirklichkeit tritt gerade das Gegenteil ein: Die Theorie bestimmt, was wir beobachten können.«[4]

Eine weitere Erklärung für das Festhalten am cartesianischen Weltbild ist aber wohl das, was Roger S. Fouts als die größte Schwäche unserer eigenen Art bezeichnet: die menschliche Arroganz. Es war dem Homo Sapiens ja so wichtig, etwas ganz anderes zu sein, als alle anderen Lebewesen, Lichtjahre entfernt von ihnen in seiner Stellung als Krone der Schöpfung. »Sapiens« bedeutet »weise« oder »klug«. Ein wenig mehr Offenheit und auch Bescheidenheit würde dem »Homo sapiens« doch wirklich Ehre machen und zugleich seine Klugheit unter Beweis stellen.

[4] Einstein zitiert nach Paul Watzlawick in: *Wie wirklich ist die Wirklichkeit?* (1976), S. 70

## Neues aus der Welt der Tiere

Wenn ich auf meinen Seminaren sage, die wichtigste Neuigkeit aus dem Bereich der Tierforschung sei es, dass man die Gefühle der Tiere entdeckt habe, schauen mich die Zuhörer meistens sehr erstaunt an. Wahrscheinlich fragen sie sich, ob ich gerade einen ziemlich albernen Witz mache oder ob ich vielleicht etwas wirr im Kopf bin. Was sollte denn an einer Sache neu sein, die doch jeder, der mit Tieren zu tun hat, ganz klar erkennen könne? Wenn wir aber bedenken, dass die gesamte Welt der Gefühle für die Wissenschaft ein unantastbares Tabu war, verstehen wir auch, weshalb im Hundetraining weder die Gefühle der Tiere noch die des Menschen eine Rolle spielten. Schließlich beruft sich jede Hundetrainingsmethode, die auf sich hält, auf ihren wissenschaftlichen Hintergrund. Und es waren nicht nur Biologen, Mediziner und Psychologen, die den Tieren das Gefühl absprachen. Auch Philosophen teilten diese Meinung.

In ihrem wunderbaren Buch über die Gefühlswelt von Hunden und Menschen, *Liebst du mich auch?* zitiert Patricia B. McConnell den Philosophen Peter Carruthers, der noch 1989 schrieb, dass Tiere gar nichts fühlen könnten, ja, dass es sogar unethisch sei über die Schmerzen von »Vieh« nachzudenken, weil man damit Zeit und Geld verschwende, die man besser verwende, um Menschen zu helfen.[5]

Wissenschaftlern, die »trotz allem« in diesem Bereich geforscht hatten, schenkte man bis vor gar nicht allzu langer Zeit – im günstigsten Fall – kein Gehör. Einige Forscher trauten Tieren allenfalls einige einfache Emotionen wie Angst, Wut oder Lust zu, jedoch keine komplexeren wie etwa Liebe, Eifersucht, Trauer oder Stolz. Einig war man sich jedenfalls darüber, dass es völlig unwissenschaftlich sei, sich überhaupt mit Gefühlen zu befassen. Sie mögen vielleicht existieren, sie verstehen zu wollen, würde sich jedoch jedem wissenschaftlichen Zugriff entziehen.

### *Ich fühle, also bin ich*

1994 erscheint ein Buch, das sich mit dem menschlichen Gehirn, mit dem Fühlen und dem Denken befasst. Es zeigt auf, dass und warum ohne Gefühle kein vernünftiges Handeln möglich ist, und dass Geist und Körper eine engere Einheit bilden, als die Philosophie uns das immer weismachen wollte. Der Autor ist auf massive Kritik gefasst und hofft, dass sein Werk wenigstens keinen Sturm der

[5] Patricia B. McConnell: *Liebst du mich auch?* (2007), S. 46

Entrüstung auslösen wird. Schließlich werden Gefühle zu diesem Zeitpunkt auch aus seinem Forschungsgebiet, den Neurowissenschaften, noch weitgehend ausgeklammert. Er stellt in diesem Buch die Ergebnisse seiner Forschungsarbeit dar. Er beschreibt die neurobiologischen Grundlagen der Gefühle, ihre grundlegende Bedeutung für Entscheidungsprozesse und Sozialverhalten. Verfasser ist der Neurologe und Hirnforscher Antonio Damasio. Sein Buch trägt den Titel *Descartes' Irrtum*.

Damasios Werk löst keinen Sturm der Entrüstung aus – im Gegenteil: Es wird ein Weltbestseller. Medizinische und psychologische Laien nehmen es begeistert auf, die Fachwelt reagiert mit Interesse und Zustimmung, es wird Anstoß und Anregung für weitere Forschung. Die Mitte der Neunzigerjahre wird zur Geburtszeit der Emotionsforschung und nicht lange nach dem Erscheinen von *Descartes' Irrtum* veröffentlichen auch jene Neurowissenschaftler, die die Gefühle an Tieren erforscht hatten, ihre eigenen Bücher.

Die Rückkehr der Gefühle in die Welt der Wissenschaft verändert die Psychologie, die Tierforschung und das gesamte Bild von Mensch und Tier radikal. In einem Interview für die Zeitschrift *Stern View* stellt der Bremer Hirnforscher Gerhard Roth fest, dass Gefühle das gesamte Denken dominieren, sowohl beim Menschen als auch bei Tieren: »Zumindest Säugetiere besitzen alle Hirnzentren, die im menschlichen Gehirn tätig sein müssen, damit wir Gefühle haben. Und diese Zentren sind mehr oder weniger in derselben Weise miteinander verknüpft und aktiv wie beim Menschen.«[6]

Die meisten Wissenschaftler gehen heute davon aus, dass bereits Reptilien einfache Gefühle erfahren. Viele Tiere, allen voran die Säugetiere, verfügen über ein reiches Gefühlsleben. Einer der bedeutendsten Forscher auf diesem Gebiet ist der Neurobiologe Jaak Panksepp, der Entdecker des Lachens der Ratten. Panksepp hat sich intensiv mit den Emotionen von Tieren und vor allem mit der Übereinstimmung der Gehirnfunktionen zwischen Menschen und anderen Säugetieren befasst.

Nicht nur die Neurobiologie, auch die Ethologie, die klassische Verhaltensforschung also, die Psychologie und weitere wissenschaftliche Disziplinen liefern inzwischen überzeugende Nachweise dafür, dass das Gefühlsleben vieler Tiere auch recht komplexe Emotionen umfasst. In einem Artikel über die Frage der Gefühle bei Tieren aus ethologischer Sicht nennt der Verhaltensbiologe Marc Bekoff folgende Beispiele: Angst, Glück, Freude, Scham, Ärger, Groll, Eifersucht, Ekel, Leidenschaft, Wut, Liebe, Respekt, Verzweiflung, Kummer, Trauer,

[6] *Stern View* 03/06, S. 99

Erleichterung.[7] Als Trainerin, die mit den verschiedensten Tierarten Kunststücke erarbeitet, würde ich dieser Liste auf jeden Fall gerne den Stolz auf vollbrachte Leistungen hinzufügen. Dieser ist ebenso unübersehbar wie auch der Ehrgeiz meiner Trickkünstler – wenn auch von Tier zu Tier unterschiedlich ausgeprägt. Und die Liste ist mit Sicherheit immer noch nicht vollständig.

Lange umstritten war die Frage, ob Tiere echtes Mitgefühl zeigen können. Wie Dokumentationen von Verhaltensforschern inzwischen eindrucksvoll belegen, handeln auch Tiere oft selbstlos und sorgen sich um andere, auch wenn sie keine Gegenleistung erwarten können und wenn kein evolutionärer Nutzen damit verbunden ist.

Mein eigenes, sozusagen ganz privates Beispiel dafür, wie besorgt ein Tier um ein anderes sein kann, ist meine Hündin Sunny. Sie trägt ihren Namen zu Recht, denn sie hat wirklich ein sonniges Gemüt. Sunny liebt Menschen. Wenn sie neue Menschen trifft, wedelt nicht nur ihre Rute, der ganze Hund »wedelt und wackelt«, dass es eine Freude ist. Sie liebt aber auch andere Tiere. Am allermeisten liebt sie unser Minischweinchen Piccolino. Als unser Picco eines Tages krank war, mussten wir Sunny schweren Herzens von ihm trennen. Das Schweinchen brauchte Ruhe, um wieder ganz gesund zu werden – seine besorgte Hunde-Freundin hätte ihn glatt »zu Tode gepflegt«. Und gerade ein paar Tage ist es her, dass Piccolino, der sich in seinem Körbchen zum Schlafen eingekuschelt hatte, plötzlich husten musste. Zum Glück blieb es bei diesem einzelnen kurzen Hustenanfall, vielleicht hatte einfach irgendetwas im Hals gekratzt. Sunny aber schoss sofort zu ihrem Freund hin, kreischte vor Aufregung und schaute mit weit aufgerissenen Augen von Piccolino zu mir, als wollte sie sagen »Tu doch etwas! Siehst du nicht, dass es ihm schlecht geht?« Für den Rest des Abends weigerte sie sich strikt, von seiner Seite zu weichen. Sunny hat nichts von diesem Verhalten, sie zieht keinerlei Nutzen daraus. Es trägt weder zur Erhaltung ihres Lebens noch zur Erhaltung ihrer Art bei und es bringt keinen Vorteil mit sich. Was also sollte sie motivieren, zu tun, was sie tut, wenn nicht Liebe, Sorge und Mitgefühl? Und warum sollte das, was wir alle immer wieder so deutlich an unseren Tieren wahrnehmen können, nicht einfach das sein, wonach es aussieht – der Ausdruck eines tiefen und echten Gefühls?

Solche privaten Beobachtungen, aber sogar jene, die aus der Feldforschung in freier Natur stammen, nennen die Wissenschaftler Anekdoten. Lange Zeit wurden diese als Geschichten ohne jede Aussagekraft abgetan. Heute beginnt man allmählich, Anekdoten als wertvollen Ausgangspunkt für weitere Forschung zu

[7] Marc Bekoff, »The Question of Animal Emotions: An Ethological Perspective«, in: *Mental Health and Well-Being in Animals* (2005), S. 17

betrachten. So liegen auch inzwischen sogenannte harte Daten aus Experimenten zur Fähigkeit von Tieren, sich in andere einzufühlen und mitzufühlen, vor. Die wissenschaftliche Kultur der Suche nach Unterschieden zwischen Mensch und Tier hat sich ein Stück weit in eine Suche nach Gemeinsamkeiten verwandelt.

## *»Ich denke, also bin ich« – nun also doch?*

Der Mensch, so meinte man, unterscheide sich vom Tier vor allem durch seine Fähigkeit zu denken. Von echtem Denken können wir dann sprechen, wenn ein Lebewesen imstande ist, sich innere Vorstellungen von der äußeren Welt zu machen. Es sollte dabei nicht nur auf Reize reagieren, sondern Dinge erinnern können, die in der Vergangenheit da waren und jetzt nicht mehr da sind. Darüber hinaus sollten ihm diese inneren Vorstellungen ermöglichen herauszufinden, was unter neuen Umständen passieren wird. Denken meint das Erarbeiten von Dingen im Kopf. Tieren traute man echte Denkprozesse herkömmlicherweise nicht zu und daher dachte man, sie könnten nur auf eine sehr einfache Art durch Erfahrung lernen. Heute wissen wir: Viele Tiere können Zusammenhänge denkend erfassen. Sie können so manches Problem unter neuen, unbekannten Bedingungen lösen, sowie planen und entscheiden.

Fast alle Wirbeltiere besitzen ein einfaches Zahlenverständnis. Besonders eindrucksvoll hat dies übrigens ein Kater namens Harry in einem Experiment demonstriert. Harry bekam mehrere Fressnäpfe angeboten, die mit Täfelchen abgedeckt waren. Auf diesen befanden sich Punkte, je nach Tafel ein, zwei, drei oder vier Punkte. Über ein akustisches Zeichen wurde Harry dann jeweils zum richtigen Napf geleitet. Einmal klingeln bedeutete, der Kater sollte den Napf wählen, auf dem sich das Täfelchen mit einem Punkt befand, zweimal den mit dem Zweiertäfelchen usw. Löste er die Aufgabe richtig, durfte er den Inhalt fressen. Harry meisterte diese Herausforderung mit Bravour.

Ein Beispiel für erstaunliche Denkleistungen eines Tieres habe ich täglich vor Augen: Schweinchen Piccolino erkennt beispielsweise umgedrehte Gegenstände auf Anhieb. Als ich ihm eines Tages seine Spielzeugkiste verkehrt herum anbot, einige Spielsachen drum herum legte und ihn aufforderte einzuräumen, betrachtete er einen Augenblick lang die Kiste, legte das Spielzeug, das er bereits im Maul hatte, zur Seite, fädelte mit dem Rüssel unter dem Rand der Box ein und stellte sie auf. Gleich darauf begann er einzuräumen – ein Trick, den er natürlich zuvor gelernt hatte. Dasselbe passierte, als ich ihm sein Wägelchen, das er für gewöhnlich schiebt, mit den Rädern nach oben vorlegte. Piccolino, auch »Professor« genannt, guckte kurz irritiert, gab einen leicht unwilligen Grunzton von sich und stellte den kleinen Wagen gezielt auf.

Ich hoffe, alle Hunde verzeihen mir, wenn ich der Vollständigkeit halber erwähne, dass sie an diesem Punkt mit dem schweinischen Denkvermögen nicht ganz mithalten können. Zumindest meine Hunde und andere, die ich getestet habe, lösen das Problem so, wie man es von Tieren erwartet – operant, also durch Versuch und Irrtum. Sie scheinen vertraute Gegenstände, die auf dem Kopf stehen, nicht als das zu sehen, was sie kennen. Sind sie gut trainiert, beginnen sie auszuprobieren, was man mit diesem unbekannten Ding alles anfangen könnte. Hunde, die nicht gelernt haben, von sich aus aktiv zu werden, beschnuppern den Gegenstand kurz, werfen ihrem Menschen einen fragenden Blick zu und verlieren schnell das Interesse, wenn dieser keine Anweisung gibt.

Eine weitere Glanzleistung unseres Minipigs ist das Auffädeln von Ringen auf einen »Ringeturm«, ein Motorik-Spielzeug für Kleinkinder. Das gelingt nur, wenn man es der Größe nach geordnet tut. Auch wenn die Übung nicht immer absolut fehlerfrei abläuft – in der Regel wählt Piccolino auf Anhieb den jeweils richtigen Ring. Manchmal testet er die Größe des einen oder anderen Ringes auch dadurch, dass er ihn eine Zeit lang im Maul hält und ihn »beknabbernd« herumdreht. Ist es der falsche, legt er ihn zur Seite und sucht den richtigen. Die Zielsicherheit, mit der er diese Aufgabe erledigt, macht es immer wieder faszinierend, ihm dabei zuzusehen.

In der Hundewelt macht seit 2004 Border Collie Rico Furore, der nicht nur die Bezeichnung von Unmengen von Spielsachen kennt, sondern sogar neue Namen für Spielsachen auf eine verblüffende Weise lernt: Legt man ein neues Spielzeug, zum Beispiel eine Barbie-Puppe, zu den vielen ihm bekannten, und fordert ihn auf »Barbie« zu bringen, wählt er prompt die Puppe, obwohl er die Bezeichnung »Barbie« noch nie gehört und die Puppe niemals zuvor gesehen hat. Rico ist also imstande, mit Hilfe des Ausschlussverfahrens ein neues Wort einem neuen Gegenstand zuzuordnen.

Ricos Leistung ist natürlich kein Beweis für wirkliches Sprachverständnis. Man könnte immer noch sagen, dass er lediglich »Signale« lernt (Signale sind Reize, die durch einen Lernprozess eine Bedeutung erlangen und in der Folge ein bestimmtes Verhalten auslösen können). Dennoch hatte man diese anspruchsvolle Art des Lernens über Ausschluss, das sogenannte Fast Mapping, bis dahin ausschließlich dem Menschen zugetraut, da es hohe kognitive Fähigkeiten erfordert.

Inzwischen ist die Kognitionsforschung an Hunden weit verbreitet und beschert uns laufend neue Erkenntnisse. Wissenschaftlich erforscht wurden Ricos Fähigkeiten von Juliane Kaminski. Mehr zu Rico und anderen Experimenten aus der Kognitionsforschung an Hunden finden Sie in ihrem gemeinsam mit Juliane Bräuer verfassten Buch *Der kluge Hund. Wie Sie ihn verstehen können.*

Auch die Verwendung von Werkzeugen beruht auf komplexen Denkprozessen, weswegen man sie früher für ein rein menschliches Privileg hielt. Dass Schimpansen Werkzeuge benutzen, um an Nahrung zu kommen, ist schon länger bekannt. Überrascht waren die Wissenschaftler jedoch, als sie feststellten, wie gekonnt Rabenvögel Werkzeuge nicht nur nutzen, sondern sogar selbst herstellen.

In einem Experiment wurde Futter in ausgehöhlten Baumstämmen so versteckt, dass die Raben es mit dem Schnabel nicht erreichen konnten. Die Vögel bastelten zielstrebig und geschickt aus Zweigen oder auch abgetrennten Teilen von Palmenblättern kleine Angeln mit Widerhaken am Ende. Mit Hilfe dieses selbstgebauten Bestecks holten sie flugs die Fleischstücke aus ihren Verstecken hervor, als sei das die selbstverständlichste Sache der Welt.

Die kognitiven Fähigkeiten von Vögeln waren besonders lange unterschätzt worden. Das liegt daran, dass sie ein einfacher aufgebautes Gehirn haben als die Säugetiere. So konnte man sich kaum vorstellen, wie effizient das Vogelgehirn, das oft zitierte »Spatzenhirn«, in Wirklichkeit ist. Aber der äußere Schein trügt. Der Verhaltensforscher Immanuel Birmelin vergleicht das Vogelgehirn sehr treffend mit einem Altbau, der innen hochmodern eingerichtet und ausgestattet ist.

Heute erscheint Descartes' Aussage »Ich denke, also bin ich« in einem neuen Licht. Wir wissen, dass das Denken tatsächlich ein wichtiges Element dessen ist, was Bewusstsein ausmacht. Viele Forscher sind heute der Ansicht, dass ein Wesen, das denken kann und Gefühle empfindet, ein Bewusstsein haben muss.

Zunächst hatte man versucht, das Bewusstsein von Tieren an Spiegelversuchen festzumachen. Erkennt das Tier sich selbst im Spiegel oder nicht? Diesen Test bestanden z. B. Schimpansen, Delphine, Elefanten und einige Vögel. Hunde erkannten zwar »den Hund« im Spiegel, begrüßten ihn jedoch wie einen Artgenossen. Bedeutet das nun aber, dass eine Elster über ein Bewusstsein verfügt, ein Hund aber nicht, weil er das Prinzip der Spiegelung nicht durchschaut? Wohl kaum: Ein Hund, dem etwas zustößt, weiß, *wem* das zustößt. Ihr Hund weiß durchaus, dass er es ist, der kein Leckerchen bekommt, wenn sie vor seinen Augen einem anderen eines zustecken und er wird das durch sein Verhalten deutlich anzeigen. Das setzt ein gewisses Bewusstsein für das eigene Selbst voraus.

Der Ethologe Marc Bekoff, der sich auf die Erforschung des Verstandes und der Gefühlswelt von Tieren spezialisiert hat, sieht in der Flexibilität von Verhaltensweisen den entscheidenden Test für die Existenz von Bewusstsein. Er geht davon aus, dass sich das Bewusstsein im Laufe der Evolution entwickelt hat, weil es Individuen erlaubt, zu wählen, wenn sie mit variierenden und unvorhergesehenen Situationen konfrontiert werden. Und flexibel sind sie allemal, unsere Hunde.

Was die Wissenschaftler lange Zeit daran gehindert hat, ein Bewusstsein bei Tieren für möglich zu halten, war schließlich auch die Vorstellung, dass das Bewusstsein an die Sprache gebunden sei. Tiere können nicht sprechen, so dachte man, also sei es ihnen nicht nur unmöglich, mitzuteilen, was sie empfinden – falls sie etwas empfänden – sondern auch, überhaupt bewusste Empfindungen zu haben. Heute wissen wir, dass das Bewusstsein nicht von der Sprachfähigkeit abhängt und auch die Überzeugung, dass Tiere nicht einmal ansatzweise über eine solche verfügen, sollte noch einmal genauer unter die Lupe genommen werden.

## *Tierische Sprachforschung*

Die Liste der Eigenschaften und Fähigkeiten, die Tiere und Menschen voneinander zu trennen schien, ist mit der Zeit immer kürzer geworden. Bleibt also nur noch die Fähigkeit des Homo Sapiens, sich mithilfe von Worten und Sätzen auszudrücken übrig – oder etwa nicht? Würde man Passanten auf der Straße fragen, ob bestimmte Tiere verbale Sprache wirklich verstehen oder gar selbst sinnvoll nutzen können, wären die meisten Leute wohl überzeugt, dass dies nicht der Fall sei. Schließlich ist eine Sache, Aufforderungen zu einem bestimmten Verhalten wie »Komm« und »Bleib« oder auch die Namen von Dingen in Form von Signalen zu lernen, eine ganz andere jedoch, die Bedeutung von sprachlichen Ausdrücken wirklich zu verstehen und bestimmte Begriffe auch in anderen Zusammenhängen anwenden können. Wir fragen hier also nicht nach Signalwörtern, den »Kommandos« und auch nicht nach der ganz eigenen Sprache der Tiere, der sogenannten analogen Kommunikation mithilfe des körperlichen Ausdrucks, von Gerüchen und Lauten. Wir wollen wissen, ob es Tiere gibt, die Zugang zur »digitalen Kommunikation« erlangen können, der Wortsprache mit ihren symbolhaften Begriffen und Satzgebilden.

Tierische Sprachforschung betrieben die Wissenschaftler zunächst an Menschenaffen. Einer der ersten sprechenden Affen war das Schimpansenweibchen

Washoe, die das Forscher-Ehepaar Beatrix und Allan Gardner wie ein menschliches Kind aufgezogen hatten und mit der auch der bereits erwähnte Roger Fouts viele Jahre gearbeitet hat. Washoe und andere Schimpansen und Gorillas erlernten die Gebärdensprache, die taubstumme Menschen benutzen. Es zeigte sich, dass die Tiere sinnvolle Sätze bilden können. Alle sprechenden Menschenaffen kommunizieren auch über Gefühle. Eine Geschichte, die Roger Fouts im Vorwort zu *Mental Health and Well-Being in Animals* über ein Erlebnis mit der Schimpansin Tatu erzählt, hat mich besonders berührt.

Dr. Fouts hatte sich bei einem Kinobesuch den Oberschenkel gestoßen, was sehr schmerzhaft war. Als er am nächsten Morgen zur Arbeit kam, war der Schmerz allerdings vergessen. Tatu war gerade aufgewacht, als er das Institut betrat. »Verletzt?«, fragte sie ihren menschlichen Freund sofort, der wohl noch ein wenig steif ging, was er jedoch selbst gar nicht bemerkte. »Ja, verletzt. Hier!«, antwortete Dr. Fouts und zeigte auf sein Bein. Tatu drückte einen dicken Kuss auf die verwundete Stelle. Der Kuss habe geholfen, meint Roger Fouts. Es tue immer gut zu wissen, dass da jemand ist, dem man wichtig ist und der sich um einen sorgt. »Verletzt?«, vergewisserte sich Tatu noch einmal. »Ja, verletzt«, antwortete Dr. Fouts. »Aber es ist viel besser!« Damit war Tatu zufrieden.

Menschenaffen, die die Gebärdensprache erlernt haben, benutzen zeitliche Begriffe wie »vorher«, »nachher« oder »gestern«, »heute«, »morgen« richtig, machen Scherze und amüsieren sich über Witze, erfinden neue Begriffe. Wie die sprechenden Schimpansen, soll auch Gorilla-Dame Koko eine Meisterin der Kreation eigener Worte sein. So bezeichnete sie eine Gesichts-Maske, als sie diese zum ersten Mal sah, als »Augen-Hut« und einen Ring als »Finger-Armband«.[8]

Sprechende Menschenaffen zeigen, dass wir nicht die einzigen sind, die lügen können. Bei den Täuschungsmanövern, die auch Hunde und andere Tiere zeigen können, kann man natürlich darüber diskutieren, ob man diese wirklich als »Lüge« bezeichnen sollte. Koko, Washoe und viele andere Meister der Gebärdensprache aber können das Blaue vom Himmel herunter lügen, so eindeutig und raffiniert, als wären sie Angehörige der Art Homo Sapiens. Als Koko sich beispielsweise eines Tages versehentlich mit ihrem ansehnlichen Allerwertesten auf ihr Waschbecken gesetzt und es so aus der Wand gerissen hatte, teilte sie ihrem Pfleger mit: »Die Trainerin war es!«[9]

Das übliche Weltbild, das zwischen Mensch und Tier eine starre Grenze gezogen hatte, war erschüttert. Und während der eine oder andere Wissenschaftler nun

[8] Der Bericht über Koko stammt aus dem Beitrag »Zur Ethik der Mensch-Tierbeziehung« von Ehrard Olbrich in: *Menschen brauchen Tiere* (2003)

[9] *Verlogen lebt es sich angenehmer*. In: *Stern View* 3/2006

versuchte, den großen Affen gewissermaßen den »Tierstatus« abzuerkennen – diese seien uns Menschen ja doch schon so ähnlich, dass man vielleicht gar nicht mehr von Tieren reden könne? – verblüffte Frau Prof. Irene Pepperberg mit ihrem genialen Graupapagei Alex, die wissenschaftliche Welt erneut. Alex plapperte Wörter nämlich gar nicht nach »wie ein Papagei«. Er nutzte Begriffe sinnvoll. Zeigte man ihm einen Gegenstand, konnte er ihn nicht nur richtig benennen, sondern noch weitere Angaben machen. Einen Pappteller zum Beispiel bezeichnete er korrekt als »Teller«. Nach der Farbe befragt, antwortete er mit »weiß«, er gab als Form »rund« an und nannte als Material »Papier«. Außerdem konnte Alex »groß« und »klein« richtig unterscheiden und sogar abstraktere Konzepte wie »gleich« und »anders«. Er konnte im Zahlenraum bis sieben einfache Additionen durchführen und er hatte sogar eine Vorstellung von der Zahl Null. Durch Zufall entdeckte Frau Pepperberg, dass der clevere Papagei buchstabieren konnte. Alex war gerade dabei zu lernen, bunten Plastikbuchstaben den jeweils richtigen Laut zuzuordnen. Als er dabei einmal nicht gleich belohnt wurde, merkte er sofort an, er hätte nun gerne eine Nuss. Als die Nuss noch immer nicht kam und er noch eine Aufgabe lösen sollte, wiederholte er seine Forderung nach einer Nuss und fügte hinzu: »N-U-T!« (»nut« – Alex sprach ja Englisch).

Leider ist dieser unglaubliche Vogel vor einiger Zeit verstorben. Er sei traurigerweise ein »Ex-Papagei«, sagte Frau Pepperberg in einer Fernsehsendung. Vielleicht versuchte sie mit dieser etwas schnoddrig wirkenden Ausdrucksweise über die unendliche Trauer hinwegzugehen, über die sie in ihrem hinreißenden Buch *Alex und ich* ganz offen berichtet. Inzwischen haben andere Forscher viele Elemente der Alex-Experimente mit anderen Papageien nachvollzogen. Auch Frau Pepperberg bildet weiterhin Graupapageien aus. Alex, der Einstein der Vogelwelt mit seinem scharfen Verstand und seinem großen Herzen, ist jedoch bis heute unerreicht und er wird für immer unvergessen bleiben.

Ein echtes Verständnis komplexer Sätze der menschlichen Sprache kann man auch bei Delphinen nachweisen. Lässt der Trainer beispielsweise etliche verschiedenfarbige Scheiben im Delphinbecken schwimmen und gibt eine Anweisungen wie: »Berühre die rote Scheibe zu Deiner Rechten«, zeigt sich, dass die Tiere komplexe Sätze wie diese durchaus verstehen und die Aufgaben richtig lösen können. Auch kommt die sinnvolle Nutzung von Begriffen nicht nur bei Papageien und Menschenaffen vor. Forscher haben inzwischen entdeckt, dass auch kleine Affen wie Grüne Meerkatzen wortähnliche Gebilde nutzen. Die Warnung vor einem Raubvogel etwa unterscheidet sich deutlich von dem Ruf, den sie ausstoßen, wenn ein Leopard in der Nähe ist und wieder anders klingt die Warnung vor einer Schlange, so dass man durchaus von einem einfachen Vokabular der Meerkatzen sprechen kann.

Die wohl verblüffendste Studie zur tierischen Sprachforschung stammt von Con Slobodchikoff von der Northern Arizona Universität.[10] Er meinte durch langwierige, genaue Analysen von Videoaufnahmen nachweisen zu können, dass Präriehunde über ein Kommunikationssystem verfügen, das Substantive, Verben und Adjektive enthält. Sie sollen sich nicht nur darüber verständigen können, welcher Feind gerade im Anmarsch ist (Mensch, Kojote, Raubvogel), sondern auch, ob sich dieser schnell oder langsam bewegt und Angaben zu seiner Größe und Figur machen. Sie sollen einander sogar mitteilen, ob ein Mensch, der sich nähert, eine Waffe trägt oder nicht. Wer hätte das den flinken, putzigen Kerlchen zugetraut!

## *Tiere sind wie wir und doch ganz anders*

Vor ein paar Jahren glaubte man, schließlich doch etwas im Gehirn des Menschen gefunden zu haben, das dieses grundlegend von anderen Säugetiergehirnen unterscheidet. *The cell that makes us human,* hieß ein Artikel, der 2004 in der renommierten Zeitschrift *New Scientist* erschien. Amerikanische Wissenschaftler hatten im menschlichen Großhirn Nervenzellen erforscht, die aufgrund ihrer länglichen Form Spindelneurone genannt werden. Man vermutete, dass diese für die komplexeren sozialen Emotionen, wie etwa Liebe, Eifersucht oder Schuldgefühl zuständig seien. Und da die Forscher davon ausgingen, dass komplexe soziale Emotionen bei Tieren nicht vorkommen, bezeichneten sie die Spindelzellen als »Zelle, die uns zum Menschen macht«. Würden Spindelneurone nun wirklich ausschließlich beim Homo sapiens auftreten, wäre dies ein echter qualitativer Unterschied zwischen Mensch und Tier und nicht nur ein quantitativer. Allerdings gibt es diesen Neuronentyp gar nicht nur beim Menschen: Wir haben zwar unvergleichlich mehr jener langen, spindelförmigen Nervenzellen als Schimpansen, Gorillas oder Orang-Utans – aber ganz eindeutig verfügen auch Menschenaffen über Spindelzellen. Und bereits 2006 gab es eine neue wissenschaftliche Sensation: Der Neurologe Patrick Hof aus New York entdeckte die Nervenzellen, die man als »Schlüssel zur Menschlichkeit« gefeiert hatte, in den Gehirnen von Buckelwalen.

[10] C. N. Slobodchikoff, »Cognition and Communication in Prairie Dogs«, in: *The Cognitive Annual: Empirical and Theoretical Perspektives on Animal Cognition* (2002)

Immer weitere Gemeinsamkeiten zwischen uns Menschen und anderen Säugetieren – und auch Vögeln – zu entdecken, ist eine faszinierende Sache, die uns ganz grundlegend hilft, unsere Mitlebewesen besser zu verstehen. Das bedeutet jedoch nicht, dass wir nun plötzlich bestimmte Tiere als »Beinahe-Menschen« oder gar als »bessere Menschen« sehen und die Unterschiede zwischen uns und anderen Arten leugnen sollten. Unterschiede im Denken und in der Wahrnehmung von Menschen und Tieren haben damit zu tun, dass wir im Vergleich zu anderen Säugetieren über ein riesiges Großhirn, den Cortex, verfügen. Besonders stark ausgebildet ist beim Menschen der präfrontale Cortex (PFC). Er liegt direkt hinter der Stirn. Man spricht daher auch von den Stirnlappen oder Frontallappen. Der PFC ist mit allen anderen Gehirnteilen besonders gut vernetzt. Er stellt so etwas wie eine Zentrale dar, in der alle Informationen zusammenfließen. Der PFC ist unter anderem ein Spezialist für Regelwissen und liefert so die Grundlagen des abstrakten und theoretischen Denkens. Beim Menschen umfasst dieser Teil des Gehirns 29 % der Gehirnmasse, beim Schimpansen sind es 17 %, beim Hund 6,9 % und bei der Katze 3,4 %.

Tiere sind intelligent, aber nicht intellektuell. Sie vollbringen erstaunliche kognitive Leistungen, aber sie denken nicht so »abstrakt«, wie wir das oft tun. Unser ausgeprägter und leistungsfähiger PFC bewirkt unter anderem, dass wir uns Konzepte über die Wirklichkeit machen, an denen sich dann unser Denken orientiert. Ein Auto ist für uns ein Auto, eine Tasche eine Tasche, eine Blume eine Blume – so unterschiedlich Autos, Taschen oder Blumen auch aussehen mögen. Ein Schlüssel ist für uns ein Schlüssel, egal welche Form und Größe er hat, und wir haben auch gleich ein Konzept dazu, was man mit ihm anfangen kann. Aber auch, wenn wir genau verstehen, was »größer/kleiner als etwas« ist, oder was »dies und etwas anderes« bedeutet, liegt das daran, dass wir uns mit Hilfe des PFC dazu Konzepte erschaffen haben. Das Denken in Konzepten ist sehr praktisch und hilft uns bei der Verarbeitung der unendlich vielen Reize, die auf uns einströmen. Auf der anderen Seite sehen wir auf diese Weise die Wirklichkeit oft nicht als das, was sie ist. Ein alter Psychiater-Witz mag demonstrieren, was gemeint ist:

Ein Psychiater zeigt seinem Patienten ein Täfelchen, auf dem sich ein Viereck befindet, und fragt, was dies seiner Meinung nach darstelle.

»Das ist ein Doppelbett«, sagt der Patient, »auf dem es zwei Leute miteinander treiben.«

»Und das hier?«, will der Psychiater wissen und hält dem Patienten einen Kreis vor.

»Das ist eine Insel auf der es zwei Leute miteinander ...«

»Schon gut«, meint der Psychiater ein wenig ungeduldig und zeigt dem Mann ein Dreieck: »Was ist das?«

»Das ist eine Hütte, in der es zwei Leute ...«

»Sagen Sie, sehen Sie niemals irgendetwas anderes als das?«, fragt der Psychiater erstaunt.

Darauf der Mann leicht verschnupft: »Was kann ich dafür, wenn Sie mir dauernd solche unanständigen Bilder zeigen?«

Es ist eine neue, eine wirklich revolutionäre Erkenntnis, dass auch Tiere in Konzepten denken können. Wenn ein Tier einen umgedrehten Gegenstand erkennt, wie ich das von unserem Schweinchen Piccolino berichtet habe, ist das ein Beispiel für Konzeptbildung. Um Ringe der Größe nach geordnet aufzufädeln, sind gleich zwei Konzepte erforderlich: Das Schweinchen braucht ein Konzept für »größer – kleiner« und dazu noch ein Konzept darüber, was eine Reihenfolge ist. Die Leistungen von Border Collie Rico und erst recht die von Graupapagei Alex sind Beispiele für Konzeptdenken auf sehr hohem Niveau.

Nun könnte man meinen, es seien absolute Ausnahmetiere, die zu solchen verblüffenden Leistungen fähig sind, andere Vertreter der jeweiligen Art könnten all das nicht. Niemand möchte diesen besonderen Tieren ihren Status als Einsteins und Mozarts der Tierwelt absprechen. Dennoch wissen wir heute, dass viele Tiere, darunter auch unsere Hunde, einfache Konzepte nutzen und insgesamt viel mehr »drauf haben«, als man es jemals für möglich gehalten hätte. Dass wir dieses Wissen heute haben, liegt vor allem daran, dass einige Tierforscher die Vorstellung aufgegeben haben, dass Leistungen, die im vertrauten Umgang mit dem Tier gezeigt werden, wissenschaftlich wertlos seien. Auch in der Forschungsarbeit ist es immer ein Stück Nähe und Vertrautheit, das zugelassen werden muss, damit sich uns solche Leistungen erschließen.

Einmal mehr zeigt sich, dass die Unterschiede zwischen uns und anderen Arten lediglich gradueller Natur sind. Dennoch sind sie vorhanden und in mancher Hinsicht sogar sehr ausgeprägt. Unser riesiger Cortex ermöglicht uns, Bücher zu schreiben, Computer zu erfinden und das Weltall zu erforschen. Er bewirkt aber auch, dass wir die Welt sozusagen durch die Brille unserer inneren Vorstellungen betrachten. Diese Art, die Wirklichkeit zu verarbeiten, ist übrigens auch die Grundlage des »Belief-Disconfirmation-Paradigm« und erklärt, warum wir Menschen so gerne an unseren Sichtweisen und Überzeugungen festhalten.

Noch einen weiteren Nachteil bringt die an sich tolle Fähigkeit, schnell und sicher Konzepte zu bilden, mit sich: All das geht auf Kosten der Wahrnehmungsgenauigkeit. Tiere, die nicht so stark durch innere Konzepte abgelenkt sind wie wir, nehmen Details wahr, die wir Menschen gar nicht bemerken. Wir könnten auch sagen: Tiere sehen eher einzelne Bäume als den Wald, während wir oft vor lauter Wald die Bäume nicht sehen. Bei den meisten Menschen jedenfalls ist das so, aber es gibt Ausnahmen. Ein Beispiel dafür sind Personen mit Autismus.

»Autisten« nehmen die Welt ähnlich detailorientiert wahr, wie Tiere das tun. Wir können davon ausgehen, dass Tiere in Bildern denken. Auch Menschen mit Autismus denken visuell und nicht verbal. Sie haben daher Schwierigkeiten, das Sprechen zu erlernen und müssen, um gesprochene Sprache zu benutzen, ihre Bilderwelt erst in Worte und Sätze übersetzen (was vermutlich auch bei den sprechenden Menschenaffen und Papageien der Fall ist). Menschen mit Autismus verfügen über eine so extrem ausgeprägte Detailwahrnehmung, dass es ihnen schwer fällt, die Massen von Einzelheiten, die über ihre Sinne auf das Gehirn einprasseln, zu einem sinnvollen Ganzen zusammenzufügen.

Der Unterschied zwischen der detailorientierten und der konzeptbildenden Form der Wahrnehmungsverarbeitung wird besonders deutlich, wenn wir die Leistungen von Savants betrachten. Savant bedeutet »Wissender«. Savants sind Menschen mit einer ausgeprägten, speziellen Begabung, sogenannten Inselbegabungen.

Viele Savants sind Autisten, wie etwa das Gedächtnis- und Zeichengenie Stephen Wiltshire. Für ihn genügt es, mit dem Hubschrauber ein paar Runden über eine ihm völlig unbekannte Stadt geflogen zu werden, um diese anschließend fotografisch genau aufzuzeichnen. Andere Savants können auf Anhieb zu jedem beliebigen Datum den Wochentag nennen, schneller rechnen als ein Computer, innerhalb einer Woche eine Fremdsprache erlernen oder auch schwierige Musikstücke, die sie ein einziges Mal gehört haben, sofort auf dem Klavier nachspielen. Vielleicht kennen Sie den Film »Rain Man«: Die amerikanischen Savant-Zwillingsbrüder John und Michael dienten hier als Vorbild. Die Zwillinge haben unter anderem die Fähigkeit, auf Anhieb zu sehen, aus wie vielen Teilen Mengen bestehen. Als einmal eine Streichholzschachtel zu Boden fiel und die Streichhölzer sich auf dem Teppich verteilten, sagten beide wie aus einem Mund: »111!« – Es waren 111 Hölzchen! Undenkbar für jemanden wie Sie oder mich? Ja, wahrscheinlich.

Dennoch könnte es sein, dass wir alle über solche extremen Fähigkeiten verfügen würden, wären da nicht die so eifrigen konzeptbildenden Teile unseres Verstandes, die diese spezielle Form der Genialität gewissermaßen überlappen. Einfach ausgedrückt heißt das: Unser leistungsfähiger PFC funkt der Detailwahrnehmung regelrecht dazwischen. Die Savant-Forschung liefert sehr deutliche Hinweise darauf, dass unsere Fähigkeiten zu abstrahieren und zu verallgemeinern auf Kosten der genauen Wahrnehmung geht. Nicht nur bei Autismus treten nämlich extreme Wahrnehmungsleistungen auf, sondern manchmal auch bei Demenzkranken, wenn die Demenz die Stirn- und Schläfenlappen des Gehirns betrifft, oder bei Personen, die nach Unfällen Hirnschädigungen in diesen Bereichen erlitten haben. Während nach dem Unfall wichtige Gehirnleistungen gar nicht mehr oder nur noch eingeschränkt möglich sind und die Betroffenen oft ohne Hilfe den Alltag gar nicht mehr bewältigen, treten manchmal zugleich schier unglaubliche Fähigkeiten auf. Manche dieser Menschen werden zu künstlerischen und visuellen Genies.

Sehr viel Wissen um die tierische Wahrnehmung verdanken wir der Forscherin Temple Grandin. Sie ist Professorin für Tierwissenschaften an der Colorado State University und selbst Autistin. In ihrem beeindruckenden Buch *Ich sehe die Welt wie ein frohes Tier* erzählt sie, dass sie dreißig Jahre gebraucht hatte, um herauszufinden, dass Tiere extrem detailgenau wahrnehmen und dass sie in Bildern denken – genau wie sie selbst.

Die besondere Art, wie autistische Menschen die Welt erfahren, hat höchstwahrscheinlich damit zu tun, dass bei ihnen der Informationsfluss zu den Frontallappen betroffen ist. Damit ist die Fähigkeit zu generalisieren, also gewissermaßen den Wald zu sehen und nicht die einzelnen Bäume, beeinträchtigt. Temple Grandin erinnert sich, wie schwer es ihr als kleines Mädchen fiel, in einem Dackel einen Hund zu erkennen. Alle Hunde, die sie bis dahin gekannt hatte, waren ziemlich groß gewesen. Sie hatte sich daher angewöhnt, Hunde anhand ihrer Größe von Katzen zu unterscheiden. Sie fragte sich immer wieder, wie denn der Dackel, den sie nun kennengelernt hatte, ein Hund sein konnte. Schließlich stellte sie fest, dass dieser dieselbe spitze Schnauze hatte wie ihr eigener Retriever. Ab sofort orientierte sie sich an der Schnauzenform. Wie es ihr wohl erging, als sie den ersten Boxer oder Mops zu Gesicht bekam?

Auch Tiere tun sich schwerer mit dem Generalisieren, dem Verallgemeinern also, als nicht-autistische Menschen. Generalisieren ist die Grundlage der Konzeptbildung und umfasst auch die Fähigkeit, Erlerntes von einer Situation in eine andere zu übertragen. Sie kennen das vielleicht: Ihr vierbeiniger Freund hat zu Hause oder in der Hundeschule eine bestimmte Übung gelernt und absolviert diese ganz hervorragend, nehmen wir an das Abliegen auf ein bestimmtes Zeichen oder Kommando. Sie geben nun das Signal zum Abliegen wie immer, allerdings in einer fremden Umgebung – und Ihr Hund sieht Sie fragend an, als hätte er noch nie in seinem Leben irgendetwas von dieser Übung gehört.

Beim Generalisieren von erlernten Übungen kann allerdings ein weiterer Faktor eine Rolle spielen: Verhaltensweisen, die auf dem Weg der Konditionierung systematisch trainiert wurden, sind oftmals weniger flexibel als solche, die nicht kontrolliert und eher aus dem sozialen Zusammenhang heraus gelernt werden. Das bedeutet, dass z. B. ein »Sitz und Bleib«, das ja mit Hilfe von Konditionierung gelernt wurde, weniger leicht in andere Zusammenhänge übertragbar ist, wie etwa ein Gespür dafür, an welche Regeln man sich im Spiel mit anderen Hunden halten muss. Letzteres erlernt ein Hund ja nicht durch systematisches Training, sondern im Umgang mit anderen Hunden.

Im Vergleich zum Menschen ist die Fähigkeit zu generalisieren in jedem Fall bei Tieren insgesamt weniger, die Detailwahrnehmung dagegen stärker ausgeprägt. Sie können daher auf Dinge ängstlich reagieren, die uns nicht einmal auffallen. Tiere nehmen auch Kontraste stärker wahr. Hinzu kommt, dass einige Sinne wie der Tastsinn, das Gehör und vor allem der Geruchssinn wesentlich leistungsfähiger sind als die unseren und mehr und detailliertere Informationen liefern.

Ein wenig erstaunlich ist es schon, dass sich das Bild vom Tier innerhalb der letzten zehn bis fünfzehn Jahre stärker verändert hat, als vom 17. bis gegen Ende des 20. Jahrhunderts. Wir wissen mehr und Genaueres über die unterschiedliche Art, wie wir Menschen und unsere Mitlebewesen die Welt erfahren und die Wirklichkeit verarbeiten. Vor allem aber wissen wir viel mehr über das, was uns verbindet. Albert Einstein hat also mit seiner These, dass es die Theorie ist, die darüber bestimmt, was wir beobachten können, Recht behalten: Lange Zeit über hatten Theorien die Grenzen dessen, was erforscht werden konnte, sehr eng gehalten. Indem die Wissenschaft sich zunehmend neuen Möglichkeiten öffnet, kann sie auch Neues, Überraschendes oft, erkennen und erforschen. Es zeigt sich immer deutlicher, dass Tiere ganz anders sind, als die Menschen es sich jahrhundertelang vorgestellt haben. Vielleicht ist es ja aber auch so, dass Tiere genauso sind, wie viele Menschen, die mit ihnen leben und mit ihnen verbunden sind, es intuitiv längst wussten.

## Es geistert weiter auf den Hundeplätzen

Letztlich war es die Vorstellung vom einfach strukturierten, automatenhaft reagierenden Tier, das die Methoden des Hundetrainings beeinflusst hat. Wenn wir das Sinnbild des Automaten einmal näher betrachten, wird es verständlich, warum viele Entwickler von Methoden sich um ihre eigenen Fähigkeiten als Trainer und Kommunikatoren keine großen Gedanken gemacht haben. Ein wenig überspitzt ausgedrückt könnten wir sagen: Wer wie ein Automat reagiert, kann auch wie ein Automat »bedient« werden. Dazu braucht es keine besonderen Fähigkeiten, sondern lediglich eine Gebrauchsanweisung. Wie gut, dass inzwischen auch die Wissenschaft anerkennt, dass Tiere fühlende, denkende Lebewesen sind. Wie aber hat sich diese Erkenntnis auf das Training von Hunden ausgewirkt?

Zweifellos hat sich in den letzten Jahren vieles im Hundetraining verändert. Traditionell harte Methoden, die mit starkem Zwang und technischen Hilfsmitteln wie Würge- oder Stachelhalsbändern, Wurfketten oder sogar Reizstromgeräten arbeiten, werden zwar immer noch angewandt, jedoch nicht mehr so häufig und selbstverständlich wie früher. Hundeschulen, die sich an die Halter von Familienhunden wenden, bieten sie kaum an. Hier dürfte auch das Gesetz von Angebot und Nachfrage eine Rolle spielen: Die meisten Menschen lehnen Methoden, die sie von vorneherein klar als Misshandlung ihrer Hunde erkennen können, ab. Verbreitet sind »gemischte Methoden«, die mit Lob und Belohnung, daneben aber auch mit Bestrafungen und mehr oder weniger starkem Druck arbeiten. Und schließlich gibt es die »rein positiven« Methoden, die ausschließlich auf positive Verstärkung, Lob und Belohnung, setzen und immer mehr Anhänger finden. Insgesamt ist die Auswahl sehr viel größer als früher. Es hat sich also durchaus etwas getan in der Welt des Hundetrainings. Eines aber hat sich noch nicht vollständig verändert: das alte, mechanistische Bild vom Tier, das bei der Entwicklung aller Hundetrainingsmethoden Pate stand.

Auf den ersten Blick scheint es unendlich viele Hundetrainingsmethoden zu geben, und ständig kommen neue dazu. Manche haben schlichte, andere wieder fantasievolle Namen, einige sind nach ihren Erfindern benannt oder sie wollen durch einen aus geheimnisvoll anmutenden Buchstabenkombinationen bestehenden Namen Wirkung erzielen. Oft haben wir es dabei allerdings gar nicht mit echten Methoden zu tun, sondern nur mit Ansammlungen von Trainingstechniken.

Mit Trainingstechniken sind die einzelnen, konkreten Herangehensweisen gemeint, die man nutzt, um bestimmte Aufgaben und Übungen zu erarbeiten. Die

Körpersprache in einer bestimmten Art bewusst einzusetzen, ein Kopfhalfter zu verwenden, Rütteldosen oder Dogdiscs zu benutzen, mit Leckerchen erwünschtes Verhalten zu belohnen, Reizstrom- und Sprühhalsbänder exakt in dem Moment auszulösen, wo der Hund unerwünschtes Verhalten zeigt, mit Hilfe eines Clickers ein Verhalten in winzigen Schritten zu formen oder auch dem Hund ein Spielzeug als Belohnung zu geben, das ihm immer wieder abgenommen wird: All das sind Techniken – gute und weniger gute, freundliche und sinnvolle wie auch grenzwertige, unsinnige und unakzeptable Techniken.

Techniken allein machen keine Trainingsmethode aus. Eine echte Methode beruht immer auf einer Philosophie, die das gesamte Training bestimmt. Diese Philosophie wieder leitet sich in der Regel aus einer wissenschaftlichen Theorie ab. Vielleicht überrascht es Sie zu erfahren, dass es nur zwei, bzw. drei theoretische Grundlagen gibt, auf denen alle Methoden des Hundetrainings beruhen: Die eine ist die Dominanztheorie, meist in Verbindung mit der Triebtheorie. Die Dominanztheorie hat ihren Ursprung in der klassischen Ethologie, der beobachtenden Verhaltensforschung. Die Triebtheorie stammt ursprünglich aus der Psychologie der ersten Hälfte des 20. Jahrhunderts. Sie wurde von der Ethologie übernommen und auch in Form des Instinktmodells angewandt. Auf der anderen Seite stehen die Konditionierungstheorien, die aus der Lernpsychologie kommen und vom Behaviorismus geprägt sind.

Vertreter der Dominanztheorie gehen davon aus, dass der Mensch die Rolle des Rudelführers einnehmen müsse. Wenn der Hund nur wisse, wer der »Chef« sei, würde er auch gehorchen. Einige Methoden beruhen überwiegend oder sogar ganz auf der Dominanzbeziehung. Dazu gehören traditionelle Formen des harten Hundetrainings, aber auch viele »Flüsterer-Methoden«.

Die Triebtheorie sieht bestimmte Antriebe, die sich als eine Art Drang äußern und sich auf die Befriedigung biologischer Bedürfnisse richten, als Auslöser jeglicher Motivation. Man ging dabei davon aus, alle Tiere würden ausschließlich durch biologische Bedürfnisse – wie das Bedürfnis nach Nahrung, nach Sexualität usw. – gesteuert. Auch glaubte man, dass Tiere im Gegensatz zum Menschen ihre Triebe nicht beherrschen oder verlagern könnten. Die Idee, dass Hunde ihren Trieben gewissermaßen ausgeliefert seien, spielt bis heute eine große Rolle in einigen Trainingsmethoden.

Auf einem ganz anderen Ansatz beruhen die lerntheoretischen Konditionierungstheorien. Ihre Grundlage ist die Vorstellung, alles Verhalten sei das Ergebnis einer sehr einfachen Form des Lernens durch Verknüpfen von Reizen mit Reaktionen. Die bekannteste rein lerntheoretische Methode ist das Clickertraining, das nur mit positiver Verstärkung arbeitet und auf negative Verstärkung und Strafen verzichtet.

Bei aller Gegensätzlichkeit der Methoden, die in der Hundeszene immer wieder zu erbitterten Wortgefechten führen, haben die Theorien, die ihnen zugrunde liegen, etwas gemeinsam: Sie sind ein wenig betagt und daher zum Teil oder sogar gänzlich überholt. Methoden aber sind konservativ im wahrsten Sinne des Wortes: Einmal etabliert, konservieren sie Theorien und Ansichten und halten sie am Leben, auch wenn die Forschung längst darüber hinausgegangen ist. Eines von vielen Beispielen dafür ist der Mythos vom zweibeinigen »Rudelführer«, der laufend seine »Dominanz« unter Beweis stellen muss.

## *Alles Alpha?*

Aus dem Dominanzmodell leiten sich unterschiedliche methodische Vorgehensweisen ab, die eher sanft, hart oder auch brutal sein können. Ziel ist es, den Hund dem »Rudelführer Mensch« unterzuordnen. Eine Quelle der Dominanztheorie war die Arbeit von Schjelderup-Ebbe, der in den Zwanzigerjahren des 20. Jahrhunderts die Hackordnung von Hühnern untersuchte. Anhand des Verhaltens beim Fressen schloss er auf eine streng hierarchische Rangordnung bei dem Federvieh. Er wies den Tieren je nach Rang Buchstaben des griechischen Alphabets zu, von Alpha bis Omega. Dieses Modell wurde dann auf immer mehr Tierarten angewandt.

Eine andere Grundlage der Dominanztheorie waren Studien von Verhaltensforschern an Wolfsrudeln. Auch bei den Wölfen fand man eine bestimmte Rangordnung vor, die das Rudel strukturierte. Alpharüde und Alphafähe schienen dabei ununterbrochen ihre Vorrangstellung demonstrieren und verteidigen zu müssen, da offenbar auch die anderen Rudelmitglieder nach oben strebten. Diese Beobachtungen wurden auf die Beziehung zwischen Menschen und Hunden übertragen: Der Mensch, meinte man, müsse die Rolle des »Rudelführers« einnehmen und dem Hund immer wieder klar machen, dass er die Alpha-Position und das Sagen hat.

Der Rudelführer-Mythos führte zu teilweise recht bizarren Verhaltensregeln für den Umgang mit Hunden. So sollte man beispielsweise beim Spaziergang den Hund niemals vorauslaufen lassen und auch dafür sorgen, dass er grundsätzlich nie zu fressen bekommt, ehe die Menschen gegessen haben. Auf keinen Fall dürfe man dem Hund erlauben, auf dem Sofa oder anderen erhöhten Plätzen zu liegen, warnen dominanzorientierte Trainer. Sogar den Hund beim Nachhausekommen zu begrüßen, wurde zum Tabu erklärt – der »Alpha« mache so etwas nicht. Die Vorstellung, der Hund strebe ständig danach, die Führung an sich zu reißen, zeigte allerdings bald noch weitere Auswirkungen: Man sah plötzlich überall drohende Angriffe auf den eigenen »Alpha-Status«. Schließlich diente das angebliche Dominanzstreben des Hundes auch als Rechtfertigung für drastische »Bestrafungen«. Diese, meinte man, seien nur natürlich. Wölfe würden schließlich ebenso vorgehen.

Viele meiner Kollegen sind der Meinung, es sei grundsätzlich falsch, die Beziehungen von Tieren untereinander auf die Mensch-Tierbeziehung zu übertragen. Ich sehe das ähnlich: Natürlich betrachten mich meine Hunde nicht als »Alphahündin«. Sie wissen, dass ich ein Mensch bin, ebenso, wie sie wissen, dass die anderen Tiere, die zu unserer Familie gehören, keine Hunde sind. Dennoch finde ich es wichtig, an der Stammart zu forschen. Nur so können wir erfahren, wie die sozialen Beziehungen einer Art von Natur aus aussehen. Und sie sehen deutlich anders aus, als man zunächst angenommen hatte.

Die Verhaltensstudien, die zur Annahme führten, das Wolfs- wie auch das Hundeleben sei eine mühsame und kämpferische Angelegenheit, waren nicht der Weisheit letzter Schluss. Die Ethologen hatten nämlich zunächst an künstlich zusammengestellten Wolfsgruppen geforscht, die in Gehegen lebten, und nicht an natürlich gewachsenen Rudeln. Dass es bei zusammengewürfelten Wolfspopulationen auf begrenztem Raum vermehrt zu Rangeleien um Privilegien und Positionen im Rudel kommt und dass die Tiere insgesamt eher zu aggressivem Verhalten neigen, ist ja eigentlich nicht überraschend. Es würde uns nicht anders ergehen, wenn wir gezwungen wären, eng mit Menschen zusammenzuleben, die wir uns nicht ausgesucht haben und mit denen uns nichts verbindet.

Inzwischen gibt es sehr differenzierte Studien an Wolfsgruppen in allen möglichen Formen und Umfeldern und sie liefern ein ganz anderes Bild. Einer der Verhaltensforscher, dem es gelang, Wölfe in absoluter Freiheit zu beobachten, ist David Mech. Er beschreibt das natürliche Wolfsrudel, das immer eine Familie ist, bestehend aus den Elterntieren und dem Nachwuchs verschiedener Altersstufen. In diesen natürlich gewachsenen Rudeln gehen alle Tiere in der Regel recht entspannt miteinander um. Konflikte sind selten. Das Elternpaar leitet die Gruppe gemeinsam und führt ihre Aktivitäten in einem System der Arbeitsteilung an. »Daher ist die Angewohnheit, einen Wolf als Alpha zu bezeichnen in der Regel nicht angemessener, als Menscheneltern oder Damhirsche Alphas zu nennen. Alle Eltern sind ihren Jungtieren gegenüber dominant, daher liefert ›Alpha‹ keine zusätzliche Information«, folgert Mech.[11]

Die Ergebnisse von David Mech und anderen Forschern bedeuten nicht, dass im Wolfsrudel keine soziale Ordnung existieren würde. Sie sagen jedoch etwas über die Art dieser sozialen Ordnungen aus. Wir können die schreckenerregenden Bilder von tyrannischen, knallhart agierenden Alphawölfen ebenso vergessen wie die Idee vom ständig nach oben strebenden Hund, dem gegenüber wir immerzu den »Boss« herauskehren müssen.

Orientieren wir uns an der natürlichen Rollenverteilung bei der Stammart unserer Hunde, den Wölfen, bedeutet das, dass wir uns eher in der Rolle eines »Elternteils« oder »Familienoberhaupts« wiederfinden werden als in der eines »Chefs«. Das heißt nun wiederum nicht, dass wir auf Führung verzichten oder gar unsere Hunde »antiautoritär« erziehen sollten. Vielmehr geht es um die Art der Führung. Gute (Tier- und Menschen-)Eltern verfügen über eine Form von Autorität, die auf sozialer und emotionaler Kompetenz beruht. Sie sind klar, konsequent, souverän und selbstsicher. Sie geben Schutz und sind fürsorglich. Sie vermitteln Regeln und sorgen für ihre Einhaltung. Sie führen durchaus, aber sie tun es anders – einfühlsamer und engagierter als ein »Boss«, dem es in erster Linie um seine Position geht. Übrigens zeigt auch die Forschung an »Gehegewölfen«, die in naturgemäßen Familienverbänden leben, dass der Nachwuchs sehr liebevoll erzogen wird.

Nach landläufiger Meinung ist »die Dominanz«, bzw. »das Dominanzstreben« eines Hundes mit einer höheren Bereitschaft zur Aggression verbunden. Auch viele Wissenschaftler sehen das immer noch so und sprechen von »Dominanzaggression«. Gibt es aber überhaupt einen Zusammenhang zwischen Aggressionsbereitschaft und sozialem Status? Spannende Hinweise liefern inzwischen erste Studien, die an Affen durchgeführt wurden.

Der Forscher Michael Ravel hatte beobachtet, dass die jeweiligen Leittiere seiner zwölf Meerkatzen-Kolonien auffällig ruhig und gefasst waren und nur dann aggressiv reagierten, wenn sie die Gruppe verteidigen mussten. Rangniedrige Tiere dagegen zeigten eine recht impulsive Aggressivität. Genau dasselbe berichten Ethologen übrigens auch von Wolfsrudeln. Ravel aber blieb nicht bei der Beobachtung seiner Affenkolonien, er ging einen Schritt weiter. Er entfernte aus jeder Kolonie das Leittier. Anschließend verabreichte er jeweils einem der übrigen Männchen Serotonin. Serotonin ist ein Überträgerstoff im Nervensystem,

[11] Eine Zusammenfassung der Studie findet sich auch im Internet:
http.//www.hunde-rudel.de/mech.htm

ein »beruhigender« Neurotransmitter. Er steht unter anderem in unmittelbarem Zusammenhang mit Friedfertigkeit bzw. Aggressivität: Je höher der Serotoninspiegel ist, desto friedfertiger und gelassener verhält sich ein Tier.

Die Meerkatzen mit dem künstlich erhöhten Serotonin-Spiegel – und der dadurch verringerten Aggressionsbereitschaft – nahmen sofort eine hohe, leitende, »dominante« Position in der Gruppe ein. Bei den ursprünglichen Leittieren wurde sodann der Serotoninspiegel künstlich abgesenkt und damit ihre Aggressionsbereitschaft erhöht. Danach brachte man sie in ihre Kolonien zurück. Prompt landeten sie in einer niedrigen Position innerhalb ihrer Gruppe. Ravels Meerkatzen-Studien bestätigen also, was man bereits aufgrund von Beobachtungen vermuten konnte: Das jeweils ranghöchste Tier einer Gruppe dürfte ein eher niedriges Aggressionspotenzial haben, während rangniedrige Tiere zu einem unberechenbareren Aggressionsverhalten neigen.[12] Auch wenn die Forschung auf diesem Gebiet nicht abgeschlossen ist, deutet vieles darauf hin, dass tatsächlich ein Zusammenhang zwischen Aggressionsbereitschaft und sozialem Rang besteht. Und es sieht sehr danach aus, dass es sich genau andersherum verhält, als man bisher angenommen hat.

Wir können also das Dominanzmodell, zumindest in der Form, wie es in der Hundeszene üblicherweise interpretiert wird, getrost entsorgen. Der unklare Begriff »Dominanz«, mit dem einerseits der Status eines sozial kompetenten, souveränen Leittiers bezeichnet wird, andererseits aber auch das Verhalten eines »schwierigen« (oder schlicht unerzogenen) Hundes, bringt uns nicht weiter. Im Gegenteil – er sorgt immer wieder für heillose Verwirrung. Und würde es etwa die Mensch-Tierbeziehung fördern, wenn wir davon ausgingen, dass unsere Hunde nur darauf lauern, die Führung an sich zu reißen, wenn wir nicht ununterbrochen auf der Hut sind? Wohl kaum.

Wenn also Ihr Gefühl schon immer eine gewisse Abneigung gegen die Vorstellung signalisiert hat, dass Sie sich in der Rolle des energisch durchgreifenden Rudelführers gegen einen machtbesessenen Emporkömmling von Hund wappnen sollten, war Ihr Gefühl ein weiser Berater. Diese Ideen entbehren jeder vernünftigen Grundlage und – wer lebt schon gern in einer Art kaltem Krieg mit dem eigenen Hund?

Die renommierte amerikanische Forscherin Karen L. Overall weist auf die Unwissenschaftlichkeit solcher vereinfachender Etikettierungen wie »Dominanz« hin, aber vor allem auch auf das Leid jener Hunde, die im Namen der Dominanz immer wieder unmenschlichen Behandlungsweisen ausgesetzt

[12] Nach Temple Grandin *Ich sehe die Welt wie ein frohes Tier* (2005), S. 159/160

waren.[13] Es hätte also in jeder Hinsicht nur Vorteile, wenn die Hundeszene sich endgültig vom traditionellen Dominanzmodell verabschieden würde. Warum aber tut sie es nicht endlich? Vielleicht wäre das längst passiert – gäbe es da nicht eine Reihe von Methoden, die dann ebenfalls entsorgt werden müssten. Und wer möchte das schon mit einer Methode tun, die er jahre- oder jahrzehntelang angewandt und propagiert hat? Eben. Methoden können ein echtes Problem sein.

## *Der Trieb kommt um zehn*

Wenn ich Hundeleute über »den Trieb« reden höre, kann ich mir manchmal ein Lachen nicht ganz verkneifen. Das liegt nicht etwa daran, dass alles lustig wäre, was da im Zusammenhang mit dem Triebbegriff so gefordert wird. Da erklärt zum Beispiel ein Hundetrainer, der sich selbst »Hundeflüsterer« nennt, die Aufgabe des Hundehalters sei es, die Triebe des Hundes (insgesamt 21!) einzuschränken, z. B. auch seinen »Bewegungstrieb« und seinen »Futtertrieb«. Da der Hund von seinen Trieben abhängig sei, würde er dadurch nämlich irgendwann von sich aus zum Menschen kommen, um seine Triebe befriedigen zu können. Ich muss gestehen, dass mich solche Aussagen eher zum Weinen bringen als zum Lachen. Grund meiner Heiterkeit ist vielmehr eine Geschichte, die mein Mann Albrecht aus seiner Jugendzeit erzählt und an die wir beide jedes Mal denken müssen, sobald nur jemand das Wort »Trieb« in den Mund nimmt.

Einer von Albrechts Freunden, dessen Eltern über das Wochenende verreist waren, gab eine Party. Die Party hatten die Eltern genehmigt, jedoch mit der Auflage, dass um zehn Uhr abends Schluss sein sollte. Punkt zweiundzwanzig Uhr erschien die Putzfrau der Familie. Ihr Auftrag war es, zu kontrollieren, ob sich die Teenies denn auch an die Vereinbarung hielten.

»Schluss«, kommandierte sie. »Es ist zehn Uhr!«.

»Aber warum dürfen wir denn nur bis zehn Uhr feiern?«, fragte einer der Jungen.

»Um zehn kommt der Trieb!«, erklärte die Frau resolut.

Im Gegensatz zu der für immer unvergessenen Putzfrau, die offenbar ein ganz klares Bild davon hatte, was genau »der Trieb« sein sollte, war der Triebbegriff in der Wissenschaft immer recht vage und daher auch zu allen Zeiten umstritten. Obendrein gab es fast so viele unterschiedliche Triebtheorien wie Forscher, die sie aufstellten. Oft wurden auch die Begriffe »Trieb« und »Instinkt« für ein und dieselbe Energie benutzt, was die Verwirrung komplett machte. Während sich die

[13] Karen L. Overall, »Mental Illness in Animals – The Need for Precision in Terminology and Diagnostic Criteria«, in: *Mental Health and Well-Being in Animals* (2005)

Tierforschung inzwischen vom Triebmodell verabschiedet hat, hält sich die Idee des Triebes hartnäckig auf den Hundeplätzen. Die Wahrheit ist: Es gibt keinen Trieb. Viele Leute sind erstaunt, das zu erfahren. Sie halten die Existenz von Trieben für etwas ganz Reales. In Wirklichkeit war die Triebtheorie nichts weiter als ein Versuch zu erklären, was Lebewesen zum Handeln motiviert.

Seit Neurobiologen begonnen haben, die Geheimnisse des menschlichen und tierischen Gehirns zu entschlüsseln, gilt der Triebbegriff endgültig als nicht mehr haltbar. Es existiert nämlich kein Schaltkreis im Gehirn für einen »Jagdtrieb«, »Fortpflanzungstrieb«, »Spieltrieb«, »Nahrungstrieb« oder was immer. In der Folge gibt es natürlich auch keinen »Triebstau«, wie man früher dachte. Wir müssen also auch nicht irgendwelchen »angestauten« Trieben des Hundes zum Ableiten verhelfen, weil sie sich sonst ungehemmt entladen würden. Neurobiologisch nachweisbar hingegen ist ausgerechnet das, was man so lange für »ungreifbar« hielt: der Bereich der Emotionen bzw. Gefühle. Wir wissen heute, dass es die Gefühle sind, die alles Verhalten von Mensch und Tier steuern – und sie manifestieren sich auch durch biologisch reale Schaltkreise im Gehirn.

Um Missverständnissen vorzubeugen, möchte ich an dieser Stelle anmerken, dass ich nicht ausdrücklich zwischen Gefühlen und Emotionen unterscheide. Gelegentlich werden in der wissenschaftlichen Literatur grundlegende körperliche Erregungszustände als Emotionen bezeichnet, während erst durch deren bewusste Bewertung Gefühle entstünden. Die Unterscheidung ist jedoch unscharf und nicht wirklich logisch. Man kann ja z. B. verärgert, ängstlich oder auch in jemanden verliebt sein, ohne dass einem das sofort bewusst ist. Das würde bedeuten, der Ärger, die Ängstlichkeit oder die Verliebtheit wären in diesem Stadium »nur« Emotionen, die sich aber sofort in Gefühle verwandeln, sobald man sie wahrnimmt und bewertet.

Während ich diese Zeilen schreibe, drückt sich meine Hündin Deli ganz fest an meine Beine. Ich glaube, das liegt daran, dass ihr das ein Gefühl von Geborgenheit gibt. Sogar wenn ich jetzt gleich einem körperlichen Bedürfnis folge, indem ich aufstehe und mir etwas zu trinken hole, veranlasst mich dazu etwas, das ich fühle: Durst. Als neulich Sunny auf drei Pfoten vom Garten hereinkam, war es ein unangenehmes Gefühl, das sie dazu brachte, eine Pfote hochzuhalten: Eine kleine Klette hatte sich zwischen den Fußballen verklemmt. Wenn früher unsere Hündin Pamina die Sylvesterabende mit schöner Regelmäßigkeit unter dem Sofa verbracht hat, tat sie das, weil das Knallen der Raketen und Böller Angstgefühle ausgelöst hat. Und es gehört nicht allzu viel Fantasie dazu, in dem ungeduldigen Gedrängel vor unserem Übungsraum Vorfreude zu erkennen, wenn ich eine Tiergruppe zum Training rufe ... Immer sind es Emotionen, die uns und unsere Tiere zum Handeln motivieren, uns also »in Bewegung« bringen. Übrigens steckt das Wort »Motio«, das Bewegung bedeutet, in beiden Begriffen: Emotion und Motivation. Hier war die Sprache anscheinend klüger als die Wissenschaft.

## *Leckerchen im Hundehirn*

Auch die lerntheoretisch orientierten Methoden tragen Ideen und Theorien weiter, die in der ursprünglichen Form nicht mehr zur Erklärung der Realität taugen. Das Problem der Konditionierungstheorien ist dabei nicht etwa, dass diese von Grund auf falsch wären. Skinners Grundthese der operanten Konditionierung, die zu einem Leitsatz der lerntheoretischen Methoden wurde, heißt: »Verhalten wird durch seine Konsequenz bestimmt«. Diese Aussage entspricht in vielen Situationen dem, was wir beobachten können.

Wenn Sie beispielsweise immer wieder an derselben Stelle falsch parken und immer wieder einen Strafzettel an Ihrer Windschutzscheibe vorfinden – eine unangenehme Konsequenz Ihres Verhaltens – werden Sie sich mit einiger Wahrscheinlichkeit irgendwann nach anderen Parkmöglichkeiten umsehen.

Wenn Sie Ihrem Kind ein Eis kaufen, weil es lautstark nach einem Eis verlangt, wird es wahrscheinlich immer wieder versuchen, darauf zu bestehen. Ignorieren Sie die nachdrücklichen Forderungen nach einem Eis konsequent, wird das Kind wahrscheinlich zunächst seine Anstrengungen verstärken, dann aber irgendwann die Versuche einstellen, da sie niemals Erfolg zeigen. Belohnen Sie Ihren Hund immer wieder fürs Sitzen, wird er ständig »Sitz« anbieten. Es ist also durchaus richtig, dass ein Verhalten, das zum Erfolg führt, die Tendenz hat, in Zukunft wieder gezeigt zu werden. Ebenso ist es richtig, dass ein Verhalten, das niemals zum Erfolg führt, irgendwann »aussterben« kann und dass Verhaltensweisen, die unangenehme Konsequenzen haben, wahrscheinlich eingestellt werden.

Ganz so einfach ist die Sache jedoch nicht. Viele Fähigkeiten können wir (und andere Lebewesen) nur schwer oder gar nicht durch Versuch und Irrtum erlernen. Ein Beispiel dafür ist der Spracherwerb. Wenn wir als Kinder sprechen lernen, tun wir das nicht mit Hilfe von Belohnungen und Bestrafungen (auch nicht unbewussten Belohnungen und Bestrafungen durch die Eltern, wie Skinner das glaubte), sondern überwiegend mit Hilfe von Nachahmung. Wir lernen nicht sprechen, um ein Stück Schokolade oder auch ein Lächeln unserer Eltern zu bekommen, sondern aus unserem Bedürfnis nach Kommunikation heraus. Dass es fast unmöglich ist, Sprache durch operante Konditionierung zu vermitteln, haben übrigens auch die Wissenschaftler festgestellt, die mit tierischen Sprachschülern, Menschenaffen, Delphinen oder Papageien, gerarbeitet haben. Der Satz, Verhalten werde durch seine Konsequenz bestimmt, ist also in manchen Zusammenhängen richtig, in anderen wieder falsch.

Der Grund, warum wir die Konditionierungstheorien nicht verallgemeinern sollten, liegt auf der Hand: Weder Menschen noch Tiere unterlassen Verhaltensweisen in jedem Fall, wenn sie keinen (äußeren) Erfolg bringen oder weil negative Konsequenzen zu befürchten sind. Erst recht tun sie Dinge nicht immer wegen einer äußeren Belohnung. »Sie arbeiten schließlich auch nicht ohne Bezahlung!«, argumentieren Vertreter der Konditionierungstheorien. Menschen arbeiten jedoch engagiert und ohne jede Bezahlung, sobald etwas für sie wichtig ist, sei es ein Ehrenamt, sei es, dass sie sich für eine Idee einsetzen oder ein Hobby betreiben (ja, auch Tennisspielen ist Arbeit).

Handeln aus eigenem Antrieb, die sogenannte intrinistische Motivation, macht Menschen besonders leistungsbereit, wissen Psychologen heute. Und es macht glücklich. Bei der extrinistischen Motivation hingegen geht es nicht um die Sache an sich, sondern um das, was daraus folgt – eine Belohnung in Form von Geld, Lob, Beförderung usw. An Menschen, die in ihrem Job unglücklich sind, können wir sehen, dass die Bezahlung keine ausreichende Motivation darstellt: Die Betreffenden sind trotz anständiger Bezahlung nicht glücklich, wenn ihnen die Arbeit selbst nicht liegt oder gefällt. Sie arbeiten nicht motiviert, im Gegenteil: psychische Probleme und gesundheitliche Störungen stellen sich ein.

Wie bei uns Menschen ist auch bei Tieren die Motivation, etwas zu tun oder zu unterlassen, nicht in erster Linie von äußeren »Verstärkern« abhängig, wie das die Behavioristen annahmen. Wie wir schon festgestellt haben, sind es die Gefühle, die unser Verhalten und Erleben bestimmen. Wir alle, Menschen und Tiere, folgen einem inneren Motivations- und Belohnungssystem, das uns gute Gefühle beschert.

Auf der neurobiologischen Ebene ist es vor allem der Neurotransmitter Dopamin – im Volksmund auch »Glückshormon« genannt – der für die guten Gefühle sorgt, die wir anstreben. Das innere Motivations- und Belohnungssystem (das ventrale Striatum in den Basalganglien und der Botenstoff Dopamin) bewirkt, dass wir viele Dinge tun, die uns weder Erfolg noch Geld oder Ruhm einbringen – und dabei hoch motiviert und glücklich sind. Auf der anderen Seite ist es aber auch Schuld daran, dass es Menschen so schwerfällt, von unliebsamen Gewohnheiten zu lassen, z. B. zu viel Süßes zu essen oder mit dem Rauchen aufzuhören, auch dann, wenn der Betreffende weiß, dass die Konsequenz eine »Bestrafung« durch Krankheit sein kann. Bereits der Griff zur Schokolade/Zigarette aktiviert die Belohnungszentren des Gehirns.

Ähnlich verhält es sich mit allen suchtartigen oder zwanghaften Verhaltensweisen von Tieren. Verhaltensstörungen, wie das Weben von Pferden, das Schwanzjagen oder andere Obsessionen von Hunden sind sehr schwer zu behandeln, da die Zwangs- bzw. Suchthandlungen immer wieder Dopaminausschüttungen auslösen und daher belohnend wirken. Das Belohnungssystem im Hundehirn ist die Erklärung dafür, dass ein Hund vielleicht lieber weiterspielt, wenn Frauchen oder Herrchen ihn aus einem Spiel mit einem Artgenossen heraus zu sich rufen will, selbst wenn ihm als Belohnung ein attraktives Leckerchen winkt. Das gute Gefühl, welches das Spiel vermittelt, ist in diesem Moment stärker als die Vorfreude auf ein Stück Futter. Schließlich bewirkt das innere Belohnungssystem auch, dass unsere Hunde – ebenso wie wir – selbstvergessen in ein Tun versinken können.

Im Bereich der Wissenschaft haben die neuen Erkenntnisse über die neurobiologischen Grundlagen von Lernen und Motivation dazu geführt, dass die Konditionierungstheorien stark hinterfragt und inzwischen teilweise durch neue Theorien ersetzt werden. So schlägt der Hirnforscher Jaak Panksepp vor, das Konzept der Verstärkung durch ein neues zu ersetzen, das er »Seeking System« nennt. Das Seeking System besteht aus dem Neugier-Interesse-Vorfreude-Schaltkreis im Gehirn, der mit dem Dopamin-System in enger Verbindung steht. Die miteinander kombinierten Emotionen Neugier, Interesse und Vorfreude, sichern das Überleben, indem sie so etwas wie das »lustvolle Gefühl an sich« darstellen.

Feststellen können wir in jedem Fall: Der Leitsatz von Skinner »Verhalten wird durch seine Konsequenz bestimmt« ist nicht ganz falsch. Er kann jedoch nicht auf jedes »Verhalten«, auf jeden Lernprozess angewandt werden und er bezog sich ausschließlich auf äußere Konsequenzen. Er ist daher auch nicht ganz richtig. Letztlich sind auch Belohnungen, die von außen kommen, nichts weiter als ein Anlass für das innere Belohnungssystem, aktiv zu werden. Da diese Zusammenhänge zu Skinners Zeit völlig unbekannt war, kamen die Anhänger der

Konditionierungstheorien zu dem Schluss, der eigene Vorteil sei das einzige, was Verhalten motiviert.

»Ihr Hund tut nichts aus Liebe – Hunde sind reine Opportunisten!« Diesen oft zitierten Satz entnehme ich einmal mehr der Website einer Hundeschule, die mit dem auf operanter Konditionierung beruhenden Clickertraining arbeitet. Er mag gut gemeint sein. Er soll wohl erklären, weshalb es sinnvoll sei, mit Futterbelohnungen zu arbeiten. Er spiegelt jedoch die cartesianische Denkweise genauso wieder, wie es die oft viel drastischeren Aussagen von Vertretern der Trieb- und Dominanztheorie tun. Ich habe die Betreiberin dieser Hundeschule später kennengelernt und ihr bei der Arbeit zugesehen. Sie ist eine freundliche Frau und eine gute Trainerin. Eines Tages sagte sie zu einer ihrer Schülerinnen, die ihren Hund gerade für eine besonders gute Leistung mit einem Leckerchen belohnte: »Freust du dich nicht, dass er das so toll gemacht hat? Zeig ihm doch, dass du dich freust!« Ich konnte mir ein amüsiertes Grinsen nicht ganz verkneifen. Wozu, um alles in der Welt, sollte man denn einem »reinen Opportunisten«, der alles nur um des eigenen Vorteils willen tut, zeigen, dass man sich freut? Sein Leckerchen hatte der angebliche Opportunist ja bereits erhalten. Und da er nichts aus Liebe tut, hat er ja wohl die Übung nicht so vorbildlich ausgeführt, damit sich sein Frauchen freut. Oder etwa doch?

## *Beziehungskisten*

Die Geschichte von dem doch nicht so ganz hundertprozentigen Opportunisten zeigt vor allem eines recht deutlich: Es ist uns nicht möglich, das Thema »Beziehung« aus dem Hundetraining auszuklammern. Betrachten wir also kurz die Rolle, die die Mensch-Tierbeziehung innerhalb der unterschiedlichen Hundetrainingsmethoden spielt.

Für die dominanzorientierten Methoden ist diese durchaus Thema, oft sogar ein zentrales. Sie beschränkt sich jedoch auf die »Rangordnung« zwischen dem Menschen und seinem Hund. Solange der Mensch den Hund dominiert und diesen »unterordnet«, meinen die Vertreter dieser Richtung, werden keinerlei Gehorsamsprobleme auftreten. In manchen Fällen geht diese Vorstellung so weit, dass davon ausgegangen wird, selbst das Erarbeiten konkreter Aufgaben ergebe sich wie von selbst aus dieser Struktur: Der Hund lernt, weil er den Menschen als Rudelführer anerkennt und auch Probleme aller Art lassen sich durch »Klärung der Rangordnung« lösen.

Während sich die Beziehung in den dominanzorientierten Methoden in einem »Oben« und »Unten« erschöpft, spielt sie in den Konditionierungstheorien praktisch gar keine Rolle. Daher wurde auch im »klassischen«, streng methodentreuen Clickertraining die Mensch-Tierbeziehung als eine Art »Privatsache« gesehen, die keinen Einfluss auf den Lernprozess hat. Sabine Winkler erklärt dies in ihrem Buch *So lernt mein Hund* folgendermaßen: »Clickertrainer betrachten zuverlässige Signalkontrolle (Gehorsam) ausschließlich als Produkt von fachgerechtem Training, was aber nicht heißt, dass sie keine Bindung oder Dominanzbeziehung zu ihren Hunden hätten. Nur sehen sie kaum einen Zusammenhang zwischen Signalkontrolle und solchen Beziehungsfragen«.[14]

Wenn Clickertrainer sich dessen bewusst sind, dass eine Methode nicht mehr – und auch nicht weniger – leisten kann, als einem Tier bestimmte Lernaufgaben zu vermitteln, ist das eine wirklich achtbare Haltung und ein sehr klarer und kluger Umgang mit dem Thema Methode. Nicht richtig ist es hingegen, dass die Mensch-Tierbeziehung keinen Einfluss auf Lernprozesse und natürlich auch auf den Gehorsam hätte. Das Gegenteil ist der Fall: Beziehung und Lernen sind eng miteinander verbunden. Erst recht lässt sich die Kommunikation nicht auf »Signale« beschränken, wie das in den streng methodentreuen Formen des Clickertrainings versucht wird (gemeint sind Hör- und Sichtzeichen, die ein bestimmtes Verhalten auslösen sollen, sowie das Brückensignal, der Clicker, der dem Tier Rückmeldung gibt). Einmal mehr blitzt hier das cartesianische Bild von einem Tier durch, das auf mechanische Weise agiert. Und direkt aus den Labors der Behavioristen wurde wohl unbemerkt eine Einstellung ins Hundetraining transportiert, die bei dieser Trainingsform oft ein wenig mitzuschwingen scheint – dass zu viel Kontakt dem Lernprozess nur schade. Watson, Skinner und ihre Nachfolger waren überzeugt davon, »Fehler« in ihren Lernversuchen dadurch vermeiden zu können, dass sie jeden Kontakt zwischen Versuchstier und Versuchsleiter zu verhindern versuchten. Bewirkt haben sie dadurch das Gegenteil: Es ist ihnen ein großer Fehler unterlaufen, indem sie versucht haben, den Lernprozess grundsätzlich von Kommunikation und Beziehung zu trennen.

Die Vorstellung, dass wissenschaftliche Forschung an Tieren und Beziehung einander ausschließen würden, ist lebensfremd und beschneidend. Über viele erstaunliche Fähigkeiten von Tieren wüssten wir bis heute nicht Bescheid, hätten alle Wissenschaftler darauf bestanden, ausschließlich unter Laborbedingungen zu forschen oder aber die Tiere aus einer möglichst beziehungslosen Distanz heraus zu beobachten. Wir wüssten z. B. nicht, dass Schimpansen oder Gorillas mit Hilfe

[14] Sabine Winkler *So lernt mein Hund* (2001), S. 179

von Gesten die menschliche Sprache erlernen können, wir wüssten nicht, dass Papageien eben nicht nur plappern wie Papageien und vieles mehr. Wir würden Tiere in vieler Hinsicht wahrscheinlich weiterhin unterschätzen.

Nicht jeder einzelne Lernprozess ist auf Beziehung und Kommunikation angewiesen, aber wann immer zwei Lebewesen zusammen sind, kommunizieren sie miteinander, natürlich auch und vor allem im Training. Wir Menschen senden ununterbrochen Botschaften an das Tier, auch wenn uns diese nicht bewusst sind, und diese Botschaften wirken unmittelbar auf den Lernprozess zurück.

Nehmen wir einmal an, Sie möchten, dass Ihr Hund sich setzt. Sie geben ihm ein Signal, das er bereits kennt. Sie sagen also: »Sitz!«, heben den Zeigefinger oder welches Signal Sie auch immer eingeführt haben. Dieses Hör- oder Sichtzeichen hat Ihr Hund über Konditionierung gelernt. Das Signal sagt dem Hund, was er tun soll. Zugleich aber drücken Sie sich auch über Ihre Mimik, den Blick, die Haltung, den Klang Ihrer Stimme, sowie durch Ihre Bewegungs- und Atemmuster aus. Sie geben auf diese Weise – wie in jedem Kommunikationsprozess – auch ein Stück von Ihrer Persönlichkeit preis. Sie senden Signale darüber aus, wie Sie grundsätzlich oder in diesem Augenblick zu Ihrem Hund stehen, Sie geben sogenannte Beziehungshinweise. Auf der anderen Seite schicken auch unsere Hunde ununterbrochen Botschaften an uns, selbst wenn wir diese oft nicht einmal wahrnehmen.

Bereits 1967 ging Prof. H. Hediger, der frühere Direktor des Züricher Zoos, in einem Vortag auf die Kontaktvermeidungs-Ideen der Behavioristen ein: »Mit dem peinlichen, ängstlichen Vermeiden jedes persönlichen Kontakts mit dem Tier, wird das Kind mit dem Bade ausgeschüttet«, stellte er fest und fügte hinzu: »Wir sind für das Tier oft in einer für uns unangenehmen Weise durchsichtig. Diese in gewissem Sinne peinliche Erkenntnis ist in der Tierpsychologie bisher merkwürdigerweise immer nur ein Gegenstand der Verdrängung und nie ein Ausgangspunkt positiver Untersuchungen im Sinne intensiverer Verstehens- und Verständigungsmöglichkeiten gewesen.«[15]

Ein weiterer Forscher, der die behavioristischen Kontaktängste schon 1966 kritisch unter die Lupe genommen hat, ist Robert Rosenthal. In seinen Experimenten an der Harvard-Universität konnte er zeigen, in welch verblüffender Weise die Annahmen und Vorurteile eines Versuchsleiters das Verhalten und die Leistungen von Laborratten selbst dann beeinflussen, wenn dieser überzeugt ist, sich völlig von ihnen freizuhalten. Rosenthal baute dazu einfache Labyrinthe auf. Wie in Skinners Versuchen auch, sollten Ratten lernen, den richtigen Weg zur

[15] Hedinger zitiert nach Watzlawick: *Wie wirklich ist die Wirklichkeit?* (1978), S. 45

Futterstelle zu wählen. Robert Rosenthal teilte sechzig weiße Ratten unter zwölf Versuchsleitern auf, denen er erklärte, bestimmte Tiere seien aufgrund der Zuchtwahl besonders dumm, andere hingegen besonders lernfähig. Er informierte jeden Versuchsleiter darüber, ob er mit intelligenten oder dummen Ratten arbeiten würde (in Wahrheit hatte er die Tiere streng nach dem Zufallsprinzip zugeteilt). Es zeigte sich, dass die vermeintlich klugen Ratten tatsächlich viel besser abschnitten als die angeblich dummen und das, obwohl alle Versuchsleiter eine reine Beobachterrolle hatten und zudem selbst absolut sicher waren, keinerlei Vorurteil aufgrund ihres »Wissens« über die Intelligenz der Tiere gehabt zu haben.[16]

Was der Laborratte recht ist, ist dem eng mit uns zusammenlebenden Hund mehr als billig: Hunde haben die Fähigkeit, kleinste Muskelbewegungen unseres Körpers, unserer Mimik, geringfügigste Veränderungen unserer Haltung, Stimme, unserer Atem- und Bewegungsmuster zu lesen. Sogar der Geruch verrät ihnen etwas über unsere jeweilige Stimmung. »Wir können nicht nicht kommunizieren«, sagt Kommunikationsspezialist Paul Watzlawick. Und jede Kommunikation zwischen Mensch und Hund ist auch Kommunikation über die Beziehung zwischen beiden. Sobald wir uns das klar machen, werden wir uns der Botschaften, die wir aussenden, bewusster werden. Und wir werden vielleicht auch achtsamer gegenüber den Botschaften der Tiere an uns sein. Diese Form von Achtsamkeit festigt das Band zwischen unseren Hunden und uns selbst. Und all das passiert zwar nicht nur während des Trainings, aber es passiert verstärkt während des Trainings.

## *Bitte noch einmal mit Gefühl*

In vielen ganz oder teilweise überholten Lehrmeinungen spukt das Gespenst Descartes also immer noch durch die Hundeszene. Natürlich bedeutet das nicht, dass ich meine, alle Hundetrainer würden Tiere für hirn- und gefühllose Automaten halten. Vielmehr beobachte ich immer wieder, dass der ein oder andere Trainer sich der Wurzeln der Methoden, die er anwendet, gar nicht bis ins Letzte bewusst ist. Wahrscheinlich trägt gerade diese Tatsache eine Menge dazu bei, dass alte Zöpfe nicht endlich abgeschnitten werden.

Moderne Hundetrainer sprechen oft einfach nur von »Führungskompetenz«, davon, dass der Hundehalter sich zur »Führungspersönlichkeit« entwickeln müsse. Das klingt keineswegs nach einer ständigen Rauferei um die Vormacht-

[16] *Der Rosenthal-Effekt*. Im Internet unter: www.stangl-taller.at

stellung, sondern recht interessant und attraktiv. Viele Menschen spüren ja auch intuitiv, dass der Umgang mit dem Hund die Entwicklung der eigenen Persönlichkeit durchaus fördern kann – natürlich auch die Führungskompetenz! Dass jedoch vielfach immer noch das überholte Bild des angeblich aggressiv um seine Position kämpfenden Wolfs im Hundepelz dahintersteht, ist oft weder den Trainern noch ihren Kunden bewusst.

Ähnliches lässt sich bei den Anhängern lerntheoretischer Methoden beobachten. Viele Clickertrainer betonen, das Tolle an ihrer Methode sei, dass die Tiere beim Training denken müssten und sie auf diese Weise auch geistig gefordert und ausgelastet seien. Ich gebe ihnen Recht: Genau das ist wirklich das Tolle an der Methode! Dennoch finde ich es wichtig, sich klarzumachen, dass das Denken in den behavioristischen Konditionierungstheorien, auf denen das Clickertraining beruht, gar keine Rolle spielt.

»Denken« meint das Erarbeiten von Dingen im Kopf. »Denkend lernen« (kognitives Lernen) bedeutet, geradewegs den richtigen Weg zu wählen, ohne davor verschiedene Alternativen durchzuprobieren. Nach dieser Definition ist die operante Konditionierung geradezu das Gegenteil vom Denken. Konditionieren können Sie auch die Fische in Ihrem Aquarium, einen Grashüpfer oder eine Auster – Tiere also, von denen wir annehmen, dass extreme Denkleistungen nicht gerade zu ihren größten Talenten gehören. Zudem wurde »das Denken« auch erst wieder Thema der Lernpsychologie, als die sogenannte kognitive Revolution den Behaviorismus ablöste.

Es ist eine hervorragende, wichtige und absolut zeitgemäße Sache, mit Tieren so zu trainieren, dass auch ihr Denkvermögen geschult wird – und ein großer Verdienst der Clickertrainer. Aber Skinner, auf den nicht nur die Theorie der operanten Konditionierung, sondern letztlich auch das Clickertraining selbst zurückgeht, leugnete die kognitiven Fähigkeiten der Tiere. Das oft vorgebrachte Argument, »Denken« und »Bewusstsein« seien Gebiete gewesen, die Skinner einfach nur nicht interessiert hätten, ist nämlich nicht richtig. So hatten er und weitere Behavioristen als Reaktion auf die Forschung an Menschenaffen zwei Tauben namens Jack und Jill so dressiert, dass deren Verhalten bewusste Kommunikations- und Denkprozesse vortäuschte. Damit sollte demonstriert werden, dass die Forscher, die Denken und Ansätze von Bewusstsein bei Tieren entdeckt hatten, im Unrecht waren und dass tierisches Verhalten eben nur aus Reaktionen auf Reize bestand.[17] Zum Glück wachsen Methoden in der Praxis auch manchmal ein Stück weit über ihre eigenen Theorien hinaus.

[17] Nach Sue Savage-Rumbaugh in dem zusammen mit Roger Lewin verfassten Buch *Kanzi, der sprechende Schimpanse* (deutsche Taschenbuch-Ausg.: 1998), S. 101/102

Inzwischen aber ist die Zeit reif, das Ende der Geisterstunde zu verkünden. Auch der Krieg zwischen Kopf und Bauch, der vielen Hundehaltern im Hinblick auf den Umgang mit dem Hund zu schaffen gemacht hat, kann endlich beendet werden. Wir können die neuen Erkenntnisse über die menschliche Seele und die von Tieren bewusst nutzen, unsere Gefühle wieder wertschätzen und sie zusammen mit unserem verstandesmäßigen Wissen in das Training unserer Hunde einbeziehen.

## Vermenschlichung – ein ganz heißes Eisen

Wenden wir uns noch einem Thema zu, ohne das ein Kapitel über alte Vorurteile und neue Erkenntnisse über Tiere nicht vollständig wäre: dem Anthropomorphismus, der Vermenschlichung. Anthropomorphismus bedeutet Übertragung menschlicher Eigenschaften auf andere Wesen. Früher bezog sich das vor allem auf Gott, dem man keine menschlichen Eigenschaften zuschreiben sollte. Heute benutzt man diesen Begriff in der Regel im Hinblick auf Tiere.

Haben Sie Lust auf einen kleinen Test? Wenn ja, beantworten Sie bitte die folgenden Fragen und kreuzen Sie die zutreffende Antwort an.

**Reden Sie mit Ihrem Hund so, als könnte er Sie verstehen?**
O ja O nein

**Benutzen Sie Babysprache, wenn Sie mit Ihrem Hund reden?**
(Mit »Babysprache« ist hier nicht »dudududu« oder »killekille« gemeint, sondern einfach die Art, wie Menschen mit kleineren Kindern reden.)
O ja O nein

**Darf er auf das Sofa?**
O ja O nein

**Darf er mit ins Bett?**
O ja O nein

**Feiern Sie seinen Geburtstag?**
O ja O nein

**Kaufen Sie gerne schöne Dinge für Ihren Hund (ein schickes Hundesofa vielleicht, besondere Halsbänder, Führgeschirre, Spielzeug usw.)?**
O ja O nein

**Geben Sie ihm etwas von Ihrem Essen ab?**
O ja O nein

**Unterschreiben Sie manchmal Karten oder Mails mit Ihrem eigenen Namen und dem Ihres Hundes?**
O ja O nein

**Würden Sie eher Ihren Partner auf eine einsame Insel mitnehmen, wenn Sie vor die Wahl gestellt würden, oder Ihren Hund?**
(Kreuzen Sie hier lieber nicht an, man weiß ja nie, wer das nach Ihnen liest!)

***Auflösung:*** Wenn Sie mehr als eine Frage mit »Ja« beantwortet haben, vermenschlichen Sie Ihren Hund.

Sie haben es sicher schon bemerkt – dieser Test war nicht ganz ernst gemeint. Das heißt, er war von mir nicht ganz ernst gemeint. Tierpsychologen werden nämlich durchaus angehalten, Fragen dieser Art zu stellen (ja, das gilt allen Ernstes auch für die letzte!), um herauszufinden, ob ein Hundehalter die Tendenz hat, sein Tier zu vermenschlichen.

Sehen wir uns die Fragen einmal genauer an:

**Sie reden mit Ihrem Hund so, als könnte er Sie verstehen?**
***Mein Kommentar:*** Solange Sie nicht im falschen Moment oder tatsächlich den ganzen Tag auf Ihr Tier einreden, kann das eine wunderbare Sache und sogar eine sehr hilfreiche Form der Kommunikation sein, auf die ich im Übungsteil zurückkommen werde.

**Sie benutzen »Babysprache«, Sie reden also so mit ihm, als wäre er ein kleines Kind?**
***Mein Kommentar:*** Das kann ein Hinweis darauf sein, dass Ihnen eine gute, liebevolle Beziehung wichtig ist und dass Sie von sich aus Ihrem Hund gegenüber

eher die naturgerechte »Eltern«-Rolle einnehmen als die eines »Chefs«. Wissenschaftliche Untersuchungen zeigen, dass ein großer Teil der Menschen ganz intuitiv mit Hunden ähnlich wie mit kleinen Kindern spricht. In dem bereits erwähnten Buch *Der kluge Hund* von Juliane Kaminski und Juliane Breuer gehen die Autorinnen der Frage nach, welche Funktion die Babysprache in der Mensch-Hund-Beziehung haben könnte.[18] Die meisten Forscher nehmen an, dass diese Art zu reden Freundlichkeit und Zuwendung signalisieren und die Vertrauensbasis stärken soll, wie das auch beim Umgang mit Menschenkindern der Fall ist.

**Er darf aufs Sofa?**
***Mein Kommentar:*** Solange Sie Ihren Hund jederzeit vom Sofa herunterschicken können, haben Sie kein Problem. Ihr Hund ebenfalls nicht – und er sitzt auch ganz bestimmt nicht dort, weil er von diesem privilegierten Platz aus zuerst die Familie und dann die ganze Welt beherrschen will, sondern aus demselben Grund wie Sie: Es ist bequem. Natürlich gibt es auch einen wirklich vernünftigen Grund für ein Sofaverbot: Sie haben ein sehr schönes Sofa und möchten nicht, dass er es schmutzig macht. In diesem Fall besorgen Sie eine Decke und bringen Sie dem Hund bei, dass er nur auf das Sofa darf, wenn diese darauf liegt. Oder Sie erklären das Sofa eben zur Tabuzone.

**Er darf mit ins Bett?**
***Mein Kommentar:*** Ihr Bett gehört Ihnen. Sie entscheiden daher, wer in Ihr Bett darf. Wenn Sie aber Ihr Nachtlager nicht mit dem Vierbeiner teilen möchten, zeigen Sie Ihrem Hund von Anfang an, dass dieses für ihn tabu ist.

**Sie feiern seinen Geburtstag?**
***Mein Kommentar:*** Viel Spaß!

**Sie kaufen gerne schöne Dinge für Ihren Hund?**
***Mein Kommentar:*** Es ist einzig und allein Ihre Sache, wie Sie Ihr sauer verdientes Geld ausgeben. Ein besonders schickes Geschirr, ein Halstuch mit seinem Namen oder auch ein luxuriöses Designer-Schlafkörbchen und Ähnliches braucht der Hund tatsächlich nicht, um glücklich zu sein. Aber wenn es Ihnen Freude macht – was spricht dagegen? Ihrem Hund schadet es nicht und schließlich würde sich ja auch keiner darüber aufregen, wenn Sie Ihr Geld ausgeben, indem Sie andauernd auf den Bahamas Urlaub machen.

[18] Juliane Kaminski/Juliane Bräuer: *Der kluge Hund* (2006), S. 133

**Sie geben ihm etwas von Ihrem Essen ab?**
***Mein Kommentar:*** Es kommt natürlich darauf an, was Sie essen. Sie sollten sich gut mit den Ernährungsbedürfnissen von Caniden auskennen, ehe Sie etwas von Ihrem Teller springen lassen. Vor allem aber kommt es darauf an, wann Sie Ihrem Hund etwas abgeben, wenn Sie das tun. Bekommt er etwas, wenn er winselnd und jammernd neben dem Esstisch sitzt, sozusagen »damit er endlich Ruhe gibt«, wird er immer penetranter betteln – Sie wissen ja, absolut unrecht hatte Skinner nicht, wenn er behauptete, dass Verhalten durch seine Konsequenzen bestimmt wird. In diesem Fall greift die Regel: »Verhalten, das belohnt wird, wird in der Zukunft verstärkt auftreten« garantiert. Wenn der Hund jedoch während der Mahlzeit der Menschen die ganze Zeit über ruhig und brav auf seinem Platz gelegen hat, können Sie ihn ruhig belohnen. Das Belohnungshäppchen darf, wenn es etwas ist, das dem Hund nicht schadet, sogar von Ihrem Teller kommen.

Ansonsten müssen Sie jedoch nicht essen, ehe der Hund sein Futter bekommt. Diese Idee beruht auf einer unrichtigen Annahme über die Gepflogenheiten im Wolfsrudel. Dominanzorientierte Hundetrainer behaupten oftmals, der »Alpha« würde immer vor den übrigen Rudelmitgliedern fressen. Die korrekte Tischregel in der Wolfsfamilie heißt: Kleine Welpen haben Vorrang. Sie werden als erstes versorgt. Nur in Notzeiten kommt es vor, dass sich die Leittiere zuerst satt fressen – schließlich müssen sie ja auch für das Überleben der Familie sorgen. Ansonsten gilt das Prinzip: Wer zuerst kommt, frisst zuerst.

**Sie unterschreiben manchmal Karten oder Mails mit Ihrem eigenen Namen und auch dem Namen Ihres Hundes? Sie schreiben dabei vielleicht sogar so, als wäre Ihr Hund derjenige, der hier etwas erzählt?**
***Mein Kommentar:*** Wunderbar! Sie sind schon mitten drin in den Vorbereitungen zu einer hervorragenden Empathie-Übung, die ich im Übungsteil erklären werde.

Alle diese Fragen, sofern sie ernsthaft gestellt werden, zielen darauf ab, Personen, die sie bejahen, zu unterstellen sie würden den Hund wie einen anderen Menschen behandeln und damit seine artspezifischen Bedürfnisse verletzen. Aber tun Sie das, wenn Sie beispielsweise seinen Geburtstag feiern? Gehen Sie etwa davon aus, Ihr Hund wüsste, an welchem Tag er Geburtstag hat? Denken Sie, er wäre beleidigt, wenn Sie diesen vergessen? Wem schadet es, wenn Sie gemeinsam einen besonders schönen Tag verbringen? Inwiefern sollte es in einem schädlichen Sinn vermenschlichend sein, wenn Sie Ihrem Hund erlauben, sich auf dem

Sofa oder wo auch immer an Sie zu kuscheln? Die körperliche Nähe zu einem Bindungspartner ist für das hochsoziale Tier Hund ein Bedürfnis, wie für uns auch: Mal wollen wir viel Nähe, ein andermal vielleicht nicht. »Kontaktliegen«, wie die Verhaltensforscher das aneinandergekuschelte Ruhen nennen, ist ein Ausdruck inniger Vertrautheit und stärkt die Bindung. »Kuscheln« wird daher nicht nur von Menschen geschätzt, sondern auch von Hunden untereinander und von verschiedenen Wildtieren wie Wölfen. Von einer Vermenschlichung kann man also nicht sprechen. Und das vielzitierte Wolfsrudel, in dem angeblich nur »dem Alpha« ein privilegierter, erhöhter Platz zusteht, kann auch im Hinblick auf das Sofa nicht als Erklärung herhalten. Wer wann wo liegt, ist Wölfen nämlich egal.

Vor allem die letzte Frage, die mit der einsamen Insel, hat eine ernste Seite, auch wenn ich sie augenzwinkernd gestellt, bzw. zitiert habe. Sie spiegelt nämlich noch stärker als die anderen eine Kritik wider, die man immer wieder in allen möglichen Zusammenhängen und Facetten hören kann: »Sie kümmern sich ja mehr um den Hund als um Ihre Familie!«, »Sie sind ja besorgter um den Hund als um Ihren Partner!« oder »Sie betüteln den Hund – er ist für Sie Kindersatz!« (was so klingt, als sei »Betüteln« für Kinder geradezu ideal).

Aussagen wie diese werden in der Regel mit vorwurfsvoll erhobener Stimme vorgebracht. Sie sollen vermitteln, dass der so Kritisierte zu lernen habe, dass der Mensch immer Vorrang hat. Steht da aber wirklich die Sorge dahinter, jemand würde die arteigenen Bedürfnisse des Hundes verletzen? In manchen Fällen vielleicht. Oft aber sind diese Aussagen nur Facetten der immer wieder vorgebrachten Forderung, der Hund müsse im »Familienrudel« immer der Rangniedrigste, der »Letzte« sein – oder auch »das Letzte«, wie das ein Hundetrainer einmal ausdrückte. Allzu deutlich blitzt hinter dem Mythos »Dominanzstreben« die immer noch verbreitete Idee durch, es sei unethisch, dem Tier einen hohen Stellenwert zuzuschreiben, weil nur der Mensch wirklich zähle. Vor allem sei es unethisch, im Zusammenhang mit Tieren von Liebe zu sprechen, das große Gefühl Liebe müsse dem Menschen vorbehalten bleiben. Und noch während die alten, cartesianischen Vorstellungen nicht vollständig aufgehört haben, in den Köpfen der Menschen zu spuken, breiten sich in unserer Zeit bereits neue Ideologien aus. Sie besagen, der Mensch sei immer und überall nur eine Last für das Tier und habe daher kein Recht, mit Tieren zusammenzuleben. Das Tier brauche und wolle den Menschen und daher auch seine Liebe nicht.

In ihrem Buch *Ausdrucksverhalten beim Hund* setzt sich auch die Verhaltensforscherin Dorit Urd Feddersen-Petersen mit dem Thema »Liebe zum Hund« auseinander. Wie sie schreibt, sieht sie »das Wort Liebe durchaus in Zuordnung zum Tier«.[19] Sie bezieht sich dabei auf Horst Stern, der 1978 auf einer Tagung die Zuordnung des Wortes »Liebe« zum Wort »Tier« als sprachliche Sodomie bezeichnet hatte. Tierliebe, so Stern, gehe nicht selten mit Menschenhass Hand in Hand und Liebe gehöre in den Humanbereich (Horst Stern wurde als Umwelt- und Tierschützer bekannt, vor allem auch durch seine Fernsehsendung »Sterns Stunde«. Er setzte sich dafür ein, die Mensch-Tierbeziehung von einer emotionalen auf eine rationale Ebene zu »heben«).

Nein, ich bin nicht der Meinung, die Menschen sollten ihre Hunde mehr lieben als ihre Familienmitglieder. Ich meine jedoch, dass es jedem selbst überlassen bleiben sollte, wen er liebt – und wie sehr. Es mag Menschen geben, die sich Tieren zuwenden, weil ihre Beziehung zu ihren Mitmenschen nicht sehr gut ist. Jemand, der diese Haltung an sich selbst feststellt, könnte sich natürlich in der Folge die Aufgabe stellen, an diesem Punkt an sich zu arbeiten. Das ist eine gute und wichtige Sache. Aber es ist nicht die Sache anderer, dies einzufordern.

Auch gibt es zweifellos Formen von Liebe, die nur zu Problemen führen. Wer in einer besitzergreifenden, egoistischen Art einen anderen mit Liebe erdrückt, respektiert ihn nicht, nicht seine Eigenart, seine Bedürfnisse, seine Persönlichkeit. Eine Liebe, der das Einfühlungsvermögen fehlt, kann großen Schaden anrichten, egal ob sie sich auf Tiere oder auf Menschen bezieht. Einen Hund sehr zu lieben, sich intensiv um diesen zu kümmern und auch besorgt um sein Wohlergehen zu sein, bedeutet jedoch auf der anderen Seite nicht automatisch, diesen nicht »Hund sein« zu lassen. Das Thema Liebe hat also, scheint es mir, sehr wenig mit dem Thema Vermenschlichung zu tun – ebenso wenig wie die Frage, ob Sie Ihrem Hund etwas von Ihrem Essen abgeben, seinen Geburtstag feiern oder seinen Namen neben den Ihren auf Postkarten setzen. Wann also und in welchem Zusammenhang sollten wir Tiere tatsächlich nicht vermenschlichen?

### *Schädliche Vermenschlichungen*

Wenn »Vermenschlichung« bedeutet, die ureigensten Bedürfnisse, Eigenheiten und Lebensweisen der unterschiedlichen Arten nicht zu respektieren, ist das mit Sicherheit problematisch. Ich denke dabei nicht nur an vierbeinige Prestigeobjekte, an überfütterte Hunde oder solche, die fast ihr gesamtes Leben auf dem Arm des Besitzers verbringen müssen, als seien sie hilflose Kleinkinder und hätten keine Beine zum Laufen. Oft führt einfach ein Mangel an verhaltensbiologi-

[19] Dorit Urd Feddersen-Petersen: *Ausdrucksverhalten beim Hund* (2008), S. 148

schem Wissen dazu, dass Menschen ihren Hunden Motive unterstellen, die nicht haltbar sind und zu falscher Behandlung des Hundes führen. Das bekannteste Beispiel ist sicher das von dem Hund, der beim Nachhausekommen seines schlecht gelaunten Menschen aus Angst ein paar Tröpfchen uriniert und dem unterstellt wird, dies »aus Bosheit« zu tun. Ich habe tatsächlich einmal einen Mann erlebt, der seinen Hund anbrüllte: »Schau mich an, wenn ich mit dir rede!«, als dieser höflich zur Seite blickte, um die angespannte Stimmung auf Hundeart zu deeskalieren.

Immer wieder kommt es auch vor, dass Hundehalter ihre Tiere nach den eigenen Vorstellungen, Moralbegriffen und Wertvorstellungen beurteilen, die nun wirklich »rein menschlich« (und manchmal nicht einmal für alle Menschen verbindlich, weil kulturabhängig) sind. Ich denke gerade an den Mann, der sich völlig verzweifelt an mich wandte und meinte, dass sein Hund »ein Mörder« sei (dieser hatte einen Hasen erlegt). Ein eher harmloses, aber doch typisches Beispiel ist auch die Klage »Mein Hund stiehlt«, die ich immer wieder zu hören bekomme. Natürlich weiß ich, was gemeint ist: Der Hund holt Essen vom Tisch oder von Küchenschränken. Er nimmt vielleicht auch Gegenstände wie Schuhe oder Bücher und zerstört sie. Es klingt schon ein wenig nach Haarspalterei, wenn ich dann erkläre, dass der Hund sich zwar etwas nimmt, deshalb aber keinen Diebstahl begeht – und es ist mir ja auch etwas peinlich. Dennoch finde ich es wichtig, dass Hundehalter sich bewusst machen, dass jede Art eigenen sozialen Spielregeln folgt.

Hunde haben eine völlig andere Idee davon, was Besitz ist, als wir. Im Hundeknigge steht nämlich, dass Dinge, auf die andere keinen Anspruch erheben, eben jeder nehmen darf. Viele Hunde verstehen die für sie recht eigenartigen menschlichen Vorstellungen von Besitz wie von selbst, wenn sie erst einmal aus dem Alter heraus sind, in dem wirklich alles und jedes spannend und untersuchenswert ist, was das Haus zu bieten hat. Zweifellos hilft es jungen Hunden, wenn sie schon früh Regeln lernen, die das Leben in einer Menschenwelt erleichtern. Aber eine so komplizierte Regel wie »Auch Dinge, die mein Mensch einfach unbeachtet liegen lässt, gehören weiterhin ihm« kann nicht die erste Regel sein, die der Welpe lernt. Da hilft nur eines, auch wenn es hart ist: aufräumen, zunächst alles aus seiner Reichweite entfernen, was zum Verschleppen oder Zerkauen einlädt.

Es ist notwendig, Verhaltensweisen unserer Hunde, die wir fördern oder auch verhindern wollen, sozusagen aus Hundesicht zu betrachten. Nur dann können wir Maßnahmen treffen, die dem Tier gerecht werden.

Eine für die Mensch-Tierbeziehung besonders belastende, ganz spezielle Form der Vermenschlichung ist die Projektion. Von Projektion spricht man in der Psychologie, wenn jemand ein eigenes Gefühl oder inneres Motiv nicht als seines, sondern als das eines anderen wahrnimmt. In unserem Zusammenhang geht es um die Projektion eigener Emotionen und Motive auf den Hund. Ängste, auch sozialer Art und innere Abwehr, Unsicherheit, Nervosität, unbestimmte Sehnsüchte und Peinlichkeiten, die ganz klar die Gefühle des Zweibeiners sind, werden dabei auf das Tier übertragen und diesem zugeschrieben. Dieser Vorgang bleibt in der Regel unerkannt, da der Mensch die projizierten Gefühle bei sich selbst gar nicht bewusst wahrnimmt.

In meinen Seminaren zum Tricktraining kommt es gelegentlich vor, dass ein Teilnehmer behauptet, sein Hund wolle einen bestimmten Trick einfach nicht lernen. Oft will er wirklich nicht – und nicht etwa, weil das ausgesuchte Kunststückchen diesem Tier nicht liegen würde. Fragt man nämlich hartnäckig nach, stellt sich meist heraus, dass es der Zweibeiner ist, der die Vorbehalte hat: »Na ja, irgendwie ist es schon ›schräg‹, wenn er Männchen macht!« Oft steckt also einfach die eigene Angst, Aufmerksamkeit oder gar Heiterkeit zu erregen, hinter solchen Aussagen. Da Menschen für Tiere absolut durchschaubar sind, kommen die inneren Einwände von Frauchen oder Herrchen beim Hund an. Er bekommt dann sozusagen die Aufforderung: »Mach Männchen!« zeitgleich mit der unbewussten Botschaft: »Lass es, das ist ja peinlich!« serviert.

Gerade vor ein paar Tagen erzählte mir eine Bekannte, ihr Hund wäre kaum dazu zu bringen, die Antibiotika zu schlucken, die er dringend einnehmen müsse. Nicht einmal mit Leberwurst klappe das so richtig. Sie fand dann selbst heraus, dass sie eine gewisse unterschwellige Angst vor Nebenwirkungen und Folgen der Antibiotika hatte. In ihrem Bewusstsein hatte sie versucht, den Hund zum Einnehmen der Medizin zu bewegen, während sie ihm auf der unbewussten Ebene mittels feinster Signale die Botschaft gab: »Nimm das nicht, das ist gefährlich!« Kein Wunder also, dass es Probleme gegeben hatte.

Seltene und eher harmlose Projektionen eigener Gefühle und Einstellungen wie diese werden dem Hund keinen großen Schaden zufügen, vor allem dann nicht, wenn sie uns selbst bewusst werden. In manchen Fällen aber gehen die Projektionen so weit, dass genau die Gefühle des Menschen, die dieser an sich selbst nicht wahrhaben will, dem Hund zugeschrieben und auf diesen übertragen werden.

Die folgende Geschichte habe ich im Fernsehen gesehen. Ein Ehepaar hat eine

Tiertherapeutin um Hilfe gebeten, weil der kleine Hund der Familie – nennen wir ihn Jack – keinerlei Annäherung des Mannes an seine Frau mehr duldet. Bei jedem Versuch, auch nur in ihre Nähe zu kommen, rast Jack vor Wut und beißt sofort zu. In der Nacht liegt der Hund zwischen beiden im Bett und schon eine unwillkürliche Bewegung des Ehemanns im Schlaf kann diesem einen Biss eintragen. Für den Mann ist diese Situation unerträglich. Auch die Frau sagt, sie würde darunter leiden, sie hänge jedoch sehr an dem Tier und hoffe auf eine Lösung.

Die Tiertherapeutin leistet hervorragende Arbeit. Herrchen und Frauchen lernen, Jack total zu ignorieren, sobald er auch nur die leisesten Ansätze seines Rabaukenverhaltens zeigt. Dafür erhält er jede Menge Zuwendung, wenn er ruhig und friedlich bleibt, während sich der Mann Schritt für Schritt seiner Frau annähert. Schließlich können die beiden einander umarmen und eng umschlungen auf dem Sofa sitzen, ohne dass Jack sich einmischt. Die Therapeutin schlägt vor, gemeinsam ein schönes Bettchen für Jack zu basteln, in dem er in Zukunft schlafen wird. Auch das »Testliegen« im Schlafzimmer klappt. Jack bleibt in seinem Körbchen, während die Eheleute auf dem Bett liegen. Die Therapie ist beendet – oder?

Wer bei den Übungen ganz genau hingesehen hat, konnte minimale, aber eindeutige Abwehrsignale der Frau bemerken, wann immer sich der Mann »aus Trainingsgründen« annäherte. Mal war es ein leichtes Wegdrehen, ein andermal ein Steifwerden ihres Körpers, eine fast unmerkliche abwehrende Geste ihrer Hand, ein Hochziehen der Augenbrauen ... All das sind Ausdruckssignale, die bei dem Hund deutlich und ungefiltert ankommen. Sie geben ihm die eindeutige Botschaft, dass sein Frauchen die Nähe des Mannes nicht möchte. Jack hat lediglich »Anweisungen« ausgeführt, die der Frau mit Sicherheit nie bewusst geworden sind.

Wird die Projektion erst einmal zu einer regelrechten Dauerhaltung, bedeutet das letztlich, das Tier nicht mehr zu sehen, sondern es für eigene Bedürfnisse zu benötigen bis hin zu einer vollständigen Identifikation. Dabei wird der Hund nicht mehr als eigenständiges Wesen erlebt, sondern so, als wäre er ein Teil des Menschen. Damit ist eine echte Beziehung zwischen Mensch und Tier praktisch nicht mehr möglich. Jede wirkliche Beziehung braucht ein Gegenüber, ein Du.

## »... und raus bist du!«

Worauf aber richtet sich nun also die oft schon grotesk wirkende Angst vor Vermenschlichungen – zum Beispiel auf unseren Hundeplätzen oder in der wissenschaftlichen Welt? Geht es dabei wirklich nur um Entgleisungen wie den Missbrauch von Tieren als Prestigeobjekt oder um Projektionen eigener Vorstellungen und Gefühle auf das Tier, die den Tieren tatsächlich Schaden zufügen können? Oder haben wir uns vielleicht einfach so sehr an cartesianische Denkweisen gewöhnt, dass wir befürchten, aufgrund von »Vermenschlichungen« der Naivität oder gar der Sentimentalität bezichtigt zu werden?

Im wissenschaftlichen Bereich hatte die Ächtung des Anthropomorphismus und all dessen, was dafür gehalten wurde, eine klare Funktion: Sie schützte die Ideologie des Cartesianismus davor, irgendwie hinterfragt oder gar kritisiert zu werden. Bis zu einem gewissen Grad ist das heute noch so. Die Vorstellung, dass die Übereinstimmungen zwischen menschlichen Gehirnen und denen vieler Tierarten wahrscheinlich auch zu grundlegenden Parallelen im emotionalen Erleben führen, sei für viele Wissenschaftler immer noch »Sünde«, stellt der Neurobiologe Jaak Panksepp fest, und werde daher als Vermenschlichung abgetan. Es sei nach wie vor »politisch klug«, so Panksepp, sich selbst als »gemäßigten Behavioristen« zu präsentieren.[20] Dennoch hat sich, wie wir gesehen haben, im Bereich der Wissenschaft inzwischen viel verändert.

Wer noch vor fünfzehn, zwanzig Jahren Anthropomorphismen »beging«, wie man das nannte, war für die wissenschaftliche Welt erledigt. Also hüteten sich die meisten Wissenschaftler tunlichst vor dieser »Todsünde«. Bereits die Studenten wurden in diesem Sinn erzogen. Enthielt die schriftliche Arbeit eines angehenden Veterinärs oder Ethologen etwa einen Satz wie »Das Tier zeigt Angst«, wurde sie zurückgegeben. »Angst« bezeichnet ein Gefühl und dieses durfte man einem Tier nicht zuschreiben. Der Student oder die Studentin hatte diesen Ausdruck umgehend durch »Stress« zu ersetzen (Stress ist kein Gefühl, sondern ein messbarer hormonell-körperlicher Zustand).

Viele Ethologen, die an frei lebenden Tieren forschten, mussten sich beim Schreiben ihrer Berichte und Artikel sprachlich regelrecht verrenken. War es z. B. bei der Beobachtung von Elefanten offensichtlich, dass ein bestimmtes Tier Spaß und Freude an einer Tätigkeit zeigte, durfte man das natürlich nicht in dieser Form dokumentieren. Zudem war es verpönt, den beobachteten Tieren Namen zu geben – man hatte ihnen Zahlen zuzuteilen. So kam es dann zu skurrilen Formu-

[20] Jaak Panksepp in *Mental Health and Well-Being in Animals* (2005), S. 57 und S. 72

lierungen wie: »Elefant Nr. 16 verhält sich in einer Weise, die man als Freude oder Spaß bezeichnen würde, wäre Nummer 16 ein Mensch«.

## *Abschied von der Angst vor Vermenschlichung*

Von Anthropomorphismus sprach man nicht nur, wenn jemand Tieren Gefühle oder Eigenschaften zuschrieb, die diese angeblich gar nicht haben konnten, man meinte damit auch die Verwendung bestimmter Begriffe. Dazu gehören Ausdrücke wie »entscheiden« oder »beurteilen«, weil diese die Annahme eines Bewusstseins beinhalten, und selbstverständlich all jene, die Gefühle bezeichnen, wenn sie auf Tiere angewandt werden. Im Moment aber, wo wir anerkennen, dass wir nicht die Einzigen sind, die denken können und über ein reiches Gefühlsleben verfügen, bleibt uns schlicht keine andere Wahl, als eben genau diese Begriffe zu nutzen.

Die Sorge, die Gefühle der Tiere auf diese Weise nicht wirklich korrekt nachzuvollziehen, ist nicht ganz unberechtigt: Wir können niemals sicher gehen, dass wir die Gefühle anderer hundertprozentig erfassen – aber das gilt nicht nur für unseren Umgang mit Tieren. Auch wenn dieser Andere ein Mensch ist, haben wir immer nur die Mittel des Einfühlens und Mitfühlens zur Verfügung, um uns dem zu nähern, was er innerlich empfinden mag. Und wenn wir uns eine emotionale Erfahrung eines anderen Menschen noch so genau beschreiben lassen – wir können nie absolut sicher sein, dass seine Freude, seine Trauer, seine Aufregung, sein Ärger usw. genau dem entspricht, wie wir selbst diese Gefühle erfahren. Wir werden immer wieder irren, wenn wir versuchen, uns der inneren Welt anderer Lebewesen zu nähern. Aber es wäre ein armseliges Leben, wenn wir es nicht versuchten.

Die Angst vor Anthropomorphismen hat bewirkt, dass wir Menschen unser Einfühlungsvermögen gegenüber Tieren verkümmern ließen. Wir haben Tiere beobachtet und mit ihnen experimentiert. Wir haben Fakten gesammelt und Wissen angehäuft. Wir haben gelernt, andere Lebewesen mit dem Kopf immer besser zu verstehen und zugleich ein Stück weit verlernt, dies auch auf der Gefühlsebene zu tun. Was also wäre, wenn wir die Ängste vor der Vermenschlichung von Tieren einfach loslassen? Evolutionsbiologie Marc Bekoff hat eine klare Antwort auf diese Frage: »Auf diesem Weg machen wir uns die Welt anderer Tiere zugänglich.«

# 2

# FLEXIBLES TRAINING MIT HERZ UND VERSTAND

*Der Unterschied zwischen dem Menschen und den übrigen Tieren ist zwar enorm; dennoch lässt sich mit Recht sagen, dass er geringer ist als der Unterschied zwischen den Menschen selbst.*
Galileo Galilei

## Techniken oder Methoden?

Am Anfang dieses Buches habe ich die Hundetrainingsmethoden mit Kochbüchern verglichen und festgestellt, dass ein Kochbuch keinen Meisterkoch macht. Nachdem wir die Grundlagen der herkömmlichen Trainingsmethoden ein wenig unter die Lupe genommen haben, können wir diesen Vergleich nun erweitern: Wir wissen, dass die Kochbücher, die wir gerade verwenden, schon etwas betagt sind. Das viele Schweineschmalz in Omas Kochrezepte-Sammlung etwa mag den Anforderungen an eine moderne Küche ebenso wenig gerecht werden wie der viele Zucker in zahlreichen Rezepten der österreichische Küche (ich weiß, wovon ich spreche, ich bin Österreicherin). Das bedeutet aber nicht, dass sämtliche Rezepte der alten Kochbücher schlecht und unbrauchbar wären. Wir sollten einfach sorgfältig auswählen, welche wir behalten wollen und welche nicht, wir werden das eine oder andere vielleicht ein wenig variieren, aber wir brauchen nicht gleich komplett neue Kochbücher zu schreiben.

Wenn auch den herkömmlichen »Hundetrainings-Kochbüchern« ein Stück Anpassung an aktuelles Wissen fehlt, stehen uns doch genügend brauchbare, gute und sogar hervorragende Trainingstechniken zur Verfügung, die aus ganz unterschiedlichen Methoden, Ansätzen und Schulen stammen. Das Problem der Methoden ist also nicht, dass alle ihre Techniken und Herangehensweisen falsch oder schlecht wären. Problematisch sind eher die Philosophien hinter den Methoden. Sie halten überholte Überzeugungen am Leben und geben einen bestimmten Blickwinkel auf die Techniken vor.

Ein Beispiel: Ich kann einen Hund vollständig ignorieren, wenn ich nach Hause komme, weil ich glaube, das würde mit dazu beitragen, sein »Dominanzstreben« zu unterbinden. Ich kann aber auch immer wieder nach draußen gehen und zur Tür hereinkommen, ohne den Hund anzuschauen oder anzusprechen, weil ich ihm vermitteln möchte, dass es eine ganz harmlose Angelegenheit ist, wenn ich den Raum verlasse – weswegen ich eben auch möglichst wenig Aufhebens um meine Rückkehr mache. In beiden Fällen ist die angewandte Technik dieselbe (der Hund wird beim Betreten des Raumes ignoriert). Sie wird aber das eine Mal auf dem Hintergrund einer überkommenen und überalterten Philosophie angewandt und das andere Mal einfach, um körpersprachlich eine gewisse gelassene Selbstverständlichkeit zu signalisieren. Damit sind nicht nur die theoretischen Grundlagen der angewandten Technik in beiden Fällen recht unterschiedlich, sondern auch das, was ich kommuniziere. Im ersten Fall wäre es die bekannte Botschaft »Du bist der Letzte in der Familie, der Rangniedrigste. Du hast keine Bedeutung«, im zweiten »Es besteht kein Grund zur Aufregung, wenn ich nach draußen gehe«.

Zudem macht es einen großen Unterschied, ob ich eine Technik anwende, weil »man das so macht«, das heißt, weil die Methode das vorschreibt, oder ob ich meine Herangehensweise wähle, weil ich das Gefühl habe, dass sie meinem Hund gut tun könnte und ihm helfen würde, zu lernen. Ein wirklich guter Weg, mit Hunden zu trainieren ist es daher, aus den vielen existierenden Trainingstechniken jene auszuwählen, zu denen Kopf und Herz ja sagen können, sie bei Bedarf zu variieren und weiterzuentwickeln. Damit sind wir übrigens bereits dem ersten Geheimnis von Spitzentrainern auf der Spur: Herausragende Tiertrainer sind für gewöhnlich nicht besonders methodengläubig. Sie orientieren sich stark an dem Tier, das sie gerade vor sich haben und wählen aus ihrem reichhaltigen Techniken-Repertoire die jeweils passendste Herangehensweise für ihren vierbeinigen Schüler.

Indem wir Trainingstechniken selbstverantwortlich auswählen schaffen wir die Grundlage, auf der sich jene Flexibilität im Reagieren und Handeln besonders gut entwickeln kann, die ich als eine der besonderen Fähigkeiten herausragender Trainer genannt habe. Was wir aufgeben müssen, wenn wir aufhören, den Vorgaben einer Methode strikt zu folgen, ist die Verlockung des Einfachen. Was sie so attraktiv und beliebt macht, die vielen Hundetrainingsmethoden inklusive der einschlägigen Bücher, die heute auf dem Markt sind, ist ihre scheinbare Einfachheit. Sie sagen uns genau, »wie es geht«. Welche Methode Sie auch anwenden – Sie erhalten klare Anweisungen, was Sie im Training mit dem Hund tun und wie Sie sich im Umgang mit ihm verhalten sollen. Sie erfahren sogar, »wie Hunde sind«. Hunde sind jedoch komplexe und auch sehr individuelle Lebewesen. So viel Einfachheit, Vereinfachung genau genommen, wird ihnen nicht gerecht.

Je strikter wir uns an die »Gebrauchsanweisung Trainingsmethode« halten, desto weniger werden wir unsere Trainerfähigkeiten wie Flexibilität und Einfühlungsvermögen zur Entfaltung bringen. Wenn wir dann noch so weit gehen, die Glaubenssätze hinter der jeweiligen Methode ungeprüft zu den unseren zu machen, schränken wir damit die wichtigste aller Fähigkeiten im Umgang mit Tieren ein: unsere Intuition, das sogenannte Bauchgefühl. In dem bereits erwähnten Buch *Ausdrucksverhalten beim Hund* weist auch Dr. Feddersen-Petersen auf die große Bedeutung des Bauchgefühls im Umgang mit Hunden hin. Ahnungen oder anderes intuitives Vorgehen, stellt sie fest, würden jedoch durch tradierte Mythen (alte wie brandneue) und durch Vorurteile, die in der Hundewelt herumgeistern, erschwert.[21]

Was wir im Umgang mit Hunden brauchen ist Neugier, Offenheit und Flexibilität. Ein offener Ansatz jenseits aller »Schulen« und übertriebener Methodenbindung scheint mir der einzige zu sein, der nicht nur laufend neue Erkenntnisse über Tiere einbeziehen kann, sondern auch unserer eigenen Entwicklung Raum gibt und dabei unserem Gefühl gerecht wird – und den Gefühlen unserer Hunde.

## *Wie der Bauch dem Kopf bei der Beurteilung von Herangehensweisen hilft*

Weinen tut gut, es erleichtert und reinigt die Seele – davon sind die meisten Menschen überzeugt. Stimmt nicht, sagen Psychologen seit neuestem. Weinen ginge mit starken Stressreaktionen einher, man fühle sich nach dem Weinen keineswegs besser, und das Vergießen von Tränen hätte lediglich die Funktion einer Botschaft

[21] Dorit Urd Feddersen-Petersen in: *Ausdrucksverhalten beim Hund* (2008), S. 148

an Mitmenschen. Was sagt Ihr Bauchgefühl zu diesem Thema? Können Sie die Aussagen der Forscher uneingeschränkt als »wahr« akzeptieren, oder wehrt sich eher etwas in Ihnen dagegen? Als ich vor einiger Zeit von den neuesten Studien zum Weinen hörte, signalisierte mein Gefühl überdeutlich, dass etwas an der Sache nicht ganz stimmen könnte. Ich habe mir, getrieben von diesem Gefühl der Unstimmigkeit, inzwischen die einschlägigen Studien noch einmal ganz genau angesehen und etliche Schwachpunkte in den Versuchsanordnungen und vor allem in der Interpretation der Versuchsergebnisse gefunden. Auf der anderen Seite enthielten sie aber auch einige recht überzeugende Ergebnisse, die mich angeregt haben, meine bisherige Sichtweise zu überdenken.

Natürlich ist die Erforschung des Weinens für unser Thema inhaltlich nicht von Bedeutung. Es ist jedoch ein gutes Beispiel für den Umgang mit »Wahrheiten«. Wir können letztlich nie sicher wissen, was die Wahrheit ist, auch dann nicht, wenn diese als gesichertes Wissen dargestellt wird. Unser Erkenntnisvermögen hat Grenzen. Wir können jedoch überprüfen, was wahr sein könnte. Dazu brauchen wir das Gefühl, und wir haben nichts als unser Gefühl, um zu entscheiden, was für uns wahr oder unwahr, richtig oder falsch ist.

Eine von vielen Geschichten, die ich von Hundehaltern erzählt bekomme, mag deutlich machen, wie wichtig es ist, auf das eigene Gefühl zu hören, selbst dann, wenn man selber ein blutiger Anfänger in Sachen Hundehaltung ist und mit einem Profi arbeitet. Ich lernte Britta und ihren Jack-Russell-Terrier Cookie kennen, als sie eines meiner Seminare besuchte. Cookie war ihr erster Hund und es hatte große Anfangsschwierigkeiten gegeben, wie mir Britta erzählte. Kaum war der Welpe eingezogen, brachte er sein Frauchen auch schon schier zur Verzweiflung. Er zerbiss alles, was sich nur zerbeißen ließ. Auch vor Brittas Kleidungsstücken machte er nicht halt und andauernd hing er mit seinen spitzen Zähnchen an ihren Hosenbeinen. Britta beschloss, einen professionellen Hundetrainer zuzuziehen, der ihr empfohlen worden war. Der Hundeexperte kam also ins Haus und stellte nach einigen »Verhaltenstests« fest, dass der kleine Kerl eine starke Neigung zur Dominanz habe. Er drehte das Hündchen auf den Rücken, drückte es gegen den Boden und hielt es fest. Es schrie. »Wir müssen das leider durchhalten, bis er zu schreien aufhört!«, erklärt der Mann der völlig verstörten Britta. Sie war nahe daran, zu weinen. Ihr Gefühl revoltierte. Aber sie protestierte nicht. Er war ja schließlich der Experte!

Heute weiß Britta, dass der von dem Trainer praktizierte »Alpha-Rollover«, auch »Alpha-Wurf« genannt, eine völlig unsinnige Maßnahme ist, weil der kleine Hund daraus nichts weiter lernt, als dass Menschen unberechenbar und gefährlich sind. Auch weiß sie, dass die »Schandtaten«, die ihr Hundekind begangen hatte, ein recht normales Verhalten eines lebhaften Welpen darstellen. So ist beispielsweise das Festbeißen an Hosenbeinen einfach eine Variante des »Fellziehens«, eines beliebten Spieles zwischen Wolfs- und Hundewelpen. Man hätte das Spielverhalten des Kleinen lediglich auf geeignete Objekte umlenken müssen. Damals, als Cookie klein war, hatte Britta von alledem noch keine Ahnung. Dennoch wehrte sich etwas in ihr gegen die Art, wie der Trainer mit dem Welpen umging. Brittas Gefühl hatte sehr viel mehr Recht als der in seine Glaubenssätze über das Dominanzstreben von Hunden verstrickte professionelle Hundetrainer.

Die Geschichte von Britta und Cookie soll nicht die Idee vermitteln, dass Hundehalter ohne große fachliche Kenntnisse grundsätzlich eher Recht haben als professionelle Trainer und schon gar nicht, dass professionelle Trainer grundsätzlich unrecht haben. Sie bedeutet auch nicht, dass sich jeder Mensch in jedem Zusammenhang blind auf sein Gefühl verlassen kann. Wir sollten das, was uns das Gefühl sagt, immer mit Hilfe des Verstandes unter die Lupe nehmen. Und je mehr wir wissen, desto zuverlässiger können wir das tun. Ich glaube allerdings, dass Menschen auch unabhängig von ihrem Wissen über Lerntheorien, Verhaltens- und Neurobiologie über Kompetenz verfügen – ihre emotionale Kompetenz. Ohne sie taugt das größte Wissen und der beste Intellekt nichts, denn beide Systeme, das emotionale und das rationale, sind untrennbar miteinander verbunden und stehen in dauernder Wechselwirkung. Diese Erkenntnis des ausgehenden 20. Jahrhunderts gibt den Gefühlen den Stellenwert zurück, der ihnen gebührt.

Vorreiter des Wissens um das Zusammenwirken von Gefühl und Verstand war neben dem Neurologen Antonio R. Damasio auch der Psychologe Daniel Goleman, dessen Werk *Emotionale Intelligenz* ein Jahr nach Damasios *Descartes' Irrtum* erschien und zu einem internationalen Bestseller wurde. Die Erkenntnisse der Neurowissenschaften weisen nachdrücklich darauf hin, dass wir die Emotionalität und unsere emotionalen Fähigkeiten ernst nehmen sollten. Nutzen wir sie also auch im Umgang mit unseren Hunden.

Auch wenn es darum geht, Trainingstechniken auszuwählen, möchte ich Sie dazu ermutigen, Ihr Bauchgefühl einzubeziehen. Ihr Gespür kann Ihnen am besten sagen, ob die jeweilige Herangehensweise die ist, die am besten zu den beiden unverwechselbaren Individuen passt, die sie ja schließlich anwenden wollen – zu Ihnen und zu Ihrem Hund.

## *Die freie Zusammenstellung von Techniken oder die grundsätzlich gute Methode als Trainingsgrundlage*

Je erfahrener Sie im Umgang mit Tieren und ihrem Training sind, desto freier können Sie jene Techniken wählen, abwandeln und neu kombinieren, die den idealen Mix für Sie und Ihren Hund ergeben. Vielleicht entdecken Sie aber eine Trainingsmethode, die Ihnen grundsätzlich zusagt, oder Sie haben schon eine solche gefunden. Halten Sie sich ruhig an »Ihre« Methode – aber nicht sklavisch. Überprüfen Sie die einzelnen Techniken der Methode und wählen jene aus, die Ihnen gefühlsmäßig entsprechen und die mit dem aktuellen Wissen über Tiere vereinbar sind. Vor allem aber bewahren Sie sich ein Stück Freiraum innerhalb des Systems. Schaffen Sie Platz für Ihr Bauchgefühl, auch oder gerade dann, wenn dafür in der Methode kein Platz zu sein scheint.

Was aber meine ich, wenn ich von einer »grundsätzlich guten Methode«, spreche, die man als Arbeitsgrundlage nutzen kann? Woran können wir uns orientieren? Da ja praktisch alle Theorien, die hinter den Trainingsmethoden stehen, unserem aktuellen Wissen nicht mehr ganz entsprechen, können es also nicht richtige oder falsche theoretische Grundlagen sein. Wäre etwa das Ergebnis des Trainings ein guter Anhaltspunkt, ein perfekt gehorsamer Hund also? Auch das bringt uns also nicht weiter. Erstaunlicherweise »funktionieren« die meisten Methoden nämlich mehr oder weniger. Sie können durchaus das gewünschte Erziehungs- oder Ausbildungsergebnis bringen, wenn sie korrekt angewandt werden, unabhängig davon, auf welcher Theorie sie beruhen und ob ihre Herangehensweisen sanft, gemäßigt, hart oder auch knallhart sind.

Da wir nun aber wissen, dass auch Tiere eine Psyche haben und daher in einer recht ähnlichen Weise wie wir psychisch krank werden können, ergibt dies einen neuen Aspekt für die Auswahl von Herangehensweisen. Das eine oder andere Trainingsergebnis kann nämlich durchaus etwas sein, das der Hundehalter selbst als erwünscht betrachtet, was sich bei genauem Hinsehen aber als psychische Störung des Hundes entpuppt (Ich denke dabei z. B. an eine bestimmte Form extremer Anhänglichkeit, die wir im Kapitel über das Bindungsbedürfnis noch genauer betrachten werden). Als Mindestanforderung an eine Methode, die als Grundlage für das praktische Training dienen soll, würde ich daher verlangen, dass sie das Tier weder körperlich noch psychisch schädigt. Das trifft zum Beispiel auf alle Methoden zu, die - wie z. B. das Clickertraining – mit positiver Verstärkung arbeiten.

## *Click und Trick – ein Beispiel für eine grundsätzlich gute Methode als Ausgangspunkt*

Das Clickertraining war einst mein Einstieg in die Trainingsarbeit mit Hunden und anderen Tieren. Natürlich war auch ich damals als Anfängerin dankbar, klare Anleitungen zur Verfügung zu haben. Allerdings habe ich von Anfang an sehr frei »geclickert«. Es war mir immer wichtiger, mich an dem zu orientieren, was meine vierbeinigen Schüler signalisierten, als an den Vorgaben der Methode. So spürte ich zum Beispiel schon bald, wie wichtig es war, während des Trainings mit ihnen zu reden – für die Tiere und vor allem für mich selbst. Also hielt ich mich nur für ganz bestimmte Momente an das »Schweigegebot« – in den Augenblicken höchster Konzentration, in denen sie versuchten, selbst Wege zur Lösung einer Aufgabe zu finden. Ich fühlte, welch große Bedeutung das Spiel mit Nähe und Distanz, die Körperlichkeit insgesamt hatte. All das war aus der Sicht der »reinen Lehre« des Clickertrainings entweder falsch oder bedeutungslos. Mit zunehmender Erfahrung wurde meine Art, mit den Tieren zu arbeiten, immer freier. Und doch schätze ich viele ausgezeichnete Techniken des Clickertrainings und arbeite nach wie vor oft und gerne mit dem Clicker.

Der Clicker, in der Regel ein kleiner Knackfrosch, der ein unverwechselbares Geräusch erzeugt, ist ein sogenanntes Brückensignal. Der Click gibt dem Tier punktgenau die Rückmeldung: »Das, was du gerade tust, ist richtig« und er kündigt zugleich eine Belohnung an.

Eine genauere Beschreibung des Clickertrainings würde den Rahmen dieses Buches sprengen, da dieses hier wirklich nur als Methodenbeispiel dienen soll. Ich möchte daher auf die inzwischen sehr umfangreiche einschlägige Literatur verweisen und hier nur kurz die beiden grundlegendsten Techniken anhand von Beispielen darstellen. Mit Hilfe des Clickers lassen sich Verhaltensweisen, die ein Tier von sich aus gerade zeigt, einfangen. Man kann auch ein Verhalten formen, indem man jeden kleinen Schritt in die richtige Richtung bestärkt.

### *Ein Verhalten einfangen*

Möchten Sie Ihrem Hund eine formschöne Verbeugung beibringen? Das ist gar nicht schwierig. Besorgen Sie sich einen Clicker, clicken Sie und geben Sie Ihrem Vierbeiner gleich darauf ein Leckerchen. Nach einigen Wiederholungen dieses Vorgangs wird jeder Click den Zustand freudiger Erwartung auf eine Belohnung bei Ihrem Hund auslösen. Sobald Sie ein paar einfache Aufgaben zum Warmwerden absolviert haben (zum Beispiel den Hund etwas mit der Nase oder der Pfote anstupsen lassen), brauchen Sie sich nur noch auf die Lauer zu legen und den Moment abzupassen, bis Bello sich nach einem Schläfchen genüsslich räkelt. Clicken Sie, während er es tut und belohnen Sie ihn, wenn er damit fertig ist. Damit haben Sie den Diener »eingefangen«. In der Regel muss dieser Vorgang ein paar Mal wiederholt werden. Manchmal bietet das Tier ein Verhalten, das auf diese Weise belohnt wurde, aber auch schon nach dem ersten Click erneut an.

### *Ein Verhalten formen (Shaping)*

Oder wie wäre es mit Socken ausziehen? Wenn Ihr Hund das für Sie macht, brauchen Sie sich nicht zu bücken. Da Hunde nicht von sich aus ihren Menschen die Socken ausziehen, muss diese Übung schrittweise geformt werden. Anfangs bücken Sie sich vielleicht lieber doch und ziehen die Socke so weit vom Fuß, dass der Hund diese gut anpacken kann, ohne versehentlich Ihre Zehen zu erwischen. Halten Sie den Fuß mit der Socke so, dass Bello diesen nicht übersehen kann. Er guckt auf Ihren Fuß? Damit hat er sich schon den ersten Click und die erste Belohnung verdient! Er nähert sich an? Click und Belohnung. Die nächsten möglichen Schritte wären vielleicht: Schnüffeln an der Socke, Reinbeißen, sanftes Ziehen, kräftiges Ziehen ... Keinen Click gibt es z. B. für Aktionen mit den Pfoten – und für heftiges Zwicken in Ihren Fuß wohl besser auch nicht! Später verringern Sie den »zehenfreien Raum« schrittweise, indem Sie die Socke nicht mehr so weit nach vorne ziehen. Und Click und Belohnung gibt es nur noch dann, wenn Bello diese gaaaaanz vorsichtig zwischen die Zähne nimmt und trotzdem so kräftig daran zieht, dass Sie sie komplett los werden (Wenn Ihnen das lieber ist, können Sie die ganze Übung natürlich auch vorbereiten, indem Sie die Socke zunächst über eine Hand ziehen). Schließlich können Sie Ihrem Hund auch noch beibringen, die Socke in den Wäschekorb zu räumen oder was immer Sie möchten. Ich verspreche Ihnen, solche kleinen Kunststücke machen nicht nur Ihnen Freude, sondern vor allem auch Ihrem Hund.[22]

Clickertraining ist also eine fröhliche Angelegenheit und ich kann Ihnen nur empfehlen, es zu versuchen, wenn Sie es nicht schon tun. Vielleicht denkt nun der ein oder andere Leser: »Ich möchte aber gar keine Tricks trainieren, sondern ernsthafte Übungen mit meinem Hund machen. Techniken wie Einfangen oder Formen scheinen ja nur dafür geeignet zu sein, einem Tier Kunststücke beizubringen.« Auch viele Kritiker der Methode sagen das – und sie haben nicht ein-

[22] Mehr zum Tricktraining finden Sie auf meiner Internetseite www.clevere-vierbeiner.de

mal ganz unrecht damit. Aber ganz abgesehen davon, dass Kunststücke eine enorme Bereicherung für Sie und Ihren Hund sind, bedenken Sie bitte, dass auch ein großer Teil dessen, was viele Leute im Gegensatz zu Tricks als ernsthafte Übungen betrachten, letztlich ebenfalls »Kunst-Stückchen« sind. »Sitz«, »Platz«, »Fuß« das Laufen an lockerer Leine usw. sind zweifellos nützliche, aber eindeutig künstliche Übungen, da sie in der Natur nicht vorkommen. Schon, wenn Sie nur verlangen, dass der Hund zu Ihnen kommt, wenn Sie »Hiiiiiier!« oder »Komm!« rufen, ist das eine künstliche Übung, da es in einem Hunde- oder Wolfsrudel kein Verhalten gibt, das durch ein Kommando ausgelöst wird. Anders verhält es sich beispielsweise mit dem Umdrehen und Weggehen. Wenn Sie unterwegs sind und Sie drehen sich um und gehen in die andere Richtung, wird der Hund Ihnen folgen. Das ist kein »Kunst-Stück«, sondern das natürliche Verhalten des Rudeltiers Hund.

Für Sie selbst ist es natürlich eine ernsthafte und wichtige Übung, wenn Ihr Hund lernt, sich vor Überquerung einer Straße zu setzen und erst auf Kommando weiterzugehen. Das liegt daran, dass Sie wissen: Es könnte böse Folgen haben, wenn der Hund plötzlich auf die Straße läuft und Sie womöglich noch an der Leine hinterherzieht. Ihr Hund aber macht sich darüber keinen Kopf. Für ihn spielt es keine Rolle, ob er »Sitz« an der Bordsteinkante lernt, oder durch Ihre Beine Slalom zu laufen. Je mehr Spaß er daran hat, das »Kunst-Stück« zu erlernen, desto besser. Und schließlich kann es ja auch nicht schaden, wenn auch Sie eine Menge Spaß beim Training haben.

## Das Grundbedürfnis-Modell als Brücke zwischen Gefühl und Verstand

Hinter so manchem großen Geheimnis verbirgt sich eine recht einfache Wahrheit. Das trifft auch für die (offenen) Geheimnisse von Tiertrainern zu, die über eine herausragende zwischenartliche Kommunikationsfähigkeit verfügen und leicht und schnell eine intensive, harmonische Beziehung zu Tieren herstellen können. Als erstes dieser Geheimnisse habe ich die hohe Flexibilität in der Auswahl von Trainingstechniken genannt, die bei Spitzentrainern an die Stelle von strikter Methodenbindung tritt. Ehe ich ihnen das zweite verrate, möchte ich Sie bitten, sich auf ein kleines Gedankenexperiment einzulassen.

Stellen Sie sich zwei Szenen eines Hundelebens vor. Die erste: Ihr Hund liegt nach einem langen Winter an einem strahlenden Frühlingstag lang ausgestreckt, entspannt und mit geschlossenen Augen in der herrlich warmen Sonne. Szene zwei: Ihr Hund wälzt sich mit verzücktem Gesicht im Aas einer Ratte. In welche der beiden Situationen können Sie sich wirklich gut hineinversetzen? Eine rein rhetorische Frage, nicht wahr? Wenn ein Hund sich in übel riechendem Rattenaas wälzt, wird es Ihnen wohl kaum möglich sein, die offensichtliche Begeisterung und die pure Wonne, die Sie aus seiner Mimik ablesen können, gefühlsmäßig nachzuvollziehen. In solchen Situationen müssen Sie schon Ihren Verstand bemühen, um nicht völlig die Fassung zu verlieren. Dieser kann die Szene immerhin erklären: Wir wissen es ja – Hunde haben in punkto Parfum völlig andere Vorlieben als wir selbst. Was Bello, Daisy oder Axel als eine Art Chanel Nr. 5 einstufen würden, ruft bei uns nur ein Gefühl hervor: Ekel. Ganz anders verhält es sich mit der anderen Szene: Den Genuss beim Faulenzen in der Sonne können wir sehr intensiv mitfühlen.

Mit den beiden Beispielen wollte ich Ihre Aufmerksamkeit auf eine Grundlage der Kommunikation lenken, die wir zwar alle kennen, die in unserem Bewusstsein aber oft nicht präsent ist: Wir können immer nur jenes Erleben eines anderen Lebewesens einfühlend erfassen, das entweder auch zu unserem Erlebnis-Repertoire gehört oder das zumindest genetisch in uns angelegt ist. Beides ist beim ersten Beispiel der Fall – wir kennen das herrliche Gefühl, in der Sonne zu liegen, von uns selbst. Wir können es »mit-fühlen« im wahrsten Sinn des Wortes.

Vor dem Hintergrund dieser einfachen Tatsache wird das zweite Geheimnis herausragender Tiertrainer schlüssig: Menschen mit besonders gutem Einfühlungsvermögen in Tiere orientieren sich in der Regel stärker an Gemeinsamkeiten zwischen ihrem eigenen Erleben und dem der Tiere als an den Unterschieden. Sie scheinen intuitiv zu wissen, dass es immer die Gemeinsamkeiten sind, die Verbindung schaffen. Dies bestätigt übrigens auch die psychologische Forschung und schließlich unsere Erfahrung: Wir mögen am liebsten andere, die uns ähnlich sind. Ähnlichkeit erzeugt Zuneigung, Gemeinsamkeit verbindet.

Da die Angst vor »Vermenschlichung« immer sehr groß war, wurde bisher unser Augenmerk hauptsächlich auf Unterschiede gelenkt – gerade auch im Hinblick auf Hunde. Redewendungen, die man in der Hundeszene häufig hört, drücken das deutlich aus: »Der Hund muss ein Hund bleiben« – was immer das heißen mag – oder: »Hunde sind keine bepelzten Menschen« und Ähnliches. Während man sich bis vor ein paar Jahren nur auf der sicheren Seite der Seriosität befand, wenn man die Unterschiede zwischen Menschen und Tieren betonte, wissen wir heute, dass die Gemeinsamkeiten zwischen uns und anderen Säugetieren viel weitreichender sind, als man die ganze Zeit über gedacht hatte.

Um Tiere zu verstehen, brauchen wir verhaltensbiologisches Wissen, vor allem auch dort, wo sich ihr Verhalten und Erleben von dem unseren unterscheidet. Um sie aber auf einer tieferen Ebene zu verstehen, brauchen wir Empathie, unser Einfühlungsvermögen. In der Psychologie sprechen wir von Empathie, wenn jemand sich stark in die Gefühle und Stimmungen eines anderen hineinversetzt, so dass dieser sich verstanden fühlt. Grundlage der Empathie ist die Wahrnehmung von Gemeinsamkeiten. So können wir uns z. B. sehr viel leichter in einen Menschen aus unserem Kulturkreis einfühlen, als in jemand, der aus einer ganz fremden Kultur stammt. Wir können uns besser und intensiver in einen Schimpansen hineinversetzen, der einer unserer nächsten Verwandten innerhalb des Tierreiches ist, als in eine Klapperschlange.

Das Einfühlungsvermögen ist so etwas wie das Fundament, auf dem jede tiefe Beziehung beruht. Wir brauchen diese emotionale Fähigkeit in ganz besonderem Maß, wenn wir mit Hunden trainieren. Im Kapitel über die Intuition werden wir uns unter anderem damit befassen, wie die allerwichtigsten Trainerfähigkeiten, das Einfühlungsvermögen und die Intuition, miteinander verbunden sind. Zunächst aber wollen wir der Frage nachgehen, wie wir zwischen Wissensgrundlagen, Trainingstechniken und unseren emotionalen Fähigkeiten eine Brücke schlagen können, um im Training Kopf, Bauch und Herz zusammenzubringen.

## *Biologisch verankerte Grundbedürfnisse, die Mensch und Tier teilen*

Nachdem wir uns von dem Bild des Hundes als einem triebgesteuerten, machtbesessenen Emporkömmling ebenso verabschiedet haben wie von dem des egozentrischen Opportunisten, scheinen wir zunächst keine klare Struktur mehr zu haben, an die wir uns beim Aufbau des praktischen Hundetrainings halten können. Wir stehen sozusagen plötzlich ohne Theorie da. Zum Glück benötigen wir keine komplette, neue Theorie für die Trainingspraxis. Ein einfaches Modell aber, an dem sich der Verstand ein wenig festhalten kann, ist sehr hilfreich, auch wenn wir uns nicht strikt an eine Methode halten – vielleicht gerade dann: Es liefert uns Kriterien, anhand derer wir unsere ausgewählten Trainingstechniken überprüfen können.

Im Gegensatz zu einer ganzen Theorie, die sich leicht zu einer »Lehre« oder »Schule« entwickelt, hat ein Modell weniger die Aufgabe, »wahr«, als vielmehr nützlich zu sein. Denken Sie einfach an das Modell, das ein Architekt baut: Es ist nicht »wahr«, da es lediglich das Abbild eines Gebäudes darstellt, gerade als solches ist es jedoch sehr nützlich.

Das Grundbedürfnis-Modell nach Epstein/Grave, das ich als Orientierungshilfe für das praktische Training vorschlage, halte ich für das nützlichste unter allen Bedürfnismodellen: Es entspricht nicht nur dem neuesten Stand der Forschung, es ist vor allem eine hervorragende Trainingsgrundlage, auf der wir unser Einfühlungsvermögen (und andere emotionale Fähigkeiten) zur Entfaltung zu bringen können, denn es orientiert sich an Gemeinsamkeiten. Dieses Modell bezieht sich auf grundlegende, biologisch verankerte Bedürfnisse, die wir Menschen mit vielen Tieren teilen.

Das Grundbedürfnis-Modell wurde bereits in den frühen 1990er Jahren von dem Psychologen Seymour Epstein entwickelt. Er ging dabei von der Frage aus, ob es neben den rein physiologischen Bedürfnissen, wie etwa Nahrung oder Schlaf, bestimmte grundlegende psychische Bedürfnisse gibt, die erfüllt sein müssen, damit es einem Menschen gut geht. Epsteins Modell wurde mehrmals variiert, an neue Erkenntnisse angepasst und es wird heute überwiegend in der modernen, neurobiologisch orientierten (Human-)Psychologie angewandt. Alle Grundlagen dieses Modells wurden jedoch an Tieren fast noch intensiver erforscht als an Menschen – höchste Zeit also, es auch zum Nutzen der Tiere einzusetzen.

Ein ganz wesentlicher Unterschied zu den herkömmlichen Theorien des Hundetrainings ist, dass hier Bedürfnisse im Mittelpunkt stehen, die für Menschen und Tiere gleichermaßen wichtig sind. Zwar spielten Bedürfnisse im Tiertraining auch bisher eine gewisse Rolle, man konzentrierte sich dabei jedoch auf artspezifische Bedürfnisse, solche also, die die Tiere von uns unterscheiden. Mit dem Grundbedürfnis-Modell stellen wir das Training und den Umgang mit unseren Hunden auf eine Basis von Gemeinsamkeit, die uns das Einfühlen leicht macht.

Die wichtigsten Grundbedürfnisse:

- Das Bedürfnis nach Lustgewinn und dem Vermeiden von Unlust bewirkt, dass wir, unsere Hunde und andere Tiere nach angenehmen, insgesamt positiven Gefühlen streben und alles tun, um Unlust, Schmerz und andere negative Gefühle zu vermeiden.

- Das Bedürfnis nach Orientierung und Kontrolle beschreibt die immense Bedeutung, die es für hoch entwickelte Lebewesen hat, in den verschiedensten Situationen handlungsfähig zu bleiben, Wahlmöglichkeiten zu haben, sowie die Sicherheit, dass das Ergebnis der eigenen Handlungen einigermaßen vorhersehbar ist (»Bedürfnis nach Kontrolle« meint also nicht etwa einen übertriebenen Drang, alles und jedes, vor allem auch andere Menschen oder Tiere, zu kontrollieren!).

- Das Bedürfnis nach Bindung beschreibt die existenzielle Wichtigkeit von tiefen emotionalen Beziehungen zu anderen Individuen bei sozial lebenden Tieren.

Innerhalb der letzten Jahre haben Neurowissenschaftler nachgewiesen, dass diese drei Grundbedürfnisse tief im Nervensystem von Menschen und anderen Säugetieren verankert sind. Wie wir Menschen, reagieren auch Tiere auf die wiederholte oder dauerhafte Verletzung der Grundbedürfnisse mit psychischen Störungen. Das Grundbedürfnis-Modell ist also auch in dieser Hinsicht sehr nützlich: Es liefert uns wertvolle Anhaltspunkte für unser Kriterium, dass einem Tier durch das Training kein psychischer Schaden zugefügt werden darf.

Wir können uns am Grundbedürfnis-Modell orientieren, wenn wir Trainingstechniken auswählen. Es kann uns aber auch helfen, im alltäglichen Zusammenleben auf eine Art und Weise mit unseren Vierbeinern umzugehen, die sie eine gesunde Psyche entwickeln und zu fröhlichen, ausgeglichenen und zufriedenen Hunden werden lässt.

## *Die Sache mit der Lust und vom Dreiklang der Grundbedürfnisse*

Vor Jahren besaß ich einen Cocker-Rüden, Pascha, der es über alles liebte, Auto zu fahren. Manchmal musste ich wirklich aufpassen, dass er nicht in irgendwelche fremde Fahrzeuge sprang, wenn irgendwo mal eine Autotür offen stand. Pascha folgte damit dem Prinzip, dass Lebewesen lustvolle Erlebnisse immer wieder aktiv anstreben. Ganz und gar nicht lustvoll waren Autofahrten hingegen für Hündin Luna, mit der ich vor einiger Zeit gearbeitet habe. Luna hatte Angst. Ihre Aversion gegen Autos war so groß, dass sie anfangs kaum zum Einsteigen zu bewegen war. Sie zeigte damit deutlich, dass Lebewesen alles tun, um Unlust-

Erfahrungen zu vermeiden.

Bei dem Stichwort »Unlust« fällt mir sofort unser Schweinchen ein. Piccolino verabscheut Regen so sehr, dass er sich bei Regenwetter nicht einmal mit den geliebten Apfelstückchen nach draußen locken lässt – es sei denn, seine Blase platzt schon beinahe. In diesem Fall wird die Abneigung gegen das Wasser von oben von dem Druck auf selbige übertroffen und das Schweinchen bequemt sich trotz Regen nach draußen. Es folgt damit einem weiteren Lust-/Unlust-Gesetz: Ist ein Lebewesen in der unglücklichen Lage, nur zwischen zwei unangenehmen Möglichkeiten wählen zu können, wird jeweils die Situation gewählt, die immerhin weniger Unlust bereitet.

Sehr viel besser ist die Sache schon, wenn wir zwischen zwei angenehmen Dingen wählen können (Falls es uns dabei nicht möglich sein sollte, einzuschätzen, was uns am meisten Genuss/Lust verspricht, befinden wir uns in einem Konflikt). Und selbst das eigenartige Verhalten meiner Kusine Ulli, an das ich in diesem Zusammenhang immer wieder denken muss, widerspricht nur auf den allerersten Blick dem Lustprinzip. Ulli war nämlich im Alter von zwölf oder dreizehn Jahren regelrecht verrückt darauf, zum Zahnarzt zu gehen – was ich von mir selber nun wirklich nicht behaupten konnte und ich kannte auch wirklich niemanden, der diese merkwürdige Vorliebe geteilt hätte. Des Rätsels Lösung: Ulli war in den Zahnarzt verliebt, so sehr, wie man wohl nur in diesem Alter verliebt sein kann.

Wir Menschen und andere Lebewesen scheinen also konsequent nach dem jeweils größten Lustgewinn zu streben und andererseits alles zu tun, um Unlust zu vermeiden – immer und überall und ohne dass wir darüber nachdenken müssen. Es ist daher kein Wunder, dass das Streben nach Lust und das Vermeiden von Unlust über einen langen Zeitraum hinweg als »Mutter aller Bedürfnisse« gesehen wurde. Auch im Hundetraining hat dieses Grundbedürfnis immer eine große Rolle gespielt: In den Konditionierungstheorien taucht es als Prinzip der Verstärkung auf, Vertreter der Triebtheorien betrachten es als Streben nach Triebbefriedigung.

Insgesamt ist der Ausdruck »Lust« sehr stark mit der Freud'schen Psychoanalyse und mit der Triebtheorie verbunden. »Lust« richtet sich dabei nur auf angeborene Bedürfnisse wie Nahrung oder Sex. Ich bevorzuge daher die englischen Fachausdrücke »Pleasure« und »Pain«. Diese sind auch weiter gefasst: Pleasure bezeichnet alle guten Gefühle, Pain alle schlechten.

Anwendung findet das Pleasure/Pain-Prinzip im Hundetraining nach ganz einfachen Regeln: Bestraft man einen Hund, ist dies für ihn eine Erfahrung von Pain. Diese bewirkt, dass er das Verhalten, das zur Bestrafung geführt hat, in Zukunft vermeiden wird – natürlich nur dann, wenn er sein Verhalten und die Strafe korrekt miteinander in Verbindung bringen konnte. Belohnt man einen Hund, ist das eine Erfahrung von Pleasure und der Hund wird dazu neigen, das belohnte Verhalten erneut zu zeigen. Das ist so weit richtig, aber zu einfach gedacht. Gerade das Bedürfnis nach Pleasure ist nämlich sehr stark mit den anderen Grundbedürfnissen verbunden. Es tritt selten allein auf. Ein Beispiel aus der Menschenwelt mag dies verdeutlichen:

Ein kleines Kind hat sich das Knie aufgeschlagen. Es macht damit eine Erfahrung von Schmerz, von Pain also. Fast im selben Moment meldet sich das Bindungsbedürfnis zu Wort: Das Kind will zu seiner Mutter, um Trost und Schutz zu finden. Es schaut sich um, sie ist nicht da ... Jetzt drängt das Kontrollbedürfnis in den Vordergrund: Wie kann ich sie finden, wie kann ich auf meine Not aufmerksam machen? Das Kind beginnt laut zu weinen. Findet sich die Mutter nicht ein, kommt es zu neuen negativen Emotionen (Pain) – das Kind fühlt sich jetzt allein gelassen und hat Angst.

In derselben Weise stehen auch die Grundbedürfnisse unserer Hunde in Wechselwirkung zueinander. Wenn jemand zum Beispiel einen Hund körperlich misshandelt, etwa durch Schläge, wird auf diese Weise das Grundbedürfnis, Schmerzen/Pain zu vermeiden verletzt, zugleich aber auch das Bedürfnis nach Kontrolle. Der Hund kann ja nichts dagegen tun, dass er geschlagen oder anderweitig misshandelt wird, er kann seiner misslichen Lage nicht entkommen. Das heißt, er hat also in diesem Moment keinerlei Kontrolle über die Situation. Zugleich sind die Schläge und der Zorn des Menschen ein Vertrauensbruch. Sie verletzen daher auch das Grundbedürfnis des Hundes nach Bindung.

Umgekehrt sollten wir aber auch bedenken, wenn wir mit Futterbelohnungen arbeiten, dass der »Lustgewinn« durch das Leckerli nicht das einzige ist, was der Hund anstrebt: Er möchte innerhalb eines gesetzten Rahmens auch Kontrolle haben, d. h. nicht ausschließlich auf den Menschen reagieren müssen, sondern auch selbst aktiv werden können. Und er braucht die Orientierung einer klaren Kommunikation mit dem Menschen und den Schutz und die Geborgenheit einer sicheren Bindung, gerade auch während er lernt.

## Von Marshmallows und der anderen Seite des Lustprinzips

Zunächst dient das Bedürfnis nach Lust (und dem Vermeiden von Unlust) dem Überleben und der Erhaltung der Arten. Einerseits bringt es Menschen und Tiere dazu, Gefahren aus dem Weg gehen, die ja oft mit »Unlustgefühlen« wie Angst oder Schmerzen verbunden sind. Andererseits bewirkt es, dass Lebewesen alles, was sie zum Leben und für die Fortpflanzung brauchen, aktiv anstreben: Nahrung, Sex, ein geeignetes Lebensumfeld, einen guten, sicheren Platz zum Schlafen und um die eigenen Kinder großzuziehen und vieles mehr. Das Streben nach Lust ist also eine sinnvolle, sogar eine lebenswichtige Einrichtung der Natur. Dennoch hat es seine Tücken. Nicht nur, dass das Lustprinzip keine Alleinherrschaft über die Psyche führt, auch in anderer Hinsicht ist die Sache mit der Lust und der Unlust nicht ganz so einfach, wie es auf den ersten Blick scheinen mag.

Gehen wir noch einmal kurz zurück in die Menschenwelt, um uns vor Augen zu führen, wie es sich auswirkt, wenn eine Person stark durch das Bedürfnis nach Lust bestimmt ist. Menschen, die überwiegend nach dem Lustprinzip leben, sind nämlich durchaus nicht glücklich, im Gegenteil: Sie leiden unter psychischen Problemen. Beispiele dafür sind Abhängigkeiten und Suchtverhalten sowie die Unmöglichkeit, Impulsen zu widerstehen oder einen Gratifikationsaufschub zu ertragen: Lob und Belohnung müssen sofort zur Verfügung stehen und das möglichst in übertriebenem Ausmaß.

Wie grundlegend die Fähigkeit ist, die eigenen Impulse kontrollieren zu können, also gerade nicht immer und um jeden Preis dem Lustprinzip zu folgen, zeigt eine hochinteressante Untersuchung aus den 1960er und 70er Jahren. Sie wurde von dem Psychologen Walter Mischel und seinem Team durchgeführt und als »Marshmallow-Test« bekannt. Mischel und seine Mitarbeiter stellten dabei ihre kleinen, gerade vier Jahre alten Versuchspersonen auf eine harte Probe: Der jeweilige Versuchsleiter erklärte ihnen, er hätte »kurz etwas zu besorgen« und ließ für jedes Kind einen Marshmallow zurück, eine bei allen heiß begehrte Süßigkeit. Ehe er aber den Raum verließ, versprach er den Kindern, dass jeder, der seinen Marshmallow bis zu seiner Rückkehr nicht aufgegessen hätte, als Belohnung für das Warten einen weiteren dazu erhalten würde. Als der Versuchsleiter nach etwa fünfzehn Minuten wiederkam, hatten einige Kinder tatsächlich der Versuchung widerstanden, andere nicht.

Zwölf Jahre später wurden alle ehemaligen Teilnehmer des Marshmallow-

Tests – nunmehr als Jugendliche – psychologisch untersucht. Das Ergebnis war frappierend: Diejenigen, die als Vierjährige die Wartezeit durchgehalten hatten, verfügten über eine deutlich größere soziale Kompetenz. Sie waren selbstbewusster, zeigten mehr Initiative für Projekte, eine höhere Frustrationstoleranz und geringere Stressanfälligkeit. Darüber hinaus waren sie bessere Schüler als jene Kinder, die sofort nach dem Marshmallow gegriffen hatten. Bei diesen beobachtete man eher das Gegenteil: Sie zeigten schwächere Schulleistungen, schreckten vor sozialen Kontakten zurück, waren unschlüssig, hatten ein geringes Selbstbewusstsein, waren stressanfällig und konnten mit Frustrationen nicht umgehen. Sie neigten zu Neid und Eifersucht und brachen oft Streiterein vom Zaun. Und sie waren nach all den Jahren immer noch nicht fähig, einen Gratifikationsaufschub zu ertragen.[23]

Tiere, so meinen viele Menschen, würden immer dem Lustprinzip folgen, sie seien nicht wirklich in der Lage, Impulse zu kontrollieren. Diese Vorstellung stammt aus der Triebtheorie. Sie erinnern sich – man ging davon aus, dass Menschen und Tiere sich dadurch voneinander unterscheiden, dass letztere nicht fähig seien, ihre »Triebe«, also vor allem das Streben nach Lust, zu beherrschen. Die Wahrheit ist: Auch Tiere können Selbstbeherrschung lernen und sie müssen es sogar.

Wie wichtig die Impulskontrolle auch im Tierreich ist, zeigt Temple Grandin an einem Beispiel: Sie erklärt, dass und warum Raubtiere von ihren Artgenossen lernen müssen, wie man Jagdimpulse unterdrückt – für Beutegreifer ist ja nicht nur das Fressen der Beute, sondern auch die Jagd selbst ein durchaus lustvolles Erlebnis. Allerdings würde ein Raubtier, das alles jagt und tötet, was sich bewegt, die Beutetiere regelrecht ausrotten und hätte bald nichts mehr zu fressen. Unbeherrschtes Ausleben der Jagdlust würde außerdem auch dazu führen, dass enorm viel Energie verbraucht wird. Das Tier müsste also noch viel mehr fressen, um dies wieder auszugleichen. [24]

Sollen Raubtiere, die in Menschenhand aufgewachsen sind, später ausgewildert werden, müssen ihre menschlichen Betreuer ihnen beibringen, nur jene Beutetiere zu töten, die sie auch fressen wollen. So habe ich meinen Waschbären Monty und Paul die »goldene Regel der Jagd« nicht vermittelt, obwohl ich ja eigentlich ihre Ersatzmama bin (die beiden sind Findelkinder, die mit der Flasche aufgezogen wurden). Als eines Tages eine Maus durch ihr Gehege lief, haben sie diese sofort und aus reiner Jagdlust erlegt. Gefressen haben sie ihre Beute nicht. Fressbares ist für die Bärchen nämlich etwas, das ihnen von mir zweimal täglich

[23] Nach Daniel Goleman in: *Emotionale Intelligenz* (11. Aufl. 1999), S. 109-111
[24] Temple Grandin in: *Ich sehe die Welt wie ein frohes Tier* (2005), S. 156 ff

serviert wird. Nun, zum Glück scheint es kaum lebensüberdrüssige Feldmäuse zu geben, die sich in das Revier der beiden wagen.

Ohne Impulskontrolle wäre das Zusammenleben in einer Sozialgemeinschaft nicht möglich. Jede Erziehung, sei es die Erziehung von Jungtieren durch die Tiereltern oder die Erziehung von Kindern oder auch von Haustieren durch uns Menschen, hat daher auch etwas mit Impulskontrolle zu tun. Lernt ein Hund beispielsweise, nur auf Aufforderung aus dem Auto zu springen, vor einer offenen Wohnungstür zu Beginn eines Spaziergangs ruhig zu warten oder auch vorübergehend sitzen oder liegen zu bleiben, während der Mensch weitergeht, schult all das auch seine Fähigkeit, Impulse zu kontrollieren. Die Erfahrung, dass Hunde solche Übungen durchaus erlernen können, mag erklären, warum man ihnen noch am ehesten zutraut, dem Lustprinzip bis zu einem gewissen Grad widerstehen zu können – nicht aber anderen Tieren und am allerwenigsten den Schweinen.

Die Tierforscherin Marian Stamp Dawkins etwa schildert in ihrem Buch *Die Entdeckung des tierischen Bewusstseins* auch Lernexperimente mit Schweinen. Eine Ausbildungsstunde für Schweine klinge wie eine größere Katastrophe, berichtet sie. Die Tiere würden einander fast umrempeln. Sie krachten mit voller Wucht mit den Köpfen gegen die Apparaturen, die unbedingt aus dicken Metallplatten bestehen müssten, um dieser Behandlung standzuhalten, und sie würden sich schreiend und kreischend auf das Futter stürzen, das bei einer richtigen Reaktion freigegeben wird.[25] Nun, ich würde sagen, diese Schweine haben ganz einfach nicht gelernt, ihre Impulse zu kontrollieren – und vermutlich deshalb, weil ihnen das niemand zugetraut hat. In meinen eigenen Schweine-Ausbildungsstunden geht es nämlich ruhig und konzentriert zu. Bereits vor der Übungsstunde, wenn ich die Belohnungshäppchen vorbereite, sitzen alle Tiere still und geduldig auf ihren Decken und sehen mir zu. Auch Schweinchen Picco macht das so. Er weiß, dass es sich durchaus lohnt, sich zu beherrschen. Für brave Tiere springt dabei nämlich der ein oder andere Extrahappen heraus. Ist dies nicht auch eine Art Marshmallow-Test, einer für Tiere? Hunde und Schweinchen haben ihn längst bestanden – und das mit Bravour.

## Lernen, Lust und Leckerchen

»Mein Hund gehorcht einfach nicht«, beklagt sich eine Frau über ihren Beagle Benji bei mir. »Nur wenn es Leckerchen gibt, hört er. Dafür tut er alles.« Ich frage also nach, weshalb sie denn den gewaltigen Beagle-Appetit nicht nutze, um eben

[25] Marian Stamp Dawkins: *Die Entdeckung des tierischen Bewusstseins* (1993/1996), S. 208

mit Hilfe von Leckerchen Gehorsamsübungen zu trainieren. Darauf weiß Benjis Frauchen keine rechte Antwort. Sie wolle das nicht, ist alles, was sie dazu sagen kann.

Nachdem wir nun die andere Seite des Lustprinzips betrachtet haben, sollten wir uns fragen, ob die Vorbehalte vieler Menschen gegen die Trainingsarbeit mit Leckerchen nicht vielleicht berechtigt sind. Schließlich bedient das Training mit Futterbelohnungen das Bedürfnis nach Lust. Und wie wir gesehen haben, hat dieses ja auch seine problematischen Seiten. Letztlich führt es nicht nur zu Problemen, wenn es grob missachtet wird, sondern auch, wenn es ungebremst ausgelebt und übertrieben bedient wird.

Bei den meisten Menschen stecken diese Überlegungen allerdings gar nicht hinter der Ablehnung von Futterbelohnungen. Vielmehr scheint sich ein Gefühl tief in ihrem Inneren gegen die Arbeit mit Leckerchen zu wehren. Wenn dieses überhaupt bewusst wird, würde es sich vielleicht in dem Satz ausdrücken: »Er soll es für mich tun, nicht für Futter!« Ich meine, wir sollten Gefühle immer ernst nehmen und hinterfragen, wenn viele Menschen zu ein und derselben Sache dasselbe Gefühl haben, erst recht. Auf der anderen Seite gilt ja aber gerade die Trainingsarbeit mit Futterbelohnungen als eine besonders »sanfte« und »tiergerechte«. Was also ist richtig, was falsch?

Zunächst einmal sollten wir uns klarmachen, dass wir nicht alle Verhaltensweisen, die wir uns von unseren Hunden wünschen, auf dieselbe Weise betrachten können. Nicht alles lässt sich einem Hund einfach antrainieren. Wenn ein Hund sich vertrauensvoll an seinem Menschen orientiert und aus diesem Vertrauen heraus »gehorcht«, ist das eine Frage der Bindung und nicht der punktgenauen Verstärkung. Bei uns passiert es z. B. im Sommer öfter, dass Schweinchen Piccolino im Flur quer liegt, weil es dort herrlich kühl ist. Macht er sich dabei allzu breit, trauen die Hunde sich in der Regel nicht an ihm vorbei (obwohl er ihnen natürlich nichts tun würde). Sobald ich aber vorausgehe, folgen sie mir. Dafür brauche ich keine Leckerchen – dafür brauche ich nur das Vertrauen meiner Hunde. Richtig ist auch, dass Hunde oft die unglaublichsten Dinge für ihre Menschen tun, und ich halte die vielen Geschichten, die davon berichten, keineswegs für fantastischen oder sentimentalen Unsinn. Je besser, vertrauter und intensiver die Mensch-Tier-Beziehung ist, desto stärker prägt diese das gesamte Verhalten des Hundes.

Eines aber tut kein Hund für seinen Menschen, weil er das nämlich gar nicht kann: Er wird keine Kommandos befolgen, die er noch nicht versteht. So ist es zum Beispiel vollkommen unsinnig, zu einem Hund »Sitz« zu sagen, der noch gar nicht gelernt hat, was »Sitz« bedeutet und zu erwarten, dass dieser sich setzt. Das ist so, als würden Sie jemandem »Habanera!« zurufen und denken, diese Person würde daraufhin beginnen, Habanera zu tanzen, wenn sie vielleicht nicht einmal weiß, dass dies ein Tanz ist, geschweige denn eine Ahnung hat, wie er getanzt wird. Hier sind wir wieder beim Thema »Kunst-Stückchen«.

Wenn wir Hunde trainieren, bringen wir ihnen viele Kunststücke bei, Verhaltensweisen, die erlernt werden müssen, weil die Tiere sie von Natur aus nicht zeigen, wenigstens nicht auf Kommando. Um sie ihnen zu vermitteln, brauchen wir eine Möglichkeit, richtiges Verhalten zurückzumelden, das also, was die Konditionierungstheorien »Verstärker« nennen. Um dem Bedürfnis nach Pleasure und dem Vermeiden von Pain Rechnung zu tragen, werden wir uns selbstverständlich für positive Verstärker entscheiden. Welche aber stehen zur Wahl?

Sehr beliebt sind Lob und Streicheln. Loben ist durchaus geeignet, bei fertig erarbeiteten Übungen das eine oder andere Leckerchen zu ersetzen – vorausgesetzt, die Beziehung zwischen dem Menschen und dem Hund »stimmt«. Wenn Sie jedoch gerne und oft im Alltag liebevoll mit Ihrem Hund reden, ist das verbales Lob, aber nicht »besonders« genug, um als eindeutige, prägnante Rückmeldung beim Erarbeiten neuer Übungen eingesetzt zu werden.

Ähnliches gilt für das Streicheln: Setzen Sie es als Belohnung im Training ein, sollten Sie Ihren Hund wirklich nur noch als Belohnung streicheln, sonst wird es verwirrend für ihn. Wer will das schon? Streicheln ist aber auch aus einem weiteren Grund nicht unbedingt die ideale Belohnung: Vielleicht möchte der Hund es ja gar nicht? Nein, ich bin keine Anhängerin des »Hands-off«-Mythos. Immer vorausgesetzt, dass die Beziehung zum Menschen vertrauensvoll und intakt ist, lieben es Tiere, berührt und gestreichelt zu werden – auch in entspannten Phasen des Trainings. Aber wie wir selbst auch, lieben sie es nicht in jeder Art und zu jedem Zeitpunkt. Die Momente höchster Konzentration beim Erlernen neuer Übungen sind nicht die günstigsten für Berührungen. Sie kennen das bestimmt aus eigener Erfahrung. Oder mögen Sie es, wenn Sie jemand knuddelt, während Sie Ihre Steuererklärung machen?

Häufig wird auch Spielzeug als Belohnung eingesetzt. Üblich sind »Beutespiele«, also dem Hund z. B. einen Ball zuzuwerfen, den dieser gleich wieder ausgibt. Sobald er erneut etwas richtig macht, bekommt er den Ball sofort wieder zugeworfen. Solche Spiele haben eine stark belohnende Wirkung – allerdings sind sie nicht frei von Risiken und Nebenwirkungen. Wer jemals einen vierbeinigen Balljunkie erlebt hat, wird wissen, was ich meine: Viele Hunde fixieren sich bei dieser Belohnungstechnik immer stärker auf den Ball. Sowohl die anstehende Lektion als auch der Mensch als Sozialpartner wird dabei immer unwichtiger. In manchen Fällen kann sich die Begeisterung für den Ball bis zu einer ernst zu nehmenden Sucht steigern.

Leckerchen sind eine praktische, schnelle und klare Rückmeldung für das Tier beim Erlernen konkreter Aufgaben. Bei richtigem Einsatz haben sie keinerlei Nachteile. Wie aber können wir Futterbelohnungen richtig einsetzen?

Zunächst einmal ist es sinnvoll, darauf zu achten, dass die Leckerchen wirklich als Belohnung genutzt werden, auf keinen Fall als »Bestechung« und möglichst nicht als Lockmittel. Eine Belohnung ist etwas, das man erhält, nachdem eine bestimmte Leistung erbracht wurde. Mit »Bestechung« meine ich den übertriebenen Einsatz von Futter, der oft genug darauf zurückgeht, dass der Mensch versucht, mit Leckerchen das fehlende gegenseitige Vertrauen zu ersetzen.

Futter als Lockmittel einzusetzen bedeutet, dem Hund das Leckerchen zu zeigen, so dass er diesem folgt – beispielsweise über ein Agility-Hindernis, beim Bei-Fuß-Laufen oder wenn man den Hund abruft und zugleich schon mit dem Futter winkt. Locken kann in manchen Situationen durchaus sinnvoll sein (Stellen Sie sich vor, Sie müssten eine Katze dringend zum Tierarzt bringen, die nicht an die Transportbox gewöhnt ist und aus verständlichen Gründen fehlt die Zeit, mit einem Boxen-Training zu beginnen). Auf den ersten Blick könnte man Locken sogar durchaus als gute Trainingstechnik ansehen: Es verletzt keines der Grundbedürfnisse, fügt dem Tier keinen Schaden zu, und es führt auch nicht gleich zur Sucht, wie das bei dem dauernd präsenten Spielzeug der Belohnungs-Beutespiele oft der Fall ist. Wird das Lock-Leckerchen korrekt ausgeschlichen, funktioniert das Training über Locken durchaus und man erreicht das gewünschte Ergebnis wie mit anderen Techniken auch.

Der einzige Grund, der gegen das Locken im Training spricht ist, dass es wirklich hochwertige Lernprozesse verhindert: Einem Tier, das nur dem Duft oder Anblick eines Futterstückchens folgt, bleibt der Prozess des Problemlösens »erspart«. Wie wir alle aus Erfahrung wissen, macht aber gerade der Moment, in dem die Lösung einer Aufgabe plötzlich gefunden wird, ganz besonders glücklich – unsere Hunde genauso wie uns selbst. Alle Säugetiergehirne funktionieren nach diesem Prinzip und es ist eine äußerst sinnvolle Einrichtung der Natur. Sie bringt Menschen und Tiere dazu, vor den Anforderungen des Lebens nicht davonzulaufen, sondern sich ihnen motiviert zu stellen.

## *Leckerchen im Hundehirn, die Zweite*

Für das Glücksgefühl in Augenblicken der Problemlösung sorgt der Neurotransmitter Dopamin. Sie erinnern sich – dieser Botenstoff macht glücklich. Er bewirkt, dass Lebewesen ihre Ziele motiviert verfolgen und sich belohnt fühlen, wenn sie diese erreichen. Damit könnten wir die Debatte, ob Futterbelohnungen als »Verstärker« nun gut oder schlecht sind, eigentlich getrost beenden. Letztlich arbeiten Hunde gar nicht für die Leckerchen. Was sie anstreben, ist das gute Gefühl, das ihnen ihr inneres Belohnungssystem beschert, indem es Dopamin frei setzt. Das Nahrungsmittel ist also lediglich der Anlass für eine Dopaminausschüttung. Ohne Dopamin gibt es keine Belohnung und keine Motivation. Ganz deutlich zeigt dies ein Experiment mit Ratten.

Um den Einfluss des Botenstoffes auf die Motivation herauszufinden, wurden die Dopaminneurone der Ratten medikamentös ausgeschaltet. Daraufhin verloren die Versuchstiere jedes Interesse an Futter, Trinken und auch an allem anderen, was davor einen Belohnungswert für sie gehabt hatte. Dabei litten sie nicht etwa an einer Aversion gegen die Nahrungsmittel, sie konnten sich lediglich nicht mehr zum Fressen motivieren. Sobald man ihnen das Futter nämlich direkt ins Maul steckte, fraßen sie und zeigten mit ihrem Ausdrucksverhalten auch an, dass es ihnen gut schmeckte.[26] Ohne Dopamin verhungern Tiere (und Menschen) inmitten der leckersten Nahrungsmittel.

Dopamin kann aber noch viel mehr. Es ist für den Lernprozess selbst außerordentlich wichtig, da es zu einer erhöhten Übertragungsbereitschaft in den Synapsen führt. Das sind jene Verbindungsstellen, an denen Informationen von Nervenzelle zu Nervenzelle weitergegeben werden. Auf diese Weise entstehen Bahnungen, wie die Neurowissenschaftler das nennen. Bahnungen sind die biologische Grundlage des Lernens im Gehirn.

Dopaminneurone »feuern« nun aber nicht einfach, wenn es eine Belohnung gibt, sondern vor allem dann, wenn eine solche erwartet wird, vorab also. Besonders aktiv sind sie auch, wenn die Lösung eines Problems oder ein anderes angenehmes Ereignis überraschend eintritt. Wer kennt es nicht, das unglaubliche Glücksgefühl einer freudigen Überraschung oder das tolle Gefühl, das sich einstellt, wenn eine knifflige Aufgabe plötzlich gelöst ist. Und ist nicht der Moment, in dem man ein liebevoll verpacktes Geschenk in Händen hält, voller Spannung beginnt, es auszupacken, das Beste an Geschenken überhaupt? »Vorfreude ist die schönste Freude«, sagt der Volksmund und drückt damit letztlich genau das aus,

[26] Nach Klaus Grave in *Neuropsychotherapie* (2004), S. 298

was sich in unseren Gehirnen abspielt, wenn uns ein glückliches Ereignis bevorsteht. Genauso arbeitet auch das Belohnungssystem unserer Hunde: Die stärkste Dopaminausschüttung findet nicht etwa dann statt, wenn der Hund sein Leckerchen frisst, sie erfolgt genau in dem Moment, wo er weiß, dass er eine Belohnung erhalten wird. Dieses Wissen können wir für das Training nutzen.

Konkurrenzlos sind in dieser Hinsicht die Techniken des Clickertrainings. An diesen können wir einmal mehr sehen, dass die Techniken einer Methode sehr viel besser und aktueller sein können, als ihre Theorie: Die Bedeutung des Botenstoffes Dopamin für das Lernen ist erst seit der Jahrtausendwende bekannt (Im Jahr 2000 erhielten Arvid Carlsson und Paul Greengard den Nobelpreis für ihre Arbeit zur Rolle des Dopamins bei der Signalübertragung im Gehirn). Das Clickertraining setzt Futterbelohnungen so gekonnt ein, als hätte man damals, als es entwickelt wurde, bereits um die Zusammenhänge gewusst: Während der Hund oder ein anderes Tier mit dem Clicker vertraut gemacht wird – Clickertrainer nennen das »auf den Clicker konditionieren« – erhält er zunächst vollkommen überraschend seine Leckerchen. Das führt zu starken Dopaminausschüttungen. Das Geräusch des Clickers ist daher von Anfang an mit Glücksgefühlen verbunden. Danach, beim Erarbeiten konkreter Übungen, kündigt der Click die Belohnung an. Wir erreichen so also erneut eine sehr viel intensivere Dopaminausschüttung, als wenn wir dem Hund einfach direkt das Leckerchen geben. Mehr Dopamin bedeutet mehr Belohnung (ohne dass der Hund ein größeres oder besseres Leckerchen erhalten würde), höhere Motivation zum Weiterlernen und bessere Bahnung im Gehirn.

Schließlich ermöglichen die Clickertechniken dem Hund auch, eigenständig Herausforderungen zu bewältigen, da der Trainer Angebote des Tieres aufgreift und nicht alles vorgibt. Wie ausgeprägt die Lust vieler Tiere am Bewältigen von Herausforderungen ist, zeigt zum Beispiel ein ganz einfaches Experiment mit meinen Waschbären: Lege ich jedem Bärchen das begehrte Katzen-Trockenfutter offen an seinen Fressplatz und ich stelle ein Spielzeug daneben, aus dem man dieselbe Art Futter nur mit einiger Mühe und viel Geschick herausbekommt, stürzen sich die Tiere nicht etwa auf das sofort zugängliche, lose Futter. Sie beginnen stattdessen sofort, sich mit dem Spielzeug zu befassen und verschaffen sich so doppelte Freude – die an der bewältigten Herausforderung und die auf das Futter.

Hier schließt sich der Kreis zu Panksepps »Seeking-System«, das ich in einem früheren Kapitel bereits erwähnt habe. Panksepp beschreibt das gute Gefühl, das alle Lebewesen anstreben, als eine Kombination aus Neugier, Interesse und

Vorfreude. Ich habe diese miteinander kombinierten Emotionen im ersten Teil dieses Buches als »das lustvolle Gefühl an sich« bezeichnet, als »Pleasure«. Weder Menschen noch Tiere sind ausschließlich von einem Streben nach Lust – in Form von Nahrung, Sex usw. – motiviert. Auch ist es nicht überwiegend der äußere »Verstärker«, der Lebewesen zum Handeln motiviert. Die Neugier, herauszufinden, was zu tun ist, und das Interesse an der Aufgabe selbst sind ebenso wesentliche Teile der Motivation wie die Vorfreude auf den Erfolg. Vielleicht sollten wir in Zukunft besser vom »Bedürfnis nach Pleasure« sprechen, das das Seeking-System sowie das innere Belohnungssystem umfasst.

## *Pawlow einmal ganz anders – Das Bedürfnis nach Kontrolle und Orientierung*

Kurz vor meinem Abitur lernte ich manchmal zusammen mit einer Schulfreundin bis spät in die Nacht hinein. Mein Weg nach Hause war zwar nicht allzu weit, aber sehr dunkel. Als ich eines Nachts auf dem Heimweg war, bemerkte ich plötzlich, dass mir ein Mann folgte. Sobald ich schneller ging, beschleunigte auch er seinen Schritt. Es war wie in einem bösen Traum, einem von denen, wo man wegrennen will und nicht kann. Schließlich holte mich mein Verfolger ein. Ich hatte das Gefühl, gleich ohnmächtig zu werden vor Angst. Er packte mich, sein Gesicht war dem meinen ganz nah. In diesem Augenblick wurden mir schlagartig zwei Dinge klar: Zum einen war der Mann stockbetrunken und nicht sehr sicher auf den Beinen, zum anderen war ich fast schon zu Hause. Ich musste ihn also nur ein Stück weiterlotsen, um Hilfe holen zu können. »Nicht hier«, säuselte ich, als er mich zu küssen versuchte. »Komm mit, meine Eltern sind nicht da.« Er kam mit.

Jemand, der unser altes Haus nicht kannte, hätte niemals damit gerechnet, dass vom Eingang zwei Stufen in den tiefer liegenden Flur hinabführten. Ich gab dem Mann einen kleinen Schubs, hörte ihn fallen, drückte den Lichtknopf und schrie um Hilfe. Als die Nachbarn herbeieilten, hatte er sich schon hochgerappelt und war davongerannt.

Was hat das alles mit unserem Thema zu tun? Ich denke, diese Begebenheit kann deutlich machen, was mit dem vielleicht nicht ganz eindeutigen Begriff »Bedürfnis nach Kontrolle« gemeint ist. Menschen und Tiere streben mit aller Kraft an, die Kontrolle über Situationen zu haben und zu behalten, weil das bedeutet, einer bedrohlichen Lage entkommen, bzw. eine unangenehme Situation beenden oder abmildern zu können. Solange der Mann mich verfolgte, hatte ich keine Kontrolle über die Situation und daher Todesangst. Interessanterweise war es genau der Moment, in dem mich der Kerl packte, an dem mir die Wahrnehmung der Alkoholfahne ein Stück Kontrolle zurückbrachte. Im selben Augenblick waren auch meine Orientierung sowie meine Handlungsfähigkeit wieder da. Ich wusste genau, wo ich war und was ich tun konnte.

Das Bedürfnis nach Orientierung und Kontrolle steht im Dienst des Überlebens und der Unversehrtheit, aber natürlich geht es nicht immer gleich um Leben und Tod. Auch im Hinblick auf andere wichtige Ziele ist es für Mensch und Tier grundlegend wichtig, die Orientierung zu behalten und handlungsfähig zu bleiben.

Die verheerenden Folgen, die der Verlust von Orientierung und Kontrolle hat, konnte ein Wissenschaftler bereits 1927 eindrucksvoll aufzeigen. Es handelt sich um einen Forscher, den wohl kaum jemand mit dem Thema »Orientierung und Kontrolle« in Verbindung bringen würde – Ivan Petrowitsch Pawlow, den »Vater der klassischen Konditionierung«. In einem Experiment zeigte Pawlow seinen Versuchshunden Kreise und Ellipsen. Er verabreichte ihnen jedes Mal Futter, wenn er ihnen einen Kreis vorhielt, aber keines, wenn er eine Ellipse zeigte. Nachdem die Hunde gelernt hatten, Kreis und Ellipse voneinander zu unterscheiden, wurden die beiden Figuren schrittweise einander angenähert, bis den Tieren eine Unterscheidung nicht mehr möglich war. Obwohl es in diesem Experiment keine Bestrafung gab, entwickelten alle Hunde das, was Pawlow eine »experimentelle Neurose« nannte.[27]

Ähnliches ergaben die Experimente von Seligman. Ich habe diese besonders grausamen Versuche im ersten Teil dieses Buches bereits andeutungsweise erwähnt (unter: *Tragische Blüten einer verhängnisvollen Philosophie*). Seligman versuchte in den 1970er Jahren, etwas über die Ursachen von Depressionen herauszufinden, indem er seinen Versuchstieren immer wieder elektrische Schläge versetzte. Die Schläge erfolgten zufällig und völlig unabhängig vom Verhalten der Tiere. Die Situation war also unkontrollierbar für sie. Die Versuchstiere reagierten zunächst mit heftiger Angst, der in einer späteren Phase Resignation und depressive Zustände folgten.

Nach allem, was wir aus alten und neuen Untersuchungen zur immensen Bedeutung des Kontrollbedürfnisses wissen, ist es fast unfassbar, dass es immer noch Methoden des Hundetrainings gibt, deren erklärtes Ziel die »unbedingte

[27] Nach Klaus Grawe (2004), S. 305/306

Abhängigkeit« des Hundes ist, also ein Verhindern selbst der winzigsten Ansätze des Tieres, seinem Grundbedürfnis nach Orientierung und Kontrolle zu folgen. Das sind natürlich Extreme. Dennoch scheint die Vorstellung, dem Hund ein Stück Kontrolle über seine Handlungen zuzugestehen, in der Hundeszene immer noch Angst und Schrecken zu verbreiten. Warum aber?

Häufig wird das Grundbedürfnis nach Orientierung und Kontrolle mit einem überschießenden Kontrollbedürfnis verwechselt. Wer kennt sie nicht, die Hunde, die sich verhalten, als seien sie für alles zuständig – und zwar allein? Übertriebenes »Kontrollieren« drückt allerdings eher Unsicherheit aus als »Dominanz« (im Sinne eines Führungsanspruches), wie das oft angenommen wird. In Wirklichkeit haben solche Hunde ein Bindungsproblem: Sie tun sich schwer, sich anzuvertrauen. Auch der Begriff »Kontrollverlust« wird in der Hundeszene oft im Sinne der Dominanztheorie gebraucht, was noch weiter zur Verwirrung beiträgt. Manche Hundetrainer und Tierpsychologen meinen, dass »dominante Hunde« wütend werden, wenn man sie allein zurücklässt, weil sie so die »Kontrolle über ihren Menschen« verlieren und aus Wut darüber mit Dauergebell oder dem Zerstören von Gegenständen reagieren. Diese Erklärung hat keinerlei wissenschaftliche Grundlagen. Sie dürfte aber mit ein Grund dafür sein, dass das Bedürfnis nach Kontrolle bisher in vielen Formen des Hundetrainings nicht berücksichtigt oder sogar unterdrückt wird.

Viel Spielraum für das Ausleben des lebenswichtigen Kontrollbedürfnisses bieten die Techniken des Clickertrainings (nicht umsonst habe ich dieses als Beispiel für eine »grundsätzlich gute Methode« angeführt): Sowohl beim »Einfangen« als auch beim »Formen« von Lektionen bleibt die Lernsituation immer ein Stück weit unter der Kontrolle des Tieres, da es ja die Art und die Größe der Lernschritte selbst bestimmt. Allerdings kann man auch die Clickertechniken richtig anwenden und dennoch das Bedürfnis des Hundes nach Orientierung und Kontrolle verletzen. Wie das Pawlowsche Experiment zeigt, ist es vor allem der Zustand der Uneindeutigkeit, der dem Tier die Möglichkeit zur Orientierung raubt und so Situationen unkontrollierbar macht. Geben wir dem Hund im Training unklare Botschaften oder Doppelbotschaften, kann er sich nicht mehr orientieren und erlebt die Situation als nicht kontrollierbar.

Einige Beispiele für Doppelbotschaften habe ich schon im Kapitel über Vermenschlichung im Zusammenhang mit Projektionen genannt. Aber nicht hinter jeder Doppelbotschaft steckt eine Projektion. Manchmal stehen im Training ganz einfach auch kaum oder gar nicht bewusste Emotionen des Menschen im

Widerspruch zu seinen bewussten Handlungen. Denken Sie beispielsweise an eine Person, die ihren Hund lobt oder anderweitig belohnt, wie sie es gelernt hat, weil er auf Zuruf zu ihm gekommen ist. Dabei ist sie aber in ihrem Innersten verärgert, weil der Hund dies ihrem Empfinden nach nicht schnell genug getan hat. Diese Verärgerung wird sich in Körperhaltung, Mimik und Stimme des Menschen ausdrücken und der Hund erhält zwei gegensätzliche Botschaften, die er nicht mehr einordnen kann.

Dem Bedürfnis des Hundes nach Orientierung und Kontrolle im Training Rechnung zu tragen bedeutet, in der Kommunikation klar zu sein, Aufgaben zu stellen, die der Hund auch bewältigen kann, und ihm innerhalb eines gesetzten Rahmens Wahlmöglichkeiten zu lassen.

### *Was Stress und Kontrolle miteinander zu tun haben*

Wir stressgeplagten Menschen wissen, welch verheerende Wirkung Stress haben kann und können uns diesem doch nicht ganz entziehen. Kein Wunder, dass so manch einer glaubt, eine Welt ohne jeden Stress müsste paradiesisch sein. Das ist allerdings nicht ganz richtig. Ein absolut stressfreies Leben würde uns eher krank machen als glücklich. In zahlreichen Untersuchungen sowie in Beobachtungen in zoologischen Gärten hat sich immer wieder gezeigt, dass jedes Fehlen von Stress auch bei Tieren zu erhöhter Anfälligkeit für Krankheiten und einer kürzeren Lebensdauer führt. Was aber meinen wir überhaupt, wenn wir von Stress reden?

In der Umgangssprache kann »Stress« alles Mögliche bedeuten. »Ich habe Stress bei der Arbeit«, erklärt mir beispielsweise ein Bekannter und ich muss erst nachfragen, um herauszufinden, was er mir damit sagen will. Hat er sehr viel Arbeit? Zu viel? Zeitdruck? Streit mit Kollegen? Einen unangenehmen Chef? »Ich habe Stress mit meinem Freund«, sagt eine Freundin. Meint sie damit, dass sie Streit mit ihm hat, oder macht sie sich aus irgendeinem Grund Sorgen um ihn?

Unklar ist der Ausdruck »Stress« auch im wissenschaftlichen Sprachgebrauch und daher in der Psychologie bereits umstritten. So unterscheidet er nicht klar zwischen dem Stressor, dem Reiz, der die Stressreaktion verursacht, und der Stressreaktion selbst. Diese Unterscheidung ist aber sehr wichtig, da ein und derselbe Stressor bei unterschiedlichen Individuen ganz unterschiedliche Reaktionen hervorruft: Was den einen kaum behelligt, bedeutet für den anderen eine unerträgliche Belastung. Auch wird »Stress« von vielen Wissenschaftlern immer noch mit Angstgefühlen gleichgesetzt (um Gefühlsbezeichnungen im Zusammenhang mit Tieren zu vermeiden). Mit Angst gehen zwar immer körperliche Stressreaktionen einher, sie treten jedoch auch zusammen mit anderen Gefühlen wie Langeweile, Unterforderung und sogar bei Freude auf. Die Gleichsetzung ist daher falsch.

Ich bleibe hier der Einfachheit halber bei dem vertrauten Begriff »Stress« und halte mich an die klassische Definition: Stress ist ein Zustand erhöhter Aktivierung des Organismus, der mit einer Steigerung des emotionalen Erregungsniveaus verbunden ist. Stress ist also zunächst einmal nichts weiter als die Anpassung des Organismus an Anforderungen. Die Stressreaktion soll Lebewesen in herausfordernden Situationen leistungsbereit, in gefährlichen flucht- oder kampfbereit machen. Sie wird vom Gehirn eingeleitet, wirkt aber andererseits auch wieder auf das Gehirn zurück und verändert dessen Strukturen.

Als man in den 1950er Jahren begonnen hatte, sich mit dem Thema zu befassen, war es bald offensichtlich, dass Stress nicht in jedem Fall etwas Negatives ist. Der Stressforscher Hans Selye führte daher die Bezeichnungen »Eustress« für förderlichen und »Distress« für schädlichen Stress ein. Diese Einteilung ist inzwischen weitgehend überholt. Sie führt leicht in die Irre, da sie suggeriert, wir könnten grundsätzlich zwischen »gutem Stress«, wie etwa dem, der beim Erlernen einer neuen Fertigkeit entsteht, und »schlechtem Stress«, wie beispielsweise dem bei Zeitdruck, unterscheiden. Wahrscheinlich werden wir sogar geneigt sein, »Eustress« mit »angenehm« und »Distress« mit »unangenehm« gleichzusetzen. Es zeigt sich jedoch, dass durchaus auch unangenehme Stresssituationen förderlich sein können. So soll zum Beispiel in einem Zoo der Anblick und das Gebrüll eines künstlichen Löwen, der gelegentlich unerwartet zwischen den Büschen des Affengeheges auftauchte, dazu geführt haben, dass die Affen gesünder und länger lebten. Angenehm fanden sie den Anblick des Löwen aber mit Sicherheit nicht, da sie jedes Mal schreiend flüchteten. Auf der anderen Seite können unter Umständen subjektiv als angenehm empfundene Stressoren schaden. Denken Sie zum Beispiel an eine Dauerberieselung mit sehr lauter Musik.

Ob Stresssituationen unbedenklich sind, ob sie positive, schädliche oder gar gefährliche Auswirkungen haben, hängt von mehreren Faktoren ab. Eine große Rolle spielt die Dauer der Einwirkung von Stressoren. Stressmechanismen sollen helfen, herausfordernde, kritische oder gar bedrohliche Situationen zu bewältigen. Aus diesem Grund sind von der Natur für kurze Zeiträume angelegt. Um bei dem Beispiel mit dem künstlichen Löwen zu bleiben: Dies war eine zwar unangenehme, aber jeweils sehr kurze Belastung, die sich sogar in besserer Gesundheit niedergeschlagen hat. Wirken belastende Reize jedoch über längere Zeit oder immer wieder auf ein Lebewesen ein, kann das psychische und somatische Erkrankungen auslösen.

Auch die Genetik hat einen Einfluss darauf, wie Menschen und Tiere grundsätzlich auf Stressoren reagieren. Lebewesen mit einem sehr funktionstüchtigen Serotoninsystem zeigen insgesamt weniger und viel mildere Stressreaktionen als solche mit einem weniger leistungsfähigen Serotoninsystem (Sie erinnern sich: Serotonin ist der beruhigende und auch aggressionshemmende Botenstoff, von dem bereits im Zusammenhang mit der Dominanztheorie die Rede war).

Schließlich kommt es auch darauf an, wie stark die Stressreaktion im Gehirn vorgebahnt ist: Schwere Verletzungen der Grundbedürfnisse hinterlassen tiefe Spuren im Nervensystem, zu denen auch die ausgeprägte »Stress-Bahnung« zählt. Sie führt dazu, dass es schon bei relativ geringen Belastungen zu überschießenden Stressreaktionen kommt.

Einer der wichtigsten Faktoren, der sowohl über die Stärke als auch die Auswirkung von Stressreaktionen entscheidet, ist die Bewertung des Stressors: Schätzt ein Lebewesen eine Situation als etwas ein, das zu bewältigen ist, oder hat es wenigstens die Möglichkeit zu reagieren, sprechen wir von »kontrollierbarem Stress«. Fühlt es sich einer belastenden Situation, die nicht beeinflussbar scheint, hilflos ausgeliefert, ist das »unkontrollierbarer Stress«. Ob eine Stresssituation als kontrollierbar oder als unkontrollierbar erlebt wird, macht – wie es auch mein Erlebnis mit dem nächtlichen Verfolger zeigt – einen großen Unterschied.

Es ist eine noch recht neue Erkenntnis, dass das Bedürfnis nach Orientierung und Kontrolle im Zusammenhang mit dem Thema »Stress« eine so zentrale Rolle spielt. Dennoch wussten wir alle auch früher schon intuitiv um diese Zusammenhänge. Stellen Sie sich doch bitte einmal vor, Sie wollten zwei Tiere, Katzen etwa oder auch Nager, die einander nicht kennen, aneinander gewöhnen. Würden Sie die beiden Tiere in einem engen und völlig kahlen Raum zum ersten Mal zusammenbringen? Bestimmt nicht. Sie würden wahrscheinlich dafür sorgen, dass es am Ort der ersten Begegnung ausreichend Platz zum Ausweichen und genügend Unterschlupf- und Fluchtmöglichkeiten gibt. Bereits die Chance, in ein Versteck fliehen zu können, macht die Situation ein Stück weit kontrollierbar.

Unterschiede zwischen kontrollierbarem und unkontrollierbarem Stress zeigen sich auch in den körperlichen Abläufen. Die Anfangsphase der Stressreaktion ist in beiden Fällen gleich: Die neue, unerwartete, herausfordernde oder bedrohliche Situation löst eine Adrenalinausschüttung aus. Während sich das Adrenalin über das Gehirn ausbreitet, kommt es nun bei einer kontrollierbaren Stresssituation zu einer Reihe von Reaktionsketten: Die Aufmerksamkeit wird gebündelt und erhöht. Die Adrenalinrezeptoren machen das Gehirn reaktions- und lernbereit. Neurobiologisch gesehen ist dies einer der wichtigsten Lernmechanismen. Das erklärt, warum »Stress« nicht in jedem Fall negativ und Adrenalin nicht einfach nur schädlich ist – im Gegenteil: Tiere (und Menschen), die immer wieder mit kontrollierbaren Stresssituationen konfrontiert sind, haben ein besser entwickeltes, effizienteres Gehirn. Kontrollerfahrungen in herausfordernden Situationen treiben die Entwicklung neuronaler Strukturen voran und sind der Antrieb dazu, das Potenzial, das die Natur dem jeweiligen Lebewesen mitgegeben hat, so gut wie möglich auszuschöpfen.

Wenn die Erregung jedoch eine bestimmte Grenze überschreitet (und das ist bei unkontrollierbarem Stress immer der Fall), wird das Stresshormon Cortisol frei. Unter unkontrollierbarem Stress werden nicht nur bestimmte Formen des Neulernens unmöglich, es können sogar bereits erworbene Verhaltensweisen verlernt werden. Das gilt sogar für die einfachste Form des Lernens, die sogenannte klassische Konditionierung, wie Pawlow selbst feststellen musste – allerdings unfreiwillig. Bei einer Überschwemmung in Leningrad war auch Pawlows Labor betroffen. Die Versuchshunde gerieten in eine lebensbedrohliche Situation. Die Tiere konnten nur mit größter Mühe vor dem Ertrinken gerettet werden. Zu Pawlows Überraschung waren jedoch die davor fest etablierten Verknüpfungen zwischen bestimmten Reizen und Reaktionen nach diesem traumatischen Ereignis »gelöscht«.

Vor allem aber schädigt ein häufig oder gar ständig erhöhter Cortisolspiegel das Gehirn dauerhaft. Er schwächt das Immunsystem und erhöht die Anfälligkeit für Erkrankungen. Unkontrollierbarer Stress ist die Art von Stress, die krank macht.

Im Tiertraining wären Situationen von unkontrollierbarem Stress gegeben, wenn ein Tier nicht mehr einschätzen kann, was als Nächstes passieren wird, wenn es Druck oder gar Gewalt oder auch Launen des Trainers ausgesetzt ist. Eine weitere, mit Sicherheit stark unterschätzte Quelle von unkontrollierbarem Stress im Hundetraining ist es, wenn der Trainer selbst, aus welchen Gründen auch immer, innerlich unter Druck steht. Tiere nehmen das wahr, können es jedoch nicht einordnen und erleben es als nicht kontrollierbare Bedrohung. Wirklich gute Tiertrainer können daher nicht nur Ausmaß und Art der Anforderungen an das Tier sehr genau einschätzen – oder besser: »erspüren« – sie sind auch Meister der Selbstbeherrschung und des Selbstmanagements. Sehr viele professionelle Trainer wissen um die Bedeutung dieser Dinge. So erklärt es sich auch, dass anstrengendes und hoch anspruchsvolles Training, wie etwa das von Filmtieren, oft zu sehr viel milderen Stressreaktionen bei den Tieren führt, als manch ein »Grundgehorsams-Lehrgang« auf dem Hundeplatz, selbst dann, wenn dort »eigentlich« mit sanften Herangehensweisen gearbeitet wird.

## *Die Stressimpfung*

Das Restaurant war uns sehr empfohlen worden. Allerdings befand es sich im ersten Stock und die Wendeltreppe, vor der wir nun standen, schien der einzige Weg zu sein, nach oben zu gelangen. Auch Hündin Paula und ihr Herrchen Paul gehörten zu unserer kleinen Gruppe, die gemeinsam essen gehen wollte, und für Hunde geeignet war dieser Aufgang nun wirklich nicht. Allein die Tatsache, dass es sich um eine offene Treppe handelte, hätte bei vielen Hunden heftige Angst ausgelöst. Diese Konstruktion bestand nun aber unglücklicherweise auch noch aus einem Gitter, wie man es als Viehsperre benutzt, weil es garantiert kein Tier betritt. Während ich noch »Was für ein Mist!« dachte und überlegte, ob wir nach einem anderen Lokal suchen sollten oder ob Paul eventuell die doch recht große Paula hoch tragen könnte, war diese schon fast oben. Ohne Zögern, ohne das minimalste Anzeichen einer Stressreaktion kletterte sie mit einer Selbstverständlichkeit hinter ihrem Menschen her, der ebenso selbstverständlich voraus ging. Paula wirkte dabei, als hätte sie in ihrem ganzen Leben nie etwas anderes getan, als aus Viehgitter bestehende, offene Außentreppen zu erklimmen. Gäbe es eine Impfung gegen Stress, muss dieser Hund sie wohl erhalten haben. Welche Erklärung sollte es sonst für so viel Gelassenheit geben?

»Eine Impfung gegen Stress? Was für ein Unsinn!«, werden Sie vielleicht denken. »Impfung gegen Stress« würde ja bedeuten, dass wir mit einer kleineren, gezielten Dosis »Stress« die Stressresistenz, die Widerstandsfähigkeit also, stärken könnten und das ist doch wohl nicht möglich – oder etwa doch? Es ist möglich: Wiederholte Erfahrungen mit dem Aushalten von begrenztem Stress wirken sich positiv auf die spätere Stresstoleranz aus. Unter anderem hat das ein erstaunliches Experiment mit Ratten gezeigt.[28]

Rattenbabys wurden während der ersten drei Wochen ihres Lebens täglich für ganz kurze Zeit von der Mutter getrennt, was natürlich jedes Mal eine Stress-

[28] Ogava et al. 1994; nach Grave (2004)

reaktion auslöste. Die Experimentatoren gaben die Kleinen jedoch immer schon nach wenigen Minuten zur Mutter zurück, die sie mit ihrem fürsorglichen mütterlichen Verhalten schnell beruhigen konnte. Die Rattenbabys wurden also wiederholt in zwar sehr kurze, aber doch eindeutig unkontrollierbare Stresssituationen gebracht – schließlich konnten die Rattenbabys ja nichts dagegen unternehmen, von der Mutter entfernt zu werden. Das Ergebnis war erstaunlich: Es zeigten sich keinerlei negative Auswirkungen – im Gegenteil: Die Tiere aus diesem Versuch waren insgesamt weniger furchtsam in neuen Umgebungen und zeigten eine geringere hormonelle Stressreaktion gegenüber verschiedenen Reizen als die Ratten einer Kontrollgruppe, und das ihr ganzes Leben lang. Die Erfahrungen der ersten Lebenstage schienen wie eine Impfung gegen Stress zu wirken.

In Amerika wurde ein »Stressimpfungsprogramm« für Hunde entwickelt, das sich aus diesen Erkenntnissen ableitet. Es muss allerdings bereits in den ersten Lebenswochen der Welpen, also noch beim Züchter, durchgeführt werden. Erfahrungen, die ein noch sehr junges Lebewesen macht, sind im Nervensystem intensiver und nachhaltiger verankert als die des späteren Lebens. Dennoch bleibt das Gehirn, die Zentrale des Nervensystems, ein ganzes Leben lang flexibel, veränderbar und lernfähig. Wir können daher auch erwachsenen Hunden helfen, die Begegnung mit Stressoren besser zu bewältigen.

Eine sehr gute Möglichkeit der »Stressimpfung« ist regelmäßiges Training, vor allem das von Tricks, weil es immer neue Möglichkeiten zu lernen, Probleme zu lösen und sich Herausforderungen zu stellen bietet. Trainingsaufgaben, bei denen der Hund viel denken muss, tragen das Potenzial der Stressimpfung in sich. Dasselbe gilt für Übungen, die den Mut des Hundes herausfordern, wie zum Beispiel Zirkuslektionen, Balancen, schwierigere Sprünge und so weiter. Ich selbst habe gleich zwei »Angsthasen« aufgrund der »Tricktrainingskur« regelrecht aufblühen sehen – meine Hündin Pamina aus dem Tierheim und ihre Nachfolgerin Deli aus Kuba. Bei beiden Hündinnen hat sich die Neigung zu Stressreaktionen stark verringert. Was mich vor Jahren noch zum fast ungläubigen Staunen brachte, ist heute erklärbar geworden: Arbeiten wir mit unseren Tieren so, dass sie viele positive Kontrollerfahrungen in herausfordernden Situationen machen können, wird das Gehirn nicht nur insgesamt leistungsfähiger, auch die Neigung zu Stressreaktionen nimmt ab.

Aus der Untersuchung an den jungen Ratten und vielen anderen Studien und Experimenten aus dem Bereich der Stressforschung geht hervor, dass wir unseren

Hunden nichts Gutes tun, wenn wir sie überbehüten und versuchen, sie von jedem »Stress« – von jedem Stressor, genau genommen – fernzuhalten. Auf der anderen Seite macht die Rattenstudie aber auch den Zusammenhang zwischen Bindung und Stressbewältigung deutlich: Ohne das fürsorgliche, trostspendende Verhalten der Rattenmutter hätte das wiederholte Erleben der unkontrollierbaren Stresssituation bestimmt keine positive Wirkung gehabt. Es hätte möglicherweise sogar Schäden bei den Jungtieren hinterlassen. Bindungserfahrungen mildern die Wirkung von Stressoren ab, sogar dann, wenn eine Situation als unkontrollierbar erlebt wird. Die Geborgenheit einer sicheren Bindung entspannt belastende Situationen und ist zugleich eine wirkungsvolle Medizin gegen Stressanfälligkeit.

Tierarztbesuche sind eine Erfahrung von unkontrollierbarem Stress (der Hund kann nichts dagegen tun, dass bestimmte Manipulationen an ihm vorgenommen werden). Unsere Deli ist, wie gesagt, ein erstaunlich stressresistenter Hund geworden. Dennoch – die Situation beim Tierarzt macht ihr Angst. Das hat natürlich auch damit zu tun, dass sie diese nicht von klein auf kennt. Sie ist in Kuba »wild« aufgewachsen, als einer der vielen Straßenhunde dort. Vor allem während der ersten Tierarztbesuche zur Routineuntersuchung und Impfung zitterte sie, dass man es kaum mit ansehen konnte. Inzwischen hat sie jedoch einen Weg gefunden, die Situation für sich erträglich zu gestalten: Sobald der Tierarzt Augen, Ohren und Zähne kontrolliert hat, steckt sie ihre Schnauze in meine Armbeuge, ja, sie vergräbt fast den ganzen Kopf darin. Jetzt können Herz und Lunge abgehört werden und sogar die Spritze hat ihren Schrecken verloren.

Und Paula, die Gittertreppen-Kletterin? Hatte sie denn nun wirklich eine Stressimpfung erhalten, die erklären könnte, warum sie über so überdurchschnittliche Bewältigungsfähigkeiten verfügt (natürlich nicht nur beim Erklettern einer Gittertreppe)? Ganz sicher spielt bei Paula der genetische Faktor, von dem bereits die Rede war, auch eine gewisse Rolle. Aber genetische Faktoren allein könnten dieses Ausmaß an Gelassenheit nicht hervorbringen. Sie sind immer nur die Grundlage, auf der sich Verhalten und Erleben entwickeln kann. Paula ist tatsächlich »stressgeimpft«: Sie ist Mitarbeiterin in einem Kinder- und Jugendprojekt, das ganz automatisch »Stress« (Stressoren) mit sich bringt. Kinder kreischen nun mal, bewegen sich hektisch und wollen immerzu etwas von Paula, zumindest zu Anfang, bis sie gelernt haben, mit dem Hund und den anderen Tieren richtig umzugehen. Aber Herrchen Paul achtet peinlich genau darauf, dass Paulas Handlungsspielraum immer gewährleistet bleibt: Sie kann sich jederzeit zurückziehen, wenn sie das möchte, so dass jede einzelne Situation für die Hündin kontrollierbar bleibt. Und die Bindung? Die Bindung zwischen Paul und Paula ist ungewöhnlich tief, stark und vertrauensvoll. Es geht einem das Herz auf, wenn man die beiden zusammen sieht. Sie sind wirklich ein bemerkenswertes Paar.

## *Drum prüfe, wer sich ewig bindet ...*

... ob sich das Herz zum Herzen findet. So heißt es bei Friedrich Schiller. Ganz anders hört es sich oft an, wenn Hundeleute über Bindung sprechen. So manches, was da gesagt wird, könnte einen fast auf die Idee bringen, Bindung sei eine eher einseitige Sache, eine Spezialität unserer vierbeinigen Freunde gewissermaßen. »Der Hund bindet sich gut an seinen Menschen« kann man öfter in Tiervermittlungssendungen hören, ja sogar ganzen Hunderassen wird gelegentlich zugesprochen, sie würden sich »gut binden« – oder eben weniger gut. All das klingt, als hätte die Bindung mit uns, den Menschen zu denen diese Hunde gehören, gar nichts zu tun.

Dass zur Bindung immer mindestens zwei gehören und welche Rolle beide Partner für das Zustandekommen von Bindung haben, ist jedoch nicht die einzige Frage, der wir hier auf den Grund gehen werden. Es geistern nämlich noch einige andere Vorstellungen über Bindung durch die Hundeszene, die wir dringend unter die Lupe nehmen sollten. Ich denke da vor allem an die Idee, dass es eine gute Sache sei, einen Hund so zu trainieren, dass er schließlich eine Menschenbezogenheit zeigt, die bereits an totale psychische Abhängigkeit grenzt.

Immer noch gilt es in manchen Kreisen als Zeichen intensiver Bindung und geradezu als Ideal der Hundeerziehung, wenn ein Hund ausschließlich auf seinen Besitzer reagiert und regelrecht auf diesen fixiert ist. »Ihr Hund – ein Schatten Ihrer selbst!«, verspricht ein Hundetrainer in einer Annonce als Ergebnis seiner Arbeit. Nun, ich halte keine Hunde, um von willenlosen Schatten verfolgt zu werden, und ich denke, den meisten Hundehaltern geht es genauso. Es muss jedoch nicht immer ein Trainer dieser Art oder auch der oft zitierte »knallharte Schäferhundeverein« dahinterstecken, wenn Fixierung auf den Menschen mit Bindung verwechselt und daher als erwünscht betrachtet wird. Auch wer mit freundlichen Methoden arbeitet und stets nur das Allerbeste für seinen Hund will, kann diesem Irrtum aufsitzen.

Ich denke gerade an eine Gruppe ausgesprochen netter und aufgeschlossener Hundefreunde und -trainer einer Hundeschule, für die ich ein Tricktrainings-Seminar hielt. Es war schon ein Stück Arbeit, die Hunde dazu zu bringen, sich auch mal mit einem Requisit zu befassen, statt nur ihre Besitzer anzustarren und auf Befehle zu warten (Wenn Sie an das Beispiel »Socken ausziehen« in dem kleinen Exkurs über das Clickertraining zurückdenken, werden Sie verstehen, warum so ein Mangel an Initiative letztlich auch nicht die ideale Voraussetzung zum Erlernen von Tricks ist). Dass es schließlich doch gelungen ist, die Hunde auch zu eigenen Aktivitäten zu motivieren, war eine ganz große Freude für mich und für den einen oder anderen Hundehalter eine regelrechte Befreiung, wie ich hörte – einige von ihnen habe ich ein Jahr später wiedergesehen und wir konnten das Thema noch einmal ausführlich besprechen.

Kein Zweifel – Hunde sind Rudeltiere und sehr, sehr anhänglich. Dafür lieben wir sie ja auch. Wird aber ein Hund so erzogen, dass er fast keine eigene Initiative mehr zeigt, nur noch auf »Befehle« wartet und wenig Interesse an anderen Menschen, Tieren und Dingen in seiner Umgebung hat, ist das kein Zeichen von sicherer Bindung. Das Gegenteil ist der Fall: Das »Kleben« an der Bindungsperson deutet auf Unsicherheit in der Bindungsbeziehung hin. Das ist bei Hunden nicht anders als bei uns Menschen (Ein Beispiel aus der Humanpsychologie für den Zusammenhang zwischen frühkindlichen, schweren Verletzungen des Bindungsbedürfnisses und krankhafter Anhänglichkeit ist das sogenannte Stalking). Wer sich hingegen in einer sicheren, vertrauensvollen Beziehung gut aufgehoben und geborgen fühlt, entwickelt Mut, Neugier und Entdeckerfreude.

Insgesamt hat sich in der Hundewelt um das Wesen und die Bedeutung der Bindung eine gewisse Verwirrung breit gemacht. Ich denke, das hängt damit zusammen, dass der Begriff »Bindung« von Hundeexperten schon zu einer Zeit genutzt wurde, als die Forschung noch weit entfernt von dem Wissen war, das uns heute zur Verfügung steht. Die »coole« Betrachtungsweise der Verhaltensforscher konnte die Menschen in der Praxis der Hundeausbildung letztlich auch nicht weiterbringen. Lange haben sich die Tierforscher darauf beschränkt, Bindung lediglich anhand von Häufigkeit, Art und Qualität von Kontakten zu beschreiben. Um wissenschaftlich ernst genommen zu werden, mussten sie in der Vergangenheit ja irgendwie versuchen, die Bindungs-Thematik ganz »emotionsfrei« zu halten. Das ist allerdings eine sehr schwierige Sache – oder können Sie sich eine Bindung ohne jedes Gefühl vorstellen? »... wie sich das Herz zum Herzen findet«, dichtet Schiller. Denken wir nicht alle an etwas, das von Herz zu Herz geht, an ein starkes, emotionales Band, wenn wir über Bindung sprechen?

Die moderne Bindungsforschung hat den Gefühlen auch in diesem Bereich ihren Stellenwert zurückgegeben. Wissenschaftler, die heute auf diesem Gebiet arbeiten, beschreiben Bindung als eine starke emotionale Beziehung zwischen zwei oder mehreren Individuen. Wir können uns Bindung auch als Gefühl von Zugehörigkeit vorstellen, das Geborgenheit und Sicherheit gibt.

Die Bindungsforschung ist eine noch recht junge wissenschaftliche Disziplin. Nach den ersten, kaum beachteten Anfängen in der Zeit um 1970, setzte sie sich erst Ende der 1980er Jahre allgemein durch. Anfangs war dieser neue Forschungszweig sehr »menschenzentriert«. Man interessierte sich fast ausschließlich für die Bindungsbeziehungen zwischen Kindern und ihren Bezugspersonen. Inzwischen aber belegen unzählige Studien an vielen Tierarten (am häufigsten wurden Rhesusaffen untersucht), wie grundlegend wichtig Bindungsbeziehungen für alle sozialen Lebewesen sind. Die Forschungsergebnisse zeigen, wie sich Bindungserfahrungen, vor allem die des frühen Lebensalters, auf die unterschiedlichsten Bereiche des Lebens auswirken. Sie entscheiden weitgehend darüber, ob ein Mensch oder ein Tier im weiteren Leben mit psychischen Problemen zu kämpfen hat oder seelische Gesundheit und Wohlbefinden genießen kann. Gestützt werden diese Erkenntnisse auch durch die Neurobiologie, die die Abläufe im Gehirn und im Körper untersucht, die mit Bindungserfahrungen einhergehen. Das Bedürfnis nach Bindung kann heute als das wissenschaftlich am besten abgesichertes Grundbedürfnis angesehen werden.

Das Bindungsbedürfnis hat, wie alle Grundbedürfnisse, eine lebenswichtige Funktion. Zunächst einmal sichert es das Überleben der Nachkommenschaft. Ein junges Säugetier ist zu Beginn seines Lebens vollkommen auf die Mutter angewiesen, ein Vogeljunges auf einen Elternteil oder beide Eltern. Auch wenn Bindungserfahrungen nie wieder denselben Stellenwert haben, wie das in der ersten Zeit des Lebens der Fall ist, bleiben emotionale Beziehungen zu anderen enorm wichtig, vor allem für sozial lebende Tiere. Die Bindungsbereitschaft überträgt sich mit dem Erwachsenwerden in ihren unterschiedlichen Ausprägungen auf die Mitglieder der Gruppe, in der die Tiere leben. Das kann auch eine zwischenartliche Gruppierung sein, wie Tiere unterschiedlicher Arten – oder eben ein Hund und seine Menschenfamilie. Allerdings bleiben auch bei Tieren, die in der Natur einzelgängerisch leben würden, Bindungen oft ein Leben lang bestehen, wenn die Bindungspartner weiterhin zusammen bleiben. Ein Beispiel dafür ist die innige Beziehung zwischen meinem Schweinchen Piccolino und seiner Hundefreundin Sunny, sowie natürlich auch die zwischen mir selbst und meinem kleinen, borstigen Freund. In der Natur würde dieser mit seinen sieben Jahren längst als Einzelgänger leben (Bei Schweinen müssen alle männlichen Jungtiere mit einem

Jahr die Rotte verlassen und verbringen dann allenfalls ein weiteres Jahr in einer »Junggesellen-Clique«, ehe sie endgültig ihre eigenen Wege gehen). Picco hat seine aus Menschen und anderen Tieren bestehende »Rotte« nie verlassen und ich bin sicher, er möchte sie auch gerne behalten.

Wie alle Grundbedürfnisse ist auch das Bedürfnis nach Bindung angeboren. In welcher Weise und an wen sich Lebewesen binden, hängt jedoch von Erfahrungen ab, die es mit seinen Bindungspartnern macht.

### *Von einem ganz speziellen Bio-Cocktail – und wie dieser uns dazu bringt, ängstliche Hunde zu streicheln*

Lässt man Jungtiere allein, die elterliche Fürsorge brauchen (z. B. Welpen, Kätzchen, Äffchen oder Küken), zeigen sie typische Reaktionsmuster: Sie stoßen dem Weinen ähnliche Klagelaute aus, die sogenannten »isolation calls«. Die verlassenen Tierkinder beginnen hektisch die Umgebung abzusuchen. Stresshormone werden ausgeschüttet, der Herzschlag ist beschleunigt, die Temperatur steigt an. Panksepp nennt den neuronalen Schaltkreis, der diese Reaktionen hervorbringt, »Panik-Schaltkreis«. Schwere Verletzungen des Bindungsbedürfnisses ziehen immer dauerhafte psychische Probleme und Störungen nach sich. Sie sind die einschneidendsten und folgeträchtigsten Erfahrungen für ein junges Lebewesen überhaupt.

Auch im Bereich der Bindung spielen Neurotransmitter (wie Dopamin) und Hormone eine Rolle, allen voran die Opiate, die körpereigenen Schmerzstiller, und das Hormon Oxytocin, das sogar »Bindungshormon« genannt wird. Zusammen ergeben sie den ganz speziellen Cocktail der »Bindungschemie«. Das Bindungshormon Oxytocin fördert Friedfertigkeit, Liebe und Zuneigung, darüber hinaus hat es eine beruhigende Wirkung. Es wird bei jeder Art von körperlicher Nähe verstärkt ausgeschüttet, die ein Lebewesen als angenehm empfindet: beim Austausch von Zärtlichkeiten, beim Sex, beim Kuscheln und wenn ein Lebewesen Trost erfährt oder spendet.

Die Bindungschemie spielt auf beiden Seiten der Bindungsbeziehung eine wichtige Rolle. Auf der einen Seite bewirkt dieser ganz spezielle Bio-Cocktail Wundersames beim Empfänger des liebevollen, tröstenden oder fürsorglichen Verhaltens: Wird ein junges Lebewesen, das Angst hat oder Schmerzen empfindet, von der Mutter getröstet, sorgen die körpereigenen Opiate und das Bindungshormon dafür, dass sich die negativen Emotionen rasch auflösen. Auch langfristig betrachtet wirken sich diese Erfahrungen aus: Kinder und Jungtiere, die in der Geborgenheit einer sicheren Bindungsbeziehung aufwachsen, sind generell leichter zu beruhigen und sie können auch im weiteren Verlauf ihres Lebens negative Emotionen viel schneller und nachhaltiger herunterregulieren, als solche, die weniger zuverlässige, sichere Bindungserfahrungen gemacht haben.

Auf der anderen Seite ist die Bindungschemie auch für das umsorgende, trostspendende Lebewesen wichtig: Zusammen mit den Opiaten und anderen körpereigenen Stoffen wie Prolactin, aktiviert vor allem das Oxytocin das (mütterliche) Fürsorgeverhalten. Es lässt Mütter vor Glück fast bersten, wenn sie ihr Baby an sich drücken. Auch wir hundeliebenden Menschen haben viel von diesem Hormon in uns, wenn wir ganz verzückt einen kleinen Welpen auf dem Arm halten – oder ganz einfach unseren Hund streicheln.

All das erklärt, warum sichere Bindung mit guten Fähigkeiten der Stressbewältigung einhergeht, weshalb Zuwendung Schmerzen erträglicher macht und auch, warum wir Menschen, unsere Hunde und viele andere Tiere »auf Bindung geeicht« sind.

Machen wir Hundehalter aber vielleicht gerade deshalb auch schwere Fehler im Umgang mit Hunden – eben weil wir so sehr auf Bindung geeicht sind? Spielen uns etwa unsere Bindungshormone einen Streich, wenn wir vielleicht »wider besseres Wissen« unseren Hund streicheln, wenn er Angst hat? Schließlich haben wir doch alle gelernt, dass das Trösten ängstlicher Hunde ganz falsch ist und Streicheln Angst bei Hunden nur verstärkt. So gut wie jeder, der sich auch nur ansatzweise mit Hundeerziehung befasst hat, hat das genau so gehört oder gelesen, denn in diesem Punkt sind sich die meisten Hundeexperten erstaunlich einig. Aber schauen Sie doch nur einmal in das Wartezimmer eines Tierarztes. Was sehen Sie? Ängstliche Hunde und streichelnde Menschen.

Kaum eine Anweisung von Hundeexperten geht uns hundeliebenden Menschen so »gegen den Strich« (im wahrsten Sinn des Wortes), widerspricht so sehr unserem Gefühl, wie diese. Tatsächlich bewirkt die Bindungschemie, dass es die meisten von uns gar nicht schaffen, sich auch wirklich daran zu halten. Beim Anblick eines verängstigten Wesens müssen wir einfach trösten. Nicht zu streicheln ist schwierig, den Rat »Ignorieren Sie den Hund, wenn er Angst hat!« zu befolgen, praktisch ein Ding der Unmöglichkeit. Wer aber hat nun Recht? Die vielen Hundeexperten, die davor warnen, den ängstlichen Hund zu streicheln oder auch nur zu beachten, oder das Gefühl der tröstenden Menschen?

Nun, ich habe niemals daran geglaubt, dass es falsch oder gar gefährlich sein könnte, einen Hund zu trösten. Diese Vorstellung widersprach schon immer meinem Gefühl, aber auch mein Verstand konnte sie nie nachvollziehen. Warum sollten Hunde, die Angst haben, die körperliche Nähe ihres Menschen suchen, wenn genau diese körperliche Nähe ihre Angst tatsächlich verstärken würde? So verrückt ist die Natur nicht, sie entwickelt keine kontraproduktiven Verhaltensmuster. Wenn zum Beispiel Deli, wie ich es erzählt habe, beim Tierarzt ihre Schnauze in meiner Armbeuge vergräbt, dann tut sie das, weil ihr die körperliche Nähe gut tut und die Situation in irgendeiner Form abmildert oder erträglicher macht.

Inzwischen wissen wir aber auch »ganz offiziell« etwas mehr über den Einfluss des Körperkontakts auf die Gemütslage bei Hunden (die erste der beiden hier zitierten Studien habe ich zuerst in dem neuen Buch von Patricia B. McConnell *Trafen sich zwei* entdeckt, die zweite war mir schon seit längerer Zeit bekannt). So untersuchten die Wissenschaftler Nancy Deuschel und Douglas Granger Hunde mit Gewitterangst.[29] Sie wollten herausfinden, wie es sich auf die Stressreaktion auswirkt, wenn der vertraute Mensch den ängstlichen Hund streichelt. Ergebnis: gar nicht. Zumindest im Hinblick auf das Stresshormon Cortisol, das in den Experimenten als Indikator für die Stressreaktion diente, ergab sich keine Veränderung. Beim Menschen, der den Hund tröstete, sank der Cortisolspiegel durch den Körperkontakt zwar, beim Hund aber nicht. Allerdings stieg er auch nicht an. Immerhin! Wir machen also schon mal nichts verkehrt, wenn wir unserem Gefühl nachgeben und einen ängstlichen Hund streicheln (wobei das Gefühl der Angst in ihrem Verlauf ohnehin nicht unbedingt mit der körperlichen Stressreaktion identisch ist). Wichtig ist dabei natürlich, dass wir selber nicht nervös oder ängstlich sind. Solche Gefühle wirken regelrecht ansteckend auf den Hund, ob wir ihn nun streicheln oder nicht.

Einen ganz neuen Blickwinkel auf das alte Thema »Trösten« ermöglichen die Ergebnisse einer Studie von J. S. J. Odendaal und R. A. Meintjes vom Life Sciences Research Institute in Pretoria, Südafrika.[30] Die beiden Wissenschaftler gingen von der Überlegung aus, dass bei Körperkontakt zwischen Mensch und Hund die positiven Auswirkungen doch bei beiden Spezies gleich oder ähnlich sein müssten. Und sie behielten (fast) Recht mit dieser Vorannahme. Zwar stellten auch sie fest, dass der Cortisolspiegel bei einem Hund, der gestreichelt wurde, gleich blieb, aber die Konzentration der »Bindungschemie« (Opiate, Prolactin, Oxytocin) und die des Neurotransmitters Dopamin stieg stark an – und das bei beiden, beim Menschen und beim Hund.

[29] Nach einem Bericht über die Studie von Dreschel & Granger zur Auswirkung von Berührungen bei Hunden mit Gewitterangst von Fountain, »A Dog's Best Friend in Stormy Weather«, in: *The New York Times,* Ausgabe vom 20. Dezember 2005

[30] J. S. J. Odendaal & R. A. Meintjes, »Neurophysiological Correlates of Affiliative Behavior between Humans and Dogs«, in: *The Veterinary Journal* 165/2003

Wir können diese Erkenntnisse vielleicht so zusammenfassen: Folgen wir unserem Gefühl und streicheln einen Hund, der Angst hat, geht zwar offenbar die mit der Angst verbundene körperliche Stressreaktion nicht zurück, aber wir tun ihm und uns selbst durchaus etwas Gutes. Wir beschenken uns und unseren pelzigen Freund mit all den guten, angenehmen körpereigenen Substanzen, die uns Geborgenheit, Sicherheit und Glücksgefühle erleben lassen. Vorausgesetzt, dass wir selbst dabei gelassen und ruhig bleiben, erweisen wir uns in angstauslösenden Situationen als verlässliche Bindungspartner für unsere Hunde und als gute »Hundeeltern«, indem wir den Trost und die Zuwendung geben, die der Hund bei uns sucht.

### *Eine interessante Studie über Affen*

Bei seinen jahrzehntelangen Studien an großen Kolonien von Rhesusaffen hatte der Primatenforscher Stephen Suomi beobachtet, dass es Tiere gab, die aufgrund ihrer genetischen Ausstattung – einem wenig leistungsfähigen Serotoninsystem – übermäßig leicht erregbar und in der Folge anfällig für Störungen waren. Er züchtete nun gezielt solche »Risikoaffen« und daneben Affen mit normaler Erregbarkeit. Gleich nach der Geburt wurden die Affenkinder Ersatzmüttern zugewiesen, die alle in der Aufzucht von Jungen bereits erfahren waren. Die Ersatzmütter teilten sich ebenfalls in zwei Gruppen auf: Die eine Gruppe bestand aus Tieren, die zuvor ein durchschnittliches mütterliches Verhalten gezeigt hatten. In der anderen Gruppe befanden sich Tiere, die bei der Aufzucht von Jungen bereits durch ganz besonders fürsorgliches Verhalten aufgefallen waren. Suomi nannte sie »die Supermütter«.

Für die Entwicklung der Jungen mit normaler Erregbarkeit schien es keine Rolle zu spielen, ob sie von einer durchschnittlichen oder von einer Supermutter aufgezogen worden waren. Sie entwickelten sich alle gut. Dramatisch allerdings waren die Unterschiede bei den »Risikokindern«. Diejenigen unter ihnen, die bei einer durchschnittlichen Affen-Pflegemutter aufgewachsen waren, zeigten das Verhalten, das man aufgrund ihrer genetischen Anlage erwartet hatte: Sie reagierten schon auf kleinste Störungen übermäßig ängstlich und zeigten wenig Selbstständigkeit und Entdeckerfreude. Die große Überraschung aber waren jene Risikokinder, die einer Supermutter zugeteilt worden waren: Sie waren entwicklungsmäßig den normalen Jungen sogar voraus! Sie trauten sich früher von der Mutter weg, zeigten mehr Explorationsverhalten, sie reagierten mit weniger

Störungen auf das Abstillen als die Jungtiere mit normaler Erregbarkeit. Nach der Trennung von den Pflegemüttern bewiesen sie überdurchschnittliche Fähigkeiten, mit anderen Affen Allianzen einzugehen und die meisten von ihnen erreichten in der sozialen Ordnung der jeweiligen Gruppe Spitzenpositionen.

Alle weiblichen Tiere, die von Supermüttern großgezogen worden waren (unabhängig davon, ob sie zur Risikogruppe gezählt hatten oder nicht) zeigten ebenfalls ein besonders fürsorgliches Verhalten, als sie später selbst Mütter wurden. Der mütterliche Stil, die Fähigkeit, Bedingungen für sichere Bindung zu schaffen, wird also über Generationen hinweg weitergegeben – und zwar nicht auf genetischem Weg, sondern über Bindungserfahrungen.[31]

Es gibt viele ähnliche Untersuchungen an unterschiedlichen Tieren, sogar an Hunden. Allerdings ist keine so umfassend und aussagekräftig wie diese. Deshalb bleiben wir noch einen Augenblick bei den Lieblingskindern der Bindungsforschung, den Rhesusaffen. Suomis Studie zeigt, wie positive Bindungserfahrungen zu einem Muster der sicheren Bindung werden und wie sich dieses im weiteren Leben auswirkt: Neben guter Stressresistenz und allgemeiner psychischer Gesundheit bringt es auch soziale Kompetenz und damit eine hohe Position in der Gruppe mit sich. Sogar biochemische Konsequenzen gab es: Die ehemaligen Risikokinder, die in der Obhut einer Supermutter aufgewachsen waren, verfügten trotz ihres ursprünglich wenig leistungsfähigen Serotonin-Systems tatsächlich über einen hohen Serotoninspiegel. Diese Entdeckung war eine richtige Sensation, denn zum ersten Mal hatte man herausgefunden, dass nicht nur ererbte genetische Anlagen das Erleben und Verhalten von Lebewesen beeinflussen, sondern dass Erfahrungen umgekehrt auch auf genetisch Angelegtes zurückwirken können (Die Studie bestätigt also auch die Ergebnisse von Michael Ravel, der bereits an seinen Meerkatzen den Zusammenhang zwischen Serotonin und Position in der Gruppe festgestellt hatte – siehe *Alles Alpha?*).

## *Was wir von Rhesusaffen über »schwierige« Hunde lernen können*

Was aber bedeuten Suomis Ergebnisse nun für unsere Hunde – und für uns selbst? Natürlich können wir aus der Affenstudie kein Patentrezept zum Umgang mit Hunden ableiten. Sie gibt jedoch sehr viele Denkanstöße zu verschiedenen Problemen, die Hunde haben können, und vor allem zu unserer eigenen Rolle innerhalb der Mensch-Tierbeziehung. Ich denke, sie bringt auch ein Stück Klar-

[31] Stephen S. Suomi, »Attachment in Rhesus Monkeys«, in: *Handbook of Attachment* (1999)

heit in jene Vorstellungen über Bindung, die ich weiter oben als verwirrend bezeichnet habe.

Während man in der Hundeszene oft davon ausgeht, es sei sozusagen der Job des Hundes, »sich zu binden«, wird hier die Rolle der »Bindungsfigur« deutlich (der etwas eigenartige Ausdruck »Bindungsfigur« ersetzt den Begriff »Bindungsperson« oder »primäre Bezugsperson«, wenn es sich um ein Tier handelt): Die Bindungsfigur – hier die Ersatzmutter – ist es, deren Einfühlsamkeit und »Fürsorglichkeit« für das Zustandekommen einer tiefen, sicheren Bindungsbeziehung sorgt. Und sind wir nicht letztlich auch so etwas wie Ersatzmütter für unsere Hunde?

Auffallend ist auch das ausgeprägte Explorationsverhalten sicher gebundener Tiere – ein deutlicher Hinweis darauf, dass sichere Bindung mit Selbstständigkeit, Neugier und Entdeckerfreude einhergeht und keineswegs mit einer Fixierung auf die Bindungsfigur. Dieses Phänomen kennen wir auch aus vielen anderen Studien und Untersuchungen an unterschiedlichen Arten, auch am Menschen. So entwickeln Menschenkinder, die bei einer emotional unzuverlässigen Bindungsperson aufwachsen, einen sogenannten ambivalent-unsicheren Bindungsstil. Mit »emotional unzuverlässigen Bindungspersonen« sind Menschen gemeint, die ihre Kinder das eine Mal mit Zärtlichkeit überschütten, sie ein anderes Mal wieder zurückstoßen. Zeigt die Bindungsfigur ein stark wechselhaftes, unvorhersehbares Verhalten, führt das zur Abhängigkeit des Kindes, erklären die Bindungsforscher. Kinder solcher Eltern »klammern«. Sie sind Erwachsenen gegenüber extrem anhänglich, zeigen wenig Initiative und spielen weniger mit Gleichaltrigen als Kinder mit einem sicheren Bindungsstil.

Vielleicht haben Sie sich auch schon öfter gefragt, wie es sein kann, dass Hunde, die mit sehr unfreundlichen Methoden erzogen werden, paradoxerweise oft eine extreme Anhänglichkeit an ihren Besitzer entwickeln. Nachdem das Bindungsbedürfnis bei allen sozialen Arten ähnlichen Gesetzen folgt, ist es recht wahrscheinlich, dass manche Hunde andauernde Verletzungen des Bindungsbedürfnisses kompensieren, indem sie übertriebene Anhänglichkeit entwickeln, wie das auch bei uns Menschen der Fall ist. So sind beispielsweise Herangehensweisen wie der schnelle Wechsel zwischen Bestrafung und Lob oder auch das Dauerignorieren durchaus noch verbreitete Technik der Hundeerziehung. Bei der Wechseltechnik wird der Hund für ein unerwünschtes Verhalten immer wieder gerügt bzw. bestraft und gleich darauf wieder gelobt. Zieht er also beispielsweise an der Leine, erhält er einen kräftigen Ruck und wenn die Leine daraufhin einen

Augenblick lang locker ist, wird sofort gelobt. Mit Dauerignorieren meine ich »Anti-Dominanz-Kuren« und ähnliches ausgedehntes, totales Nichtbeachten des Hundes, dem erst nach einem längeren Zeitraum kurze Zuwendung durch den Menschen folgt. Diese Techniken entsprechen dem Verhalten emotional unzuverlässiger, bzw. zurückweisender, emotionsarmer Eltern in der Menschenwelt. Und noch eine ganz auffällige, eigenartige Parallele zwischen der Welt der Hunde und der der Menschen drängt sich an diesem Punkt regelrecht auf: So, wie der auf seinen Besitzer fixierte Hund ohne jede Eigeninitiative oft als angenehm und bindungsfreudig gesehen wird, werden oft auch unsicher-ambivalent gebundene Kinder von ihren Lehrern als besonders »lieb« und »pflegeleicht« bezeichnet. Ihre seelische Not aber wird leicht übersehen.

Vielleicht lässt uns Suomis Studie sogar den »schwierigen Hund« in einem neuen Licht betrachten. Viele Menschen empfinden Hunde als schwierig, die entweder überängstlich und stressanfällig sind, oder aber solche, denen man nachsagt, »dominant« zu sein.

Überängstlichkeit bei Hunden erklären sich viele Hundehalter mit bestimmten konkreten Erlebnissen in der Vergangenheit. »Seit er von einem Boxer gebissen wurde, mag er keine großen Hunde«, hört man öfter. Oder: »Weil ihn ein kleines Kind an den Ohren gezogen und gezwickt hat, hat er Angst vor Kindern.« Solche Schlussfolgerungen sind durchaus richtig, wenn sich die Angst des Hundes auch tatsächlich auf einen ganz eindeutigen Auslöser bezieht. Meine Deli etwa litt lange Zeit unter einer extremen Angst vor Schüssen. Besonders erstaunlich war das nicht: Eine Freundin erzählte mir nach einem Kuba-Aufenthalt, sie hätte häufig beobachtet, wie Männer in Rudel von Straßenhunden hineinschießen. Die Wahrscheinlichkeit, dass Deli traumatisiert wurde, ist also sehr groß.

Anders sieht es aus, wenn der Hund auf unzählige Auslöser ängstlich reagiert, wenn er zum Beispiel Angst vor fremden Menschen, Angst vor vielen anderen Tieren, Geräuschen und auch vor fremder Umgebung hat – also ein »Sensibelchen« ist. Hinter einer allgemeinen Ängstlichkeit steht haufig eine grundsätzlich hohe Erregbarkeit durch einen Mangel an Serotonin, der in der Welpenzeit nicht ausreichend durch positive Bindungserfahrungen ausgeglichen werden konnte. Angstprobleme werden also nicht immer durch etwas verursacht, das einem Lebewesen zugefügt wurde, wie viele Menschen meinen, sondern sehr oft durch etwas, das ihm vorenthalten wurde – die Erfahrung einer sicheren, vertrauensvollen Bindung.

Auch die sogenannte Dominanz steht in Zusammenhang mit den Bindungsmustern der Hunde. Für gewöhnlich werden ja Hunde als »dominant« bezeichnet, die eine ganz bestimmte Palette von Verhaltensweisen zeigen: Draußen ziehen sie – allen Gegenmaßnahmen zum Trotz – an der Leine, als wollten sie um jeden Preis Tempo und Richtung des Spaziergangs selbst bestimmen. Sie lassen sich trotz Training nicht zuverlässig abrufen und legen sich mit anderen Hunden an. Zu Hause wirken sie in vieler Hinsicht, als führten sie tatsächlich Regie in ihrer Familie. Sie »bewachen« und zerstören Dinge, machen Theater, wenn sie etwas hergeben sollen, das sie erbeutet haben und neigen insgesamt zu Überreaktionen. »Der Hund macht, was er will!«, klagen die Besitzer. Und ich frage mich, ob er will, was er macht.

Ranghohe Tiere verfügen, wie wir gesehen haben, über eine hohe soziale Kompetenz, die auf einem sicheren Bindungsstil beruht. Im Gegensatz dazu zeigen sich bei Hunden mit dem oben beschriebenen Verhalten in der Regel viele Anzeichen eines unsicheren Bindungsmusters: Diese angeblich dominanten Hunde sind meist hoch erregbar. Anders als die übertrieben anhänglichen Hunde, von denen oben die Rede war, zeigen sie starke Vermeidungstendenzen und tun sich schwer, zu vertrauen. Wie ich es schon im Zusammenhang mit dem Bedürfnis nach Orientierung und Kontrolle erwähnt habe, suchen Lebewesen oft in einem überschießenden Kontrollbedürfnis einen Ausgleich für Vertrauensprobleme (Ein Beispiel für diesen Zusammenhang aus der Humanpsychologie sind die Zwangsstörungen, in denen ein übertriebenes Kontrollbedürfnis die Hauptrolle spielt).

Auch unter den Hundemüttern gibt es nicht nur Supermütter, sondern viele mit durchschnittlichen oder sogar weniger ausgeprägten Fähigkeiten in der Aufzucht von Jungen. So kann die genetische Disposition eines Hundes dazu führen, dass er eine Tendenz hat, sich zum Angsthäschen oder auch zu »Kontrolletti« zu entwickeln (beides sind Formen von Vermeidungsverhalten). Hat der Hund zusätzlich vielleicht auch noch während der ersten Lebenswochen zu wenig positive Bindungserfahrungen mit Menschen gemacht, wird er später höhere Ansprüche an Frauchen oder Herrchen, seine neue Bindungsperson, stellen. Er braucht von dieser mehr Einfühlen, mehr Klarheit und mehr Sicherheit als andere Hunde. Genau das ist jedoch der Weg, einem ängstlichen oder beziehungsunsicheren (»dominanten«) Hund zu helfen. Ein unsicheres Bindungsmuster, das aus den ersten Lebensmonaten stammt, lässt sich nicht ohne weiteres ganz und gar ausgleichen. Dennoch – was der »schwierige« Hund am dringendsten braucht, sind positive Bindungserfahrungen.

Übrigens nutzt auch die moderne Psychotherapie dieses Wissen. Während früher eisern auf »professionelle Distanz« des Therapeuten zum Klienten/Patienten geachtet wurde, wissen wir heute, dass ohne positive Bindungserfahrung keine Heilung eintreten kann. Der Therapeut tritt seinem Klienten offen als Mensch gegenüber, lässt sich ein Stück weit auf der menschlichen Ebene ein. Und dieses Umdenken bewährt sich. So tiefgreifend sich ein Mangel an Zuwendung in der ersten Zeit des Lebens auch auswirkt – es ist nie zu spät für positive Bindungserfahrungen.

## *Von flüsternden Bindungsfiguren und einem fliegenden dicken Mönch*

Wir sind am Ende unserer Betrachtungen zum Grundbedürfnis-Modell angelangt. Ich hoffe, Sie finden dieses Modell nützlich. Ich halte es für sehr nützlich, um Trainingstechniken auszuwählen, um Kriterien zur Verfügung zu haben, an denen ich mich orientieren kann und die mir ermöglichen, mit dem Verstand zu überprüfen, was ich als richtig erspürt habe. Dieses Modell zeigt aber auch die Grenzen der Methoden und Techniken im Tiertraining auf. Wir können hervorragende Herangehensweisen finden (oder auch neue entwickeln), die dem Bedürfnis nach Pleasure und dem Vermeiden von Pain, sowie dem Bedürfnis nach Orientierung und Kontrolle absolut gerecht werden. Wir können mit Hilfe des Grundbedürfnismodells auch Methoden und Techniken ausmustern, die ganz offensichtlich das Bindungsbedürfnis verletzen, da sie einen Vertrauensbruch an den anderen reihen – aber ich denke, das haben Sie längst getan. Allerdings können wir noch so viel über Hunde wissen, Ethologie studiert haben, dazu noch Neurobiologie und Psychologie, immer auf dem neuesten Stand der Erkenntnis sein, über ein gewaltiges Repertoire an guten bis genialen Trainingstechniken verfügen oder selbst welche entwickeln – wenn es um das elementarste Grundbedürfnis, das nach Bindung, geht, versagen alle Methoden und Techniken. Es gibt keinen einzigen Kniff im Tiertraining, der geeignet wäre, die Bindung zu intensivieren. Auch ich, begeisterte Tricktrainerin, die ich nun mal bin, sage manchmal Dinge wie »Tricktraining stärkt die Beziehung« oder »Spielen mit dem Hund ist gut für die Bindung«. Es ist ja auch nicht ganz falsch. Es ist aber nicht das Training oder das Spiel selbst, das die Bindung intensiviert, es ist die Art, wie wir interagieren. Wir Zweibeiner sind hier gefragt. Wir müssen uns als klare Kommunikatoren und gute Bindungspersonen erweisen, so dass der Hund

Respekt und Vertrauen entwickeln kann. Dazu brauchen wir bestimmte Fähigkeiten, die wir uns bewusst machen, die wir eventuell ein wenig trainieren können. Vor allem sollten wir sie bewusst in den Umgang mit Hunden einbringen, so dass wir jeden Tag ein bisschen mehr die »gute Bindungsperson« werden, die unsere vierbeinigen Freunde brauchen.

An diesem Punkt schließt sich der Kreis zu den »Flüstererfähigkeiten«, die unser Ausgangspunkt waren. Der Exkurs in die Geschichte der Tierforschung hat erklärt, warum wir Menschen aufgehört haben, unsere emotionalen Fähigkeiten und die der Kommunikation mit Tieren weiterzuentwickeln und warum es an der Zeit ist, diese wieder in den Umgang mit Tieren zurückzubringen. Anhand des Grundbedürfnis-Modells habe ich versucht zu zeigen, wie eine selbstverantwortliche Auswahl von Trainingstechniken unsere Flexibilität fördert und wie die Orientierung an Bedürfnissen, die wir mit unseren Hunden teilen, unserem Einfühlungsvermögen den Boden bereiten kann. Geheimnisvoll bleiben sie dennoch, die Fähigkeiten der wahren »Flüsterer«. Vielleicht wirken sie sogar wie Magie – bis wir wissen, was hinter dem Geheimnis steckt.

Mir fällt in diesem Zusammenhang die Geschichte vom dicken Mönch ein. Als junge Studentin in Salzburg hatte ich einen Mitstudierenden namens Fritz, der zu meinem Freundeskreis gehörte. Fritz war ein Mönch, er lebte in einem Kloster. Außerdem war er der Sohn eines Burgenländer Weinbauern, der von zu Hause immer wieder die herrlichsten, selbstgebauten und -gekelterten Weine mitbrachte. Zwar durfte ich als Frau das Männerkloster »eigentlich« nicht betreten, aber glücklicherweise war in dieser Zeit die Maximode aktuell. Mein langer, brauner Mantel mit Kapuze und der extrem kurzsichtige Bruder Pförtner verschafften mir zusammen mit ein paar männlichen Freunden, die mich in die Mitte nahmen, den Zutritt zu so mancher inoffizieller klösterlicher Weinverkostung.

Eines Tages stellte sich auch ein ziemlich beleibter Ordensbruder unseres Freundes Fritz ein, von dem man im Kloster sagte, dass er einen guten Tropfen zu schätzen wusste. Fritz meinte zu ihm, er könne gerne an der Weinprobe teilnehmen, falls er sich für ein magisches Experiment zur Verfügung stelle.

Der dicke Mönch musste sich auf einen Stuhl setzen. Drei meiner Studienkollegen und ich sollten das Experiment durchführen, während Fritz uns anleitete. Wir erhielten die Anweisung, nur unsere beiden Zeigefinger in die Kniekehlen bzw. Achselhöhlen des dicken Mönchs einzufädeln und zu versuchen, ihn hochzuheben. Das klappte natürlich überhaupt nicht – der Mann wog mindestens 120 Kilo. Nun sollten wir ihm alle übereinander die Hände auflegen. Ein Turm von acht Händen stapelte sich auf dem Haupt des dicken Mönchs und wir konzentrierten uns, wie Fritz es anordnete. »Und jetzt versucht es noch einmal, genau so wie zu zuvor!«, forderte er uns auf. Diesmal schien der dicke Mönch federleicht zu sein. Wir hoben ihn hoch, nein, er flog fast bis zur Decke hinauf. Es war unheimlich und faszinierend zugleich.

Erst nachdem ich dieses Experiment sehr oft mit verschiedenen Personen durchgeführt oder sogar auf der einen oder anderen Party selbst angeleitet hatte, erklärte mir ein Physiker, warum es funktionierte. Durch das gemeinsame Händeauflegen nimmt man intensiven Kontakt auf, die Konzentration tut das übrige – und schon ist die kräftepotenzierende Koordination perfekt. Ernüchternd, oder?

Im nächsten Abschnitt werden wir ein Stück weit das Geheimnis der Flüstererfähigkeiten lüften. Allerdings, so ernüchternd wie in der Sache mit dem dicken Mönch wird es wohl nicht. Ich verspreche es.

# 3

# GEFÜHLTES WISSEN: DAS GEHEIMNIS DER INNIGEN MENSCH-TIERBEZIEHUNG

*Man sieht nur mit dem Herzen gut.*
Antoine de Saint-Exupéry

## Intuition, die Königsfähigkeit der Spitzentrainer

Wandbilder und frühe schriftliche Zeugnisse aus dem Zweistromland und dem alten Ägypten erzählen fast unglaubliche Geschichten um dressierte heilige Tiere und ungewöhnliche Hausgenossen der Menschen in diesen Kulturen. Der Schweizer Ethologe und Zoodirektor Heini Hediger – ich habe ihn bereits als Kritiker der behavioristischen »Berührungsängste« zitiert – war auf dieses Thema gestoßen, als er zu Anfang der 1960er Jahre die erste »Theorie der Tierdressur« aufstellte. Dabei wurde deutlich, dass die Tierdressur, also das Training und die Ausbildung von Tieren durch Menschen, geradezu ein Teil der Hochkulturen des vortechnischen Zeitalters war. Nur wenige Jahre später setzte sich auch der Verhaltensforscher Georg Kleemann mit dem erstaunlichen Phänomen auseinander, dass es bereits vor mehreren tausend Jahren Menschen gab, die Tiere ausbildeten, zu einer Zeit also, in der keinerlei ethologische Kenntnisse oder gar Trainingstheorien existierten. Kleemann berichtet beispielsweise über Mantelpaviane, die von altägyptischen Beamten als Statussymbol gehalten wurden. Ganz offensichtlich waren diese Affen trainiert, denn sie lebten frei in den Häusern ihrer Besitzer. Sehr beliebt waren auch zahme Löwen, mit denen sich ägyptische Pharaonen, griechische Priester und schließlich mehrere Cäsaren des Römischen Reichs umgaben. Bei offiziellen und festlichen Anlässen ließen sie sich sogar in Löwengespannen herumkutschieren. Sie alle hatten Dompteure in ihren Diensten, die Löwen – und gelegentlich auch Tiger – handzahm machten und ausbildeten. Allgemein wird angenommen, dass man damals nicht gerade zimperlich mit den Tieren umgegangen sein dürfte. Auf der anderen Seite aber wissen wir, dass man bei Raubkatzen mit brutalen Methoden wie Schlägen oder Feuer keine echten Dressurleistungen erreicht und über ein einfaches Umherjagen der Tiere kaum hinauskommt. Handzahm werden Löwen oder Tiger auf diese Weise erst recht nicht. Es muss also schon vor Tausenden von Jahren Menschen gegeben haben, die intuitiv richtig mit Tieren umgingen. Und auch damals waren diese Personen offenbar schon mit dem geheimnisvollen Flair umgeben, das man den »Flüsterern« zuspricht.

Um dem Geheimnis auf die Spur zu kommen, begann Georg Kleemann, die »Tierbändiger« seiner Zeit zu beobachten, die Dompteure der späten 1960er Jahre. In seinem Buch *Manege frei* (1968) fasst er seine Erkenntnisse zusammen: »Das innige Tierverständnis hat schließlich auch heute noch etwas sehr Geheimnisvolles an sich, es ist ein rational noch nicht fassbarer Vorgang, der viele Naturphilosophen zu denkerischen Höchstleistungen angespornt hat. Der nüchterne Betrachter kann nichts anderes tun, als festzustellen, dass es Menschen gibt, die ein so ursprüngliches Verhältnis zu Tieren haben, dass heute noch kein Denkprozess allen ihren intuitiven Handlungen folgen kann«, und er fragt sich, ob diese Beziehungen wohl jemals aufgeklärt werden könnten.[32]

Heute, vierzig Jahre später, hat die Wissenschaft intuitive Vorgänge weitgehend entschlüsselt. Ihre Faszination aber haben sie nicht verloren, und nach wie vor gibt es keinen Denkprozess, der der Geschwindigkeit intuitiven Handelns zu folgen vermag.

Intuition ist die emotionale Fähigkeit par excellence. Eine besondere Rolle im Tiertraining spielt dabei die soziale Intuition, die untrennbar mit dem Einfühlungsvermögen verbunden ist. Während uns unser Einfühlungsvermögen erspüren lässt, wie es einem anderen Lebewesen gerade geht und was es fühlt, ermög-

[32] Georg Kleemann: *Manege frei* (1968), S. 20

licht uns die soziale Intuition noch darüber hinaus, zu erahnen, was dieses als Nächstes tun wird und wie wir selbst uns am besten verhalten. Ehe wir uns mit diesem Bereich befassen, möchte ich aber zunächst der Frage nachgehen, was wir ganz allgemein unter Intuition verstehen können und wie unser »Bauchgefühl« zustande kommt.

## *Was wir heute über die Intuition wissen*

Es war im letzten Sommer, als mir meine Waschbären Monty und Paul ein Erlebnis bescherten, anhand dessen ich, wie ich meine, recht anschaulich zeigen kann, was Intuition ist und wie sie zustande kommt.

Von meinem Schreibtisch aus kann ich das große Außengehege sehen, in dem sich die Bärchen tagsüber aufhalten. Wann immer ich meine Arbeit unterbreche, gucke ich ihren übermütigen Spielen zu und habe großen Spaß an ihren vielen lustigen Einfällen. Allerdings nicht an allen ...

Ich hätte nicht sagen können, wie es kam, dass mich eine eigenartige Unruhe befiel und ich viel öfter als sonst nach den Bärchen schaute. Im Grunde gab es keinen Anlass für meine leichte Nervosität und die plötzliche Idee, die beiden könnten ausbüchsen. Zwar lag mir der Gedanke fern, Monty und Paul würden für immer entfliehen wollen, ich wusste ja, dass man zahme Waschbären im Grunde wie Freilaufkatzen halten kann. Sie kommen immer wieder nach Hause – vorausgesetzt, dass ihnen nichts passiert. Und genau darauf bezog sich meine Sorge. Unser Grundstück grenzt unmittelbar an einen Wald und Waschbären gelten in Jägerkreisen als Schädlinge. Sie werden sofort abgeschossen, sobald sie sich blicken lassen. Meine überwiegend tagaktiven Bärchen, die keine Scheu vor Menschen haben, würden Waldausflüge wohl nicht lange überleben. Zusätzlich gibt es noch auf der anderen Seite unseres Hofs eine gefährliche Straße. Ein ausbruchssicheres Gehege ist also wirklich wichtig.

Obwohl ich meine Unruhe selbst für übertrieben hielt, bat ich schließlich meinen Mann Albrecht, das Freigehege sicherheitshalber zu überprüfen. Ganz besonders wies ich ihn auf eine Stelle hin, die mir plötzlich aus unerfindlichen Gründen suspekt erschien. Albrecht holte eine lange Leiter und nahm das Gitter sehr genau unter die Lupe. Er zerrte sogar daran herum. »Absolut sicher«, stellte er fest.

Es waren gerade mal drei Tage vergangen, als ich Monty auf dem Gehegedach entdeckte, während Paul im Begriff war, seinem Bruder durch eine kleine, von kräftigen Waschbärenhändchen aufgerissene Lücke im Gitter zu folgen. Sie befand sich exakt an der Stelle, die mein Mann gerade inspiziert hatte. Immerhin habe ich aufgrund meiner größeren Achtsamkeit die beiden Abenteurer sofort entdeckt! Ich rief Paulchen zu mir, der auch gleich von seinem Vorhaben abließ. Monty kletterte bald darauf an einem großen Fliederbusch vom Gehegedach herunter und landete genau in meinen Armen. Es war also nichts passiert.

Wie aber hatte ich dieses Erlebnis vorausahnen können? Das Waschbärengehege ist extrem stabil gebaut. Es hatte zu diesem Zeitpunkt bereits drei Jahre lang der waschbärentypischen Begeisterung für das Zerlegen von Dingen und Herausdrehen von Schrauben standgehalten. Es gab keinen konkreten Anlass zu bezweifeln, dass es dies weiterhin tun würde. Konnte ich denn plötzlich hellsehen? Hatte ich den sechsten Sinn? Oder den siebten vielleicht? Keineswegs – übersinnliche Kräfte waren hier nicht im Spiel, sondern ganz einfach Intuition.

Intuition ist gefühltes Wissen. Unser »Bauchgefühl«, das uns zu plötzlichen Eingebungen verhilft und uns sogar erlaubt, Zukünftiges vorauszuahnen, beruht nicht auf unerklärlichen, übersinnlichen Fähigkeiten, sondern schlicht auf Wahrnehmungen, zu denen uns die ganz gewöhnlichen, bekannten Sinnessysteme verhelfen. Allerdings handelt es sich dabei überwiegend um Wahrnehmungen, die uns nicht bewusst sind. Unbewusste Sinneswahrnehmungen waren es auch, die mich den geplanten Ausflug meiner Waschbären vorausahnen ließen. Als das Abenteuer nämlich ausgestanden war, fiel mir ganz plötzlich etwas auf: Ich kann just den Teil des Geheges, wo die beiden den Ausstieg gebaut hatten, von meinem Schreibtisch aus nicht mehr richtig sehen. Ich kann ihn jedoch gerade noch aus dem äußersten Augenwinkel schemenhaft wahrnehmen. Ich hatte offenbar schon seit Tagen mit Hilfe des peripheren Blicks registriert, dass die Bärchen mit dem Gitter beschäftigt waren, ohne dass mir dies bewusst wurde. Da mein Gehirn diese unterschwellige Wahrnehmung für wichtig hielt, bescherte es mir ein Gefühl von Unruhe, das mich wachsam machte.

Hinter der Intuition steckt also die Fähigkeit des Gehirns, im Verborgenen Informationen aufzunehmen, ohne dass der bewusste Verstand davon auch nur etwas ahnt. Das liegt daran, dass von den Massen an Sinneseindrücken, die in unserem Nervensystem ankommen, immer nur ein ganz kleiner Teil an jene Hirnregionen weitergeleitet wird, die für die bewusste Aufmerksamkeit zuständig sind. Das ist auch sehr gut so, denn andernfalls würden wir wahrscheinlich ganz einfach verrückt.

Ohne dass unser Gehirn auswählt, welche Reize gerade für unser Bewusstsein wichtig sind, könnten wir so gut wie gar nichts tun. Es wäre zum Beispiel nicht möglich, entspannt in einem Sessel zu sitzen und ein Buch zu lesen, wenn wir uns dabei auch noch all der kleinen Geräusche um uns herum bewusst wären, der visuellen Eindrücke, die unsere Augen im peripheren Bereich auffangen und dazu noch aller aktuellen körperlichen Empfindungen. Stellen Sie sich vor, wie es wäre, wenn Sie sich gerade einen netten Film im Fernsehen angucken und sie spüren dabei bewusst, wie sich beispielsweise gerade der linke große Zeh anfühlt. Solange in unserer Umgebung und im linken großen Zeh alles in Ordnung ist, brauchen wir unser Bewusstsein für all das nicht. Erst wenn in der Umwelt oder im Körper selbst etwas aus dem Lot gerät, wird unsere bewusste Aufmerksamkeit dorthin gelenkt. Auf diese Weise geht das Gehirn sehr ökonomisch mit der begrenzten Verarbeitungskapazität des bewussten Bereichs unserer Psyche um.

In Bits, den Basiseinheiten für Informationen ausgedrückt, sind es gerade mal 40 bis 50 Bits, die unser Bewusstsein gleichzeitig verwalten kann. Indessen prasseln jedoch pro Minute mindestens zehn Millionen davon auf die Sinne ein. Die meisten von ihnen werden von den Sinneszellen an das Gehirn weitergegeben, ohne dass uns dies bewusst wird. Die Intuition greift auf genau diese Massen von aktuellen und gespeicherten Informationen zurück. Dabei schafft sie es auch noch, aus dem riesigen Speicher des Unbewussten jene herauszugreifen, die für die entsprechende Situation relevant sind.

Auch bewusst aufgenommenes Wissen ist nicht ununterbrochen in unserem Bewusstsein. Es befindet sich dann im »Arbeitsspeicher«, wenn wir uns gerade damit beschäftigen. Ansonsten lagert es abrufbar oder auch vergessen in den Tiefen unserer Zentralnervensystems. Das Gehirn speichert den gesamten Input, vom nie bewusst gewordenen Sinnesreiz bis hin zum bewusst Gelernten, in Form von sogenannten Repräsentationen. Sie können sich diese inneren Repräsentationen vielleicht wie die Informationen vorstellen, die man über eine Computer-Suchmaschine aufrufen kann. Die Intuition ist so etwas wie eine biologische Suchmaschine. Sie hat den Überblick über die gesamte, riesige Menge an zur Verfügung stehenden Informationen. Sie greift dabei auch sehr schnell und gezielt auf genau die internen Repräsentationen zu, die gerade gebraucht werden. Unsere Intuition ist also auf die inneren Repräsentationen in derselben Weise angewiesen, wie eine Computer-Suchmaschine darauf angewiesen ist, dass man sie zunächst mit Informationen »füttert«.

Intuition wird manchmal mit Telepathie verwechselt. Von Telepathie spricht man, wenn Gedanken oder Gefühle von einem Menschen zu einem anderen, oder auch zwischen Mensch und Tier übertragen werden, ohne dass die normalen, uns bekannten Sinnessysteme beteiligt sind. Etliche – auch ernst zu nehmende – Untersuchungen lassen vermuten, dass es so etwas wie Telepathie wirklich gibt. So hat der Biologe und Biochemiker Rupert Sheldrake über Telepathie geforscht, besonders auch über die Gedankenübertragung zwischen Mensch und Tier. Er hat seine Ergebnisse in den Büchern *Der siebte Sinn der Tiere* und *Der siebte Sinn des Menschen* veröffentlicht. Wir sagen, Telepathie sei »übersinnlich« oder auch »außersinnlich«, weil wir keine sinnliche Grundlage dieser Vorgänge kennen, während wir von der Intuition sicher wissen, dass sie ohne die Leistungen unserer Sinnessysteme nicht arbeiten kann.

Andererseits wird Intuition aber auch immer wieder mit Instinkt gleichgesetzt. Der Begriff »Instinkt« bezieht sich auf angeborenes Verhalten. Er wird heute in der Psychologie praktisch gar nicht mehr und in der Ethologie kaum mehr benutzt. Konrad Lorenz verstand unter Instinkthandlungen genetisch vorprogrammierte Reaktionen auf bestimmte Schlüsselreize. Während der Instinktbegriff automatische Reaktionsmuster bezeichnet, die ausdrücklich keine Intelligenz erfordern, ist die Intuition anerkannterweise ein intelligenter Prozess. Sie ist eine erstaunliche Leistung des Gehirns, die es uns ermöglicht, ohne den Umweg über das vergleichsweise träge Bewusstsein schnell und richtig zu entscheiden und zu handeln. Darüber hinaus lässt sie uns zukünftige Ereignisse vorausahnen und sie verhilft uns zu plötzlichen Eingebungen.

Was könnte uns besser dabei unterstützen, Tiere zu trainieren, als die Intuition? Fast könnte man meinen, Albert Einstein hätte über die Tiertrainer gesprochen, als er sagte: »Alles, was wirklich zählt, ist Intuition. Der intuitive Geist ist ein heiliges Geschenk und der rationale Geist ein treuer Diener. Wir haben eine Gesellschaft erschaffen, die den Diener ehrt und das Geschenk vergessen hat.«

## *Warum es fast unmöglich ist, Hunde zu trainieren, ohne dabei die Intuition zu nutzen*

Seit Hirnforscher und Psychologen das gefühlte Wissen ernst nehmen, reißt die Flut von Studien, Experimenten und Erkenntnissen zum Thema nicht mehr ab. Immer deutlicher wird es, in wie vielen Bereichen und Berufsgruppen eine ausgeprägte Intuitionsfähigkeit das ist, was den Unterschied zwischen guten und herausragenden Leuten ausmacht. Als man beispielsweise Spitzen-Fußballer untersuchte, fand man heraus, worin ihre Genialität liegt: Ihr Gehirn berechnet die

Laufwege der Gegner blitzartig und intuitiv im Voraus (Übrigens berechnet das Gehirn Ihres Hundes auf dieselbe Weise die Flugbahn des Bällchens, das Sie für ihn werfen). Die Schachgroßmeister dieser Welt wurden im Rahmen einer Studie unter so starken Zeitdruck gesetzt, dass sie keine Möglichkeit hatten, über ihre Züge nachzudenken – ihre Leistung blieb konstant. Ganz anders war das Ergebnis, als man die »zweite Liga« der B-Spieler untersuchte: Bei ihnen stieg die Fehlerquote unter Zeitdruck dramatisch an. Starverkäufer wissen intuitiv, ob und woran genau ihre Kunden interessiert sind, geniale Ärzte erkennen Krankheiten intuitiv, noch ehe sie die üblichen diagnostischen Mittel einsetzen, das Börsengenie arbeitet mit seiner Intuition ebenso wie der Spitzenkriminalist. Es gibt unzählige Beispiele. Welche Rolle aber spielt die Intuition im Training von Tieren?

Bitte stellen Sie sich vor, Sie seien gerade im Begriff, Ihrem Hund das Abliegen und Bleiben beizubringen. Sie haben sich für eine kluge und tierfreundliche Herangehensweise entschieden, nämlich, die Übung schrittweise aufzubauen. Sich auf Ihr Zeichen hinzulegen, hat Ihr Hund bereits gelernt. Sie werden ihn also auffordern, sich zu legen. Sie werden bei ihm stehen bleiben und die Zeitspanne des Liegens allmählich verlängern. Danach werden Sie sich nur einen einzigen Schritt entfernen, natürlich zunächst, ohne dem Hund den Rücken zuzudrehen. Ganz allmählich werden Sie die Entfernung zu Ihrem vierbeinigen Schüler vergrößern und sich schließlich auch von ihm abwenden, bis sie am Ende wirklich außer Sichtweite gehen können und Ihr Hund dennoch liegen bleibt. Soweit der Plan.

Planung ist eine Aufgabe des bewussten Verstandes und wenn Sie die Übung so oder so ähnlich geplant hätten, hätte Ihr Verstand mit diesem Konzept gute Arbeit geleistet. In der Praxis allerdings zeigt sich, dass dieser hervorragende Plan nichts weiter ist als eine Art roter Faden, an dem Sie sich ein wenig orientieren können. Denn nun stellen sich ganz andere Fragen: Wie wissen Sie, ob der jeweilige Lernschritt so gut bewältigt ist, dass Sie zum nächsten übergehen können? Wie wissen Sie, ob Ihr Hund gerade einen ganz kleinen oder eher einen größeren Lernschritt braucht? Was können Sie tun, wenn die Übung nicht so läuft, wie Sie sich das vorgestellt haben? Wie erkennen Sie den Moment, an dem Sie sich abwenden und sich schließlich aus dem Blickfeld des Hundes entfernen können?

Natürlich könnten Sie versuchen, all diese Herausforderungen durch bewusstes Denken zu bewältigen. Das wäre allerdings extrem mühsam und nur sehr begrenzt erfolgreich. Bewusstes Denken braucht Zeit. Zeit ist genau das, was Sie in der Trainingssituation nicht haben. Sie müssen sehr schnell und unmittelbar reagieren. Zusätzlich sollten Sie aber auch erkennen, wie es Ihrem Hund gerade geht, was er braucht und sogar ein Stück weit vorhersehen können, was passieren wird, wenn Sie dies oder jenes tun. Einen exzellenten Tiertrainer erkennt man daran, dass er intuitiv auf minimalste körpersprachliche Hinweise des Tieres reagiert, oft sogar, ohne dass er sagen könnte, woran genau er was bemerkt hat. Er fühlt und handelt. Er weiß viel, aber er scheint in der Trainingssituation selbst wenig zu denken – das heißt: Er denkt nicht rational, sondern intuitiv, genau so, wie es der Schachgroßmeister, der geniale Arzt, der Spitzensportler und andere Meister ihres Fachs tun.

## *Bitte entscheiden Sie – jetzt!*

Betrachten wir das Beispiel »Abliegen und Bleiben« noch einmal genau, können wir einen sich ständig wiederholenden Ablauf beobachten, dem das Training von Hunden immer folgt:

1. Wahrnehmen (z. B. dass der Hund relativ entspannt liegt)
2. Entscheiden (z. B. dass nun der richtige Zeitpunkt gekommen ist, den ersten Schritt zurück zu machen)
3. Handeln

Diese drei Phasen wiederholen sich im Training ununterbrochen und sie laufen rasend schnell ab. Wir können sie aber nicht nur bei einer so sorgfältigen, tierfreundlichen Herangehensweise beobachten, wie der oben beschriebenen, sondern sogar dann, wenn recht primitive Trainingstechniken angewandt werden.

In einer Fernsehsendung habe ich gesehen, wie eine Hundetrainerin ihre Kundin anleitet, den Hund mittels einer Rütteldose immer dann zu erschrecken, wenn dieser im Begriff ist, einen anderen Hund anzubellen. Die Hundetrainerin kommt dabei aus dem »Jetzt!«-Rufen gar nicht mehr heraus, weil die Anfängerin, die den Hund führt, einfach nicht über den richtigen Zeitpunkt für den Einsatz der Dose entscheiden kann (Ich möchte hier ausdrücklich dazu sagen, dass diese Technik natürlich sämtliche Grundbedürfnisse verletzt und keinesfalls angewandt werden sollte. Dennoch »funktioniert« sie. Etwas drastisch ausgedrückt kann man sagen: Die Technik führt dann zum gewünschten Ergebnis, wenn es gelingt, den Hund durch das Geräusch »erfolgreich zu traumatisieren«. Und dazu muss über den richtigen Zeitpunkt absolut korrekt entschieden werden).

Unabhängig von Trainingstechniken, von Methoden, Einstellungen und Überzeugungen verlangt uns das Training von Hunden Unmengen von Entscheidungen ab – und diese oft in Sekundenbruchteilen. Entscheidungen, vor allem solche, die sehr schnell getroffen werden müssen, überfordern unseren bewussten Verstand leicht. So gut dieser nämlich darin ist, Konzepte zu entwickeln, Fakten zu analysieren, Regeln zu erkennen und vieles mehr – wenn es gilt, zu entscheiden, schnell und richtig zu handeln, schwächelt er. Sie haben richtig gelesen: Auch das Treffen von Entscheidungen ist wahrlich kein Gebiet, auf dem sich die Ratio, unser bewusster Verstand, besonders hervortun würde. Im Gegenteil: Ohne die Mithilfe der Gefühle ist der Verstand in Entscheidungssituationen vollkommen machtlos und viele wirklich gute Entscheidungen werden ganz ohne Nachdenken, nur »aus dem Bauch heraus«, getroffen.

Haben wir aber nicht alle gelernt, es sei außerordentlich wichtig, stets mit klarem Kopf zu entscheiden, nachzudenken, zu vergleichen, abzuwägen? Wie wir bereits gesehen haben, bleibt uns absolut keine Zeit, nachzudenken und verschiedene Reaktionsmöglichkeiten zu erwägen, wenn wir mit Hunden arbeiten. Wir haben gar keine Wahl, wir müssen diese Arbeit der Intuition überlassen. Weil uns Menschen jedoch alles, was nicht durch Nachdenken und Überlegen zustande kommt, ein wenig unheimlich zu sein scheint, ist es doch sehr beruhigend, zu wissen, dass rein intuitive, spontane Entscheidungen denen, die wir durch bewusstes Denken treffen, in den meisten Fällen haushoch überlegen sind.

Es gibt mittlerweile unzählige wissenschaftliche Untersuchungen, die diese immer noch ungewohnte und erstaunliche Erkenntnis unter Beweis stellen. Eines der bekanntesten einschlägigen Experimente wurde bereits Anfang der 1990er Jahre an einer amerikanischen Universität von den Psychologen T. Wilson und J. Schooler durchgeführt. Dabei sollten sich Studenten ein Poster aussuchen, das sie behalten und mit nach Hause nehmen durften. Die Versuchspersonen waren in zwei Gruppen aufgeteilt. Die Mitglieder der ersten Gruppe wurden gebeten, Argumente für ihre Entscheidung zu sammeln, während man den Studenten der zweiten Gruppe überhaupt keine Zeit zum Nachdenken ließ. Sie mussten ihre Wahl völlig spontan »aus dem Bauch heraus« treffen. Gegen Ende des Semesters riefen die Versuchsleiter alle Studenten an, die ein Poster erhalten hatten, und fragten nach, was sie mittlerweile von ihrem Geschenk hielten. Das Ergebnis war eine absolute Überraschung: Die meisten »Spontis«, gaben an, mit ihrer Wahl zufrieden zu sein. Bei vielen von ihnen hing das Poster immer noch an der Wand und erfreute den jeweiligen Besitzer. Die »Denker« hingegen erklärten größtenteils, sie hätten ihr Poster längst weggeräumt oder auch entsorgt.[33]

Dies dürfte einer der wenigen wissenschaftlichen Versuche sein, den die Experimentatoren, genau so oder auch variiert, wieder und wieder durchführten, weil sie selbst kaum glauben konnten, was immer offensichtlicher wurde: Egal, ob es um Posters, Marmelade oder die Teilnahme an einem Seminar ging – die spontanen Entscheidungen erwiesen sich gegenüber den durchdachten immer wieder als die besseren.

Wie aber sieht es aus, wenn eine Entscheidung weitreichend und komplex ist, eine »große Entscheidung« also? Wie wäre das beispielsweise bei der Anschaffung eines Hundes? Dabei gibt es doch wirklich unendlich viel zu bedenken und in einer solchen Frage sollten wir uns ja wohl kaum von Emotionen leiten lassen – oder?

Ich muss gerade an unsere Hündin Pamina denken und wie sie zu uns kam. Albrecht und ich überlegten damals nicht lange, ob wir uns nach dem Tod unserer geliebten Pivo gleich wieder einen zweiten Hund anschaffen wollten. Unser Dackel Eddy, der allein zurückgeblieben war, trauerte nämlich so sehr, dass wir es nicht länger mit ansehen konnten. Tagelang hatte der kleine Kerl nicht mehr gefressen und er lag viele Stunden reglos an der Tür, als würde er dort auf die Rückkehr seiner Kameradin warten. Ein fröhlicher, jüngerer Hund würde unseren Eddy ja vielleicht ein wenig von seinem Kummer ablenken, hofften wir, und machten uns auf den Weg ins Tierheim.

Es kam, wie es kommen musste: Am liebsten hätten wir mindestens zehn der netten Hunde mitgenommen, die bei unserem Anblick gleich an die Gitter ihrer Zwinger drängten und uns erwartungsvoll ansahen. Wie sollte man sich da für einen einzigen entscheiden? Nun, wir wussten ja in etwa, was wir wollten, und wir hatten das auch der Tierpflegerin mitgeteilt, die uns begleitete: Ein kleiner Hund sollte es sein, der würde besser zu Eddy passen als ein großer, ein jüngerer, der gerne spielt, und ein Rüde. Eddy vertrug sich gut mit Rüden und so würde doch manches einfacher sein. So hatten wir uns das jedenfalls überlegt.

Dann sahen wir sie. Ein kleines, schüchternes Hundekind kauerte in der hintersten Ecke seines Zwingers und schaute uns verängstigt an. »Die ist es!«, sagten wir fast gleichzeitig und deuteten auf die kleine Hündin, deren äußerste Schwanzspitze sich indes ganz vorsichtig zu bewegen begann. »Die wird aber groß«, meinte die Tierpflegerin. »Das macht nichts«, beteuerten wir einstimmig. »Sie ist ja auch kein Rüde, sondern eine Hündin«, stellte mein Mann überflüssi-

[33] T. Wilson & J. Schooler: *Thinking too much: Introspection can reduce the quality of preferences and decisions* (1991)

gerweise fest. Es war schließlich an der Zwingertür angeschrieben. Ich habe keine Ahnung, was die Tierpflegerin in diesem Moment über uns dachte, aber eines war sonnenklar: Dieser Hund war der richtige für uns. Wir wussten es beide, auch wenn wir nicht wussten, warum wir das wussten. Nun mussten wir die Kleine nur noch unserem Eddy vorstellen, der im Auto gewartet hatte. Ganz offensichtlich war er mit unserer Wahl zufrieden und wir zogen glücklich mit Dackel und Hundekind von dannen.

Wir hatten also einen Hund ausgewählt, der, bis auf die Tatsache, dass er jung war und wirklich sehr gerne mit unserem Eddy spielen wollte, keinem einzigen der Kriterien entsprach, die wir selbst aufgestellt hatten. Wir hatten im entscheidenden Moment absolut auf unser Gefühl gehört. Haben wir da einfach Glück gehabt? Oder sind wir etwa ein bisschen verrückt?

Zu unserer Ehrenrettung möchte ich anführen, dass die Geschichte von Paminas Einzug bei uns eine gewisse Ähnlichkeit mit jener hat, die der Intuitionsforscher Gerd Gigerenzer vom Max-Planck-Institut Berlin immer wieder gerne erzählt, um sozusagen die Essenz seiner diesbezüglichen Forschungen zu illustrieren. Sie handelt von einem Mann, der sich in einer furchtbaren Zwickmühle befand. Der Unglückliche war nämlich in zwei Frauen verliebt und wusste einfach nicht, für welche er sich entscheiden sollte. Also listete er sorgfältig alles auf, was er als Vorzüge und Nachteile der beiden Damen betrachtete. Auf diese Weise sammelte er alle Kriterien, die ihm wichtig waren, verteilte Punkte für die einzelnen Kriterien und addierte diese. Eine der Frauen erhielt auf diese Weise wesentlich mehr Pluspunkte als die andere. Der Mann betrachtete das Ergebnis, wusste intuitiv sofort, dass es falsch war, heiratete von der Stelle weg die andere und wurde glücklich mit ihr.

Ganz ähnlich ging unsere Geschichte mit Pamina weiter. Wir haben unsere Entscheidung keinen einzigen Tag bereut und wir, einschließlich Dackel Eddy, waren glücklich mit unserer Pammi, ein ganzes, langes Hundeleben von beachtlichen siebzehn Jahren lang. Übrigens haben wir nicht nur unsere Hunde, sondern auch alle anderen Tiere immer mit dem Herzen ausgewählt und jedes einzelne von ihnen war oder ist »genau das richtige Tier« für uns.

Vielleicht haben Sie jetzt den Eindruck, ich würde Reklame für die unbedachte Anschaffung eines Hundes machen. Das möchte ich keineswegs. Unsere Entscheidung war nämlich gar nicht so »hirnlos«, wie sie auf den ersten Blick wirken mag. Im Gegenteil: Die Intuition hat uns geholfen, auf die vielen in unseren Hirnen gespeicherten Auswahlkriterien zuzugreifen, die unserem Bewusstsein gar nicht zugänglich gewesen wären. Wie wir weiter oben festgestellt haben, ist die Intuition auf innere Repräsentationen angewiesen. Sie kann immer nur so gut arbeiten, wie die Informationen sind, auf die sie zurückgreifen kann. Nun, mein Mann und ich hatten jede Menge dieser gespeicherten Erfahrungen zur Verfügung, als wir uns für die kleine Pamina entschieden. Wir waren auch zu dieser Zeit schon erfahrene Hundehalter.

Ich wollte mit dieser Geschichte also nicht sagen: »Holen Sie sich ruhig den Border Collie-Welpen ins Haus, wenn Sie ein gutes Gefühl beim Angucken der Border Collies in ›Schweinchen Babe‹ hatten, auch wenn Sie täglich zehn Stunden außer Haus sind und in einer Mietwohnung im fünften Stockwerk mitten in der City wohnen!« Ich möchte Ihnen jedoch durchaus raten, bei der Anschaffung eines Hundes die Weisheit der Gefühle einzubeziehen, und das ganz unabhängig davon, wie viel Hundeerfahrung Sie haben. Sie können das auf eine ganz einfache Weise tun: Lassen Sie immer zuerst das Gefühl sprechen. Nehmen Sie es wahr und nehmen Sie es ernst. Erst danach überprüfen Sie das, was Ihr Herz sagt, rational. Beziehen Sie dabei so viele äußere Kriterien und Fakten ein, wie es für Sie richtig ist, wie gesagt – hinterher. Der springende Punkt ist hier die Reihenfolge. Fangen Sie nämlich mit dem Verstand an, lässt dieser in den meisten Fällen die Intuition nicht mehr zu Wort kommen. Unser bewusster Verstand überschätzt sich oft so sehr, als wäre er ein Chihuahua, der einen Rottweiler angreift. Noch dazu hat er die Neigung, sich in den Vordergrund zu spielen. Der bewusste Verstand möchte nicht nur alles allein machen, er maßt sich sogar an, Entscheidungen (angeblich!) getroffen und Handlungen initiiert zu haben, mit denen er gar nichts zu tun hatte.

Ein Bekannter, Hypnosetherapeut von Beruf, hat mir von einem lustigen Experiment unter Kollegen erzählt. Dabei hypnotisierte ein Therapeut den anderen. Während der Hypnotisierte – nennen wir ihn Hans – in einem tiefen Trancezustand war, gab der Hypnotiseur einen posthypnotischen Befehl: Hans sollte am Abend beim Essen die Blumen aus einer Vase am Esstisch nehmen und das Blumenwasser austrinken – ganz nach dem Vorbild von Miss Sophies Butler James in »Dinner for One«. Ehe Hans aus der Trance geweckt wurde, bekam er auch noch die Anweisung, zu vergessen, dass er diesen posthypnotischen Befehl erhalten hatte.

Beim Abendessen nahm das ahnungslose Opfer dieses Spaß-Experiments zum größten Erstaunen der Anwesenden prompt die Blumen, die den Esstisch zierten, aus der Vase und trank das Blumenwasser aus. Befragt, warum er denn etwas so

Unsinniges tue, gab Hans allerdings nicht zur Antwort, irgendetwas dränge ihn, das zu tun und er habe selbst keine Ahnung, warum. Er behauptete vielmehr, er hätte schon lange wissen wollen, wie Blumenwasser schmecke.

Diese Geschichte kursiert wohl schon viele Jahre in Therapeutenkreisen. Dennoch ist das Experiment echt und lässt sich nachvollziehen. So soll es zum Beispiel der Frankfurter Neurowissenschaftler Wolf Singer in allen möglichen Varianten mit großem Erfolg und zum Spaß seiner Kollegen immer wieder durchgeführt haben.[34] Wird ein posthypnotischer Befehl ausgeführt, so geschieht das direkt aus dem unbewussten Bereich der Psyche heraus, ohne dass der bewusste Verstand irgendwie daran beteiligt wäre. Dennoch log der Hans aus unserer Geschichte nicht. Er glaubte, was er sagte!

Auch in Seminaren kann ich das Phänomen, dass sich der bewusste Verstand gerne mit fremden Federn schmückt, immer wieder zeigen. Sobald ich merke, dass ein Teilnehmer bei einer praktischen Übung mit dem Hund seinen ursprünglichen Plan blitzartig abändert, frage ich hinterher: »Warum hast du das so gemacht und nicht anders?« Ich bekomme jedes Mal eine ausführliche Begründung, die mit den Worten beginnt: »Ich dachte mir ...«, »Ich habe mir überlegt ...« Erst wenn ich frage: »Wie konntest du denn innerhalb eines kurzen Augenblicks so viel denken?«, bemerkt der Betreffende selbst, dass er intuitiv gehandelt hat.

Die Tatsache, dass wir denken, wir würden denken, wenn wir es gar nicht tun – zumindest nicht bewusst und mit Hilfe der Ratio – ist einer der Gründe, warum wir uns so schwer tun, auf unsere unbewusste Kompetenz und die Intelligenz der Gefühle zu vertrauen. Da wir dazu neigen, gute Entscheidungen im Nachhinein fast automatisch dem bewussten Verstand zuzuschreiben, trauen wir diesem viel mehr zu, als er tatsächlich leisten kann. Der bewusste Verstand ist sehr viel begrenzter, als wir denken und dass »mehr Analyse« auch zu besseren Entscheidungen führt, hat sich endgültig als Aberglaube entpuppt. Dies lässt sich mittlerweile mit Hilfe von wissenschaftlichen Methoden nachweisen. Es lässt sich aber auch einfach beobachten.

Über meine tierpsychologische Arbeit kenne ich eine ganze Menge Hundebesitzer und zum Glück nicht nur solche, die mit ihren Tieren Probleme haben. Viele von ihnen sind sogar ausgesprochen glücklich mit ihren Hunden. Ich habe im Lauf der Jahre viele zufriedene Hundehalter gefragt, wie sie denn zu ihrem vierbeinigen Freund gekommen seien. Auffällig oft bekam ich Antworten wie: »Oh, ich habe mich einfach in ihn verliebt!« oder: »Eigentlich wollte ich ja einen ganz anderen Hund. Aber als ich sie dann sah, wusste ich – die oder keine!« Eine

[34] Nach Gerald Traufetter in: *Intuition* (2007), S. 279

ältere Dame, die ich ebenfalls zu diesem Thema befragt habe, erzählte, sie habe ihre Labradormix-Hündin in einer Tiervermittlungs-Sendung entdeckt. Sie sei dann sofort zum Tierheim gefahren, um die Hündin zu sich zu holen. Das Gesicht dieser reizenden alten Dame leuchtete regelrecht vor Freude und Liebe, als sie zu mir sagte: »Es war ihre Ausstrahlung, wissen Sie! Finden Sie nicht auch, dass meine Peggy eine bezaubernde Ausstrahlung hat?« Ich fand das auch. Und die bezaubernde Ausstrahlung der beiden zusammen war einfach nicht zu übertreffen.

Dieselbe Frage habe ich auch Leuten gestellt, an denen mir auffiel, dass sie sehr viel an ihren Hunden auszusetzen hatten. Etliche von ihnen gestanden, sie seien inzwischen der Meinung, dass sie sich bei der Anschaffung ihres Vierbeiners falsch entschieden hätten. In den meisten Fällen handelte es sich interessanterweise um Personen, deren Entscheidung alles andere als spontan gewesen war. Es waren sogar auffallend viele darunter, die mehr als gründlich vorgegangen waren. Sie hatten sich sehr viel Zeit gelassen. Sie hatten die vielen Möglichkeiten, die es bei der Auswahl eines Hundes gibt, genau durchdacht und gegeneinander abgewogen: Sollte es ein großer, ein mittelgroßer oder ein kleiner Hund sein? Männlich oder weiblich? Ein Welpe oder ein erwachsenes Tier? Sollte er langhaarig sein, kurzhaarig, drahthaarig, Mischling oder Rassehund? Wenn ein Rassehund, welche Rasse? Sie hatten Kriterien aufgestellt, alle möglichen Informationsquellen genutzt, Rassenbeschreibungen studiert, unterschiedliche Züchter besucht ... und all das, um letztlich unzufrieden zu sein.

Natürlich ist diese Befragung nicht repräsentativ. Ich habe sie weder gezielt durchgeführt noch auf die Größe der Stichprobe geachtet oder irgendwelche statistischen Prüfverfahren benutzt. Dennoch passt das, was ich von den Hundebesitzern erfahren habe, sehr gut zu den Ergebnissen der einschlägigen wissenschaftlichen Studien. Inzwischen wurden auch Menschen systematisch untersucht, die von Berufs wegen sehr viel entscheiden müssen und die dabei besonders treffsicher sind. Es zeigte sich, dass Entscheidungsgenies die optimalste Möglichkeit auf Anhieb erkennen, ohne Alternativen zu prüfen, intuitiv also. Das kann auch die Erklärung für die vielleicht paradox wirkenden Resultate bei der Hundewahl sein. So gesehen sind die glücklichen Hundebesitzer eben keine Leute, die sich ihren vierbeinigen Freund einfach hirnlos und blauäugig angeschafft haben. Vielmehr ermöglicht ihnen ihre ausgeprägte Intuitionsfähigkeit den Zugriff auf Massen von unbewussten, inneren Kriterien.

Grundsätzlich gilt: Je komplizierter und komplexer eine Entscheidung ist, desto wichtiger ist die Rolle, die die Intuition dabei spielt. Ganz einfache

Entscheidungen, bei denen wir nur wenige Kriterien berücksichtigen müssen, können eher mit dem bewussten Verstand allein getroffen werden. Das ist eine völlig neue Sicht der Dinge, widerspricht sie doch dem, was die meisten von uns geglaubt haben. Wenn wir uns aber klarmachen, dass der bewusste Verstand allein niemals über alle Informationen verfügen kann, die für komplexe Entscheidungen gebraucht werden, erkennen wir die Logik dieser Erkenntnis. Wir verzichten nicht auf Kriterien und Informationen, wenn wir bei Entscheidungen auf die Weisheit der Gefühle hören. Das Gegenteil ist der Fall: Die Intuition verschafft uns den Zutritt zur Schatzkammer unserer gesamten Erfahrung.

## *Wer denken will, muss fühlen*

Die ersten Erkenntnisse über die Rolle der Gefühle bei Entscheidungen und in anderen Bereichen des psychischen Lebens verdanken wir der bahnbrechenden Forschung des Neurologen und Verfassers von *Descartes' Irrtum,* Antonio R. Damasio und seiner Frau Hanna. Die Damasios untersuchten Patienten, die durch einen Unfall oder eine Operation am Gehirn in ihrer Gefühlsempfindung schwer beeinträchtigt waren. Das ist vor allem dann der Fall, wenn bestimmte, für die Verarbeitung von Gefühlen wichtige Teile des Stirnlappens betroffen sind. Die untersuchten Patienten verfügten dabei über vollkommen intakte intellektuelle Funktionen. Würden Sie eine solche Person kennenlernen, fiele Ihnen wahrscheinlich zunächst gar nichts an ihrem Verhalten auf. Sie würden möglicherweise ein angeregtes, niveauvolles Gespräch führen. Wollten Sie sich nun aber mit Ihrer neuen Bekanntschaft zu einem weiteren Treffen verabreden, könnte sich das recht schwierig gestalten. Der andere würde nun nämlich beginnen, das Für und Wider diverser möglicher Termine ausgiebigst zu erörtern, ohne jemals auf einen grünen Zweig zu kommen.

Die Damasios entdeckten, dass ihre emotional schwer beeinträchtigten Patienten nicht nur große Probleme im sozialen Bereich hatten, sie konnten auch so gut wie keine Entscheidung treffen und das, was man »praktische Intelligenz« nennt, fehlte ihnen komplett. Sie fanden heraus, dass dieselben Systeme im Gehirn, die an Gefühl und Empfinden beteiligt sind, diejenigen sind, die Entscheidungen ermöglichen.

Wie ich bereits im ersten Teil dieses Buches erzählt habe, hatte Antonio Damasio eher mit Ablehnung gerechnet, als er seine Ergebnisse zum ersten Mal veröffentlichte. *Descartes' Irrtum* stieß jedoch nicht einfach nur auf breite

Anerkennung – in manchen Kreisen löste dieses Buch eine regelrechte Euphorie aus. So lange und heftig, wie das Thema Emotion in der wissenschaftlichen Welt abgelehnt und unterdrückt worden war, war das auch recht verständlich. Leider hat man Damasio aufgrund dieser Begeisterung für die neue Sichtweise auch missinterpretiert. Gegenstand seiner Forschung war und ist die Beziehung zwischen Gefühl und Denken und er hatte niemals die Absicht, die Gefühle nun auf den Alleinherrscher-Thron zu heben, auf dem sich in den Jahrhunderten davor die Vernunft breitgemacht hatte. Wie Damasio im Vorwort zur Neuauflage seines Buches feststellt, begünstigt die Intuition »den präparierten Verstand«. Wissenserwerb, Erfahrung und allem voran eine hellwache, geschulte Wahrnehmung sind die Quellen, aus denen die Weisheit der Gefühle schöpft. Auch unseren bewussten Verstand brauchen wir also weiterhin, im Alltag wie auch für den Umgang und das Training mit Tieren.

Die moderne Hirnforschung zeigt, dass es den Gegensatz von Gefühl und Denken, von dem man bisher ausging, nicht gibt. Wir sind jahrhundertelang der in der Philosophie wie in den Naturwissenschaften verbreiteten falschen Idee aufgesessen, dass die Ratio dem Gefühl überlegen sei und dass Gefühle das Denken stören würden. Diese Vorstellung hat unser ganzes Leben beeinflusst. Im Bereich des Hundetrainings hat sie sich besonders heftig ausgewirkt. Sie hat die Intelligenz der Gefühle aus dem Training verbannt und letztlich sogar den Krieg zwischen Herz und Verstand verursacht, den viele Hundehalter immer wieder gespürt haben. »Wer denken will, muss fühlen«, sagt Damasio. Bringen wir also das gefühlte Wissen zurück in den Umgang mit Tieren und nutzen wir beides, wenn wir mit Hunden trainieren, den Kopf und das Bauchgefühl.

## Soziale Intuition – vom Einfühlen zum Resonanzerleben

Ein schöner und auch anstrengender Seminartag war zu Ende. Wir ließen ihn nun gemeinsam in einem italienischen Restaurant ausklingen. Direkt neben mir saß Daniela, die mir aber keine Beachtung schenkte, sondern mit nervösen Blicken ihre Hündin Tessa beobachtete. Tessa leckte sich mehrmals über die Lippen und machte keine Anstalten, sich endlich niederzulassen. »Mein Hund hat Stress«, erklärte Daniela und seufzte. »Ich glaube, sie hätte gerne das hier«, sagte ich und deutete auf eine Jacke, die über dem Stuhl hing. Daniela nahm das Kleidungsstück und breitete es auf dem Boden aus. Tessa legte sich zufrieden darauf und schlief sofort ein.

Natürlich empfehle ich Leuten normalerweise nicht, ihre Kleidung als Hundebett auf den Boden zu werfen. Hier aber schien es sich um eine ältere Jacke zu handeln und mir war irgendwann während des Seminars aufgefallen, dass Tessa es sich darauf gemütlich gemacht hatte. Daniela staunte. »Da wäre ich jetzt nicht darauf gekommen, dass sie einfach nur die Jacke haben möchte«, sagte sie zu mir.

Wir unterhielten uns noch eine Weile über den kleinen Vorfall. Daniela erzählte von einem anderen Seminar, das sie einige Zeit davor besucht hatte. Dort hatte sie gelernt, auf bestimmte Zeichen der Körpersprache zu achten und diese zu interpretieren. Und genau damit war sie eben so sehr beschäftigt gewesen, dass dies ihre gesamte Aufmerksamkeit in Anspruch nahm. Hatte sie denn aber auf diese Weise überhaupt die Chance gehabt, zu verstehen, was ihr Hund ihr sagen wollte? Kaum. Die »Übersetzung« des Signals »Lippen lecken« als »Stress« hatte sie nämlich sofort zu weiteren Interpretationen verführt, wie Daniela mir später erzählte: »Die Unruhe in der Kneipe macht Tessa zu schaffen«, hatte sie gedacht, und: »Dass auch noch andere Hunde da sind, ist ein Problem für meinen Hund!«, bis hin zu: »Tessa ist schwierig. Ich sollte keine Seminare mit ihr besuchen!« In diesem Moment spürte Daniela eine leichte Verärgerung über ihren »schwierigen Hund«. Sie besuchte nämlich sehr gerne Seminare mit Tessa. Ein Anflug von schlechtem Gewissen, dass sie den Hund einer so belastenden (»Stress« verursachenden) Situation aussetzte, machte den Konflikt perfekt. Daniela hatte ein körperliches Signal ihres Hundes wahrgenommen, dieses interpretiert, wie sie es gelernt hatte, und schließlich noch die Interpretation interpretiert. Ist es nicht eigenartig, dass der Hund ein paar Augenblicke später zufrieden auf der vertrauten Jacke lag, und auch Danielas Welt sofort völlig anders aussah?

## *Hunde sprechen nicht Latein*

Hunde »reden« mit uns genauso wie untereinander. In erster Linie drücken sie sich über ihre Mimik und die gesamte Körpersprache aus und erst in zweiter Linie über Lautäußerungen wie Bellen, Winseln, Knurren. Die Kommunikation über Ausdruckssignale wird – im Gegensatz zur digitalen Sprache mit Hilfe von Begriffen und Sätzen – analoge Sprache genannt. Es ist für jeden, der mit Hunden umgeht und arbeitet, außerordentlich wichtig, sich intensiv mit ihrem Ausdrucksverhalten zu befassen. Aber auch für Menschen, die Angst vor Hunden haben, ist es eine gute Sache, ein paar Grundregeln der Hundesprache verstehen zu lernen.

Wenn ich gelegentlich mit Menschen arbeite, die unter einer Hundephobie leiden, ist daher das erste, was ich mache, sie ein wenig in das Ausdrucksverhalten von Hunden einzuführen. So bat ich einmal eine Klientin, die beim Anblick von größeren Hunden jedes Mal vor Angst Schweißausbrüche bekam und heftig zitterte, mir genau zu beschreiben, wie sie sich denn für gewöhnlich verhält, wenn ihr auf der Straße ein Hund begegnet. »Ich lasse ihn nicht merken, dass ich Angst habe«, sagte sie. »Ich gehe gerade auf ihn zu und schaue ihm fest in die Augen.« Ich beeilte mich, ihr zu erklären, dass die Botschaft, die sie dem fremden Hund auf diese Art schicken wollte, bei diesem garantiert nicht im geplanten Sinn ankommen würde, sondern eher als Provokation. Unwissen über das Ausdrucksverhalten von Hunden kann unter Umständen böse Folgen haben. In einem so einfachen Zusammenhang wie dem oben genannten, sind daher bereits ein paar grundlegende Kenntnisse hilfreich.

Wo es aber um das Zusammenleben mit Hunden und die Arbeit mit ihnen geht, sind wir mit einfachen »Übersetzungen« – Signal X bedeutet Y – ganz schnell am Ende unseres Lateins. Bleiben wir kurz bei unserem Beispiel. Stimmt es denn überhaupt, dass es »auf Hund« eine Provokation bedeutet, in die Augen zu schauen? Wenn ja, provoziere ich dann einen Hund nicht maßlos, dem ich beibringe, mich auf mein Signal hin anzuschauen? Oder provoziere ich ihn am Ende gar dazu, sich mir gegenüber provozierend zu verhalten? Und wieso gehorcht der Hund eigentlich meinen Kommandos eher, wenn er in meine Augen schauen kann, während ich ihm sage, was ich von ihm möchte, wenn doch der Blick in die Augen Provokation bedeutet? Warum schaut mich mein Hund überhaupt von sich aus immer wieder an, genau genommen schaut er mir dabei sogar in die Augen – will er sich mit mir anlegen, ist er frech?

Aber ja, natürlich darf ich dem Hund beibringen, mich anzugucken, ich darf ihn auch ansehen, wenn ich ein Kommando gebe, und er will mich ganz bestimmt nicht jedes Mal provozieren, wenn er mich ansieht. Ein freundlicher oder auch aufmerksamer Blickkontakt ist etwas völlig anderes als ein kalter, provozierender Blick. Um mich richtig zu verstehen, braucht der Hund den Blickkontakt zu mir zwar nicht unbedingt, aber er hilft genauso, wie es uns hilft, andere Menschen besser zu verstehen, wenn wir sie ansehen. Ansehen ist eben nicht gleich Ansehen. Es kommt darauf an, in welchem Kontext wir einander ansehen und wie wir das tun. Wir können Hundeblicke, die auf uns gerichtet sind, allerdings nur mit allergrößter Mühe auf rein analytischem Weg mit dem bewussten Verstand richtig deuten. Wenn Sie jedoch nur ein einziges Mal in die Augen eines drohenden Hundes oder gar eines Wolfes geschaut haben, haben Sie seine Botschaft verstanden, unmittelbar und sofort. Sogar wenn Sie niemals irgendetwas über Hunde- oder Wolfsverhalten gelernt hätten, hätten Sie auf Anhieb verstanden, was das Tier ausdrückt und Sie hätten diesen Blick wahrscheinlich nie wieder vergessen.

Die Art, wie das Wissen über die Körpersprache von Hunden in vielen Fällen abgehandelt und gelehrt wird, erinnert mich ein wenig an meinen Lateinunterricht. Ich hatte viele Jahre lang Latein, fünf Stunden pro Woche, die vielen Hausaufgaben in diesem Fach gar nicht mitgerechnet. Ich habe jede Menge Vokabeln gelernt und Massen von grammatikalischen Regeln. Ich habe gelernt, die Schriften der alten Römer zu übersetzen, von Cicero bis Ovid. Das mag ein gutes geistiges Training gewesen sein – das behauptete jedenfalls unser Lateinlehrer immer. Die Lateinkenntnisse helfen mir auch bis heute, Fremdwörter zu verstehen. Aber ich kann diese Sprache nicht sprechen. Ich kann jemanden, der Latein spricht, nicht einmal verstehen. Ich konnte all das nie! Meine Lateinkenntnisse waren und blieben immer eine Kopfgeburt, ich habe keine Beziehung dazu. Ganz anders geht es mir mit der englischen Sprache. Ich habe amerikanische und englische Freunde. Ich kann sie verstehen und ich kann mit ihnen sprechen, ich kann in dieser Sprache denken und ich kann die Sprache fühlen. Wobei ich gestehen muss, dass ich mich an keine einzige Regel der englischen Grammatik erinnere, die ich in der Schule gelernt habe, und dass es eine ganze Menge Vokabeln gibt, die ich nicht übersetzen könnte ohne nachzusehen. Aber schließlich bin ich keine Dolmetscherin und keine Übersetzerin. Ich nutze die Sprache, um mit meinen Freunden zu kommunizieren und es ist sehr gut, dass ich das kann.

Immer wieder staune ich daher, dass die lebende Fremdsprache »Hund« oft in derselben Weise vermittelt wird wie Latein oder eine andere tote Sprache. Wir sollen Vokabeln lernen und übersetzen. Dabei sollten wir uns womöglich auch noch für eine bestimmte Interpretation entscheiden, denn zu allem Überfluss tobt in der Hundeszene der Streit über die korrekte Übersetzung vieler Vokabeln innerhalb der Sprache »Hund«. Ich denke gerade an den Briard auf dem Hundeplatz, der sein Herrchen nach einer gelungenen Übung anspringt. »Wie können Sie es zulassen, dass Ihr Hund Sie auf diese Weise maßregelt?«, ruft der Hundetrainer entsetzt (Es ist nicht schwer zu erraten, dass dieser Mann einer stark dominanzorientierten Methode folgt). Andere Trainer wieder sehen das Anspringen als Zeichen der Ehrerbietung, gewissermaßen als Auftakt zum respektvollen (wenn auch beim Zweibeiner nicht gerade beliebten) Mundwinkellecken.

Einen Eindruck davon, wie völlig anders die Deutung eines Verhaltens ausfällt, wenn sie nicht auf einer sterilen »Übersetzung«, sondern auf einfühlendem Verstehen beruht, vermittelt der Hundetrainer Martin Pietralla in seinem Buch *Clickertraining für Hunde*. Er weist darauf hin, dass Hunde, die gerade einen Durchbruch beim Lernen erzielt haben, zum Anspringen neigen: »Hat er dann das richtige Verhalten auf Ihr Signal gezeigt, belohnen Sie ihn fürstlich. Nach drei-, viermal kann es sein, dass er grunzt, herumhopst, Sie anspringt und Ihnen das Gesicht leckt. Jetzt ist ihm ein Licht aufgegangen! Das ist ein wunderschöner Moment für Sie beide.«[35]

Vokabelhafte Übersetzungen von Ausdruckssignalen sind schon von daher problematisch, dass ein und dasselbe Verhalten – je nach Zusammenhang, in dem es gezeigt wird – recht Unterschiedliches ausdrücken kann. Was bedeutet es zum Beispiel, wenn ein Hund gähnt? Möglicherweise ist er einfach müde und gähnt ein paar Mal vor dem Einschlafen, oder aber er ist gerade dabei, aufzuwachen und versorgt so seinen Körper mit Sauerstoff. Vielleicht gähnt er, weil er als Welpe das Gähnen als Signal der Entspannung erfahren hat und er möche nun auf diese Weise Entspannung herbeiführen oder auch signalisieren. Gähnen kann in Konfliktsituationen als Übersprunghandlung auftreten und, wie einige Forscher meinen, möglicherweise auch bei inneren Konflikten: Der Hund gähnt, wenn einerseits das eine, andererseits aber das andere will. Da Gähnen hochansteckend ist, hat es darüber hinaus auch eine soziale Funktion. Dr. Dorit Urd Feddersen-Petersen weist darauf hin, dass Gähnen der Synchronisation des Gruppenverhaltens dienen kann. Sogar zum Anbändeln scheint es daher zu taugen. Frau Feddersen-Petersen schreibt: »Weil er mit seinem Gähnen auch eine oestrische Hündin, die ihm lieb und teuer ist, zum Mitgähnen animiert, und so schon einmal Gemeinsames erfolgt, vielleicht ein aufeinander bezogenes Paarverhalten unterstrichen wird. Es gilt ja die Hypothese, dass Tiere und Menschen, die einander nicht so mögen, vom ansteckenden Gähnen nicht berührt werden.«[36]

Übrigens zeigt auch das Beispiel vom berühmtesten aller Missverständnisse – Sie werden es kennen – die Grenzen allzu simpler Interpretationen von Körpersignalen auf: Viele Leute meinen, ein Hund, der mit der Rute wedelt, sei immer gut gelaunt. Dies anzunehmen wäre allerdings genauso unsinnig, wie zu glauben, ein lächelnder Mensch sei in jedem Fall glücklich.

Natürlich wird Lächeln in den meisten Fällen ganz einfach Freude und Glücksgefühle signalisieren (sowohl beim Menschen als auch beim Hund). Aber es gibt auch das Angstgrinsen (das ebenfalls sowohl beim Homo sapiens als auch

[35] Martin Pietralla: *Clickertraining für Hunde* (2000), S. 68
[36] Dorit Urd Feddersen-Petersen: *Ausdrucksverhalten beim Hund* (2008), S. 35

beim Hund auftritt). Schließlich lächeln wir Menschen in der Regel auch, wenn wir Fremde begrüßen. Wir signalisieren unserem Gegenüber damit so etwas wie »Ich bin ein friedlicher Mensch«, und wir bitten zugleich unbewusst um freundliche Behandlung durch den anderen. Unser Begrüßungslächeln drückt also oft gar kein aktuelles Gefühl aus. In so einem Fall sprechen wir von ritualisiertem Ausdrucksverhalten.

Auch Hunde zeigen sehr viel ritualisiertes Ausdrucksverhalten, gerade auch im Zusammenhang mit Begegnungen. Vieles davon fällt in den Bereich, der von Verhaltensforschern als Unterwürfigkeit bezeichnet wird (wie z. B. auch das oben erwähnte Mundwinkellecken). Ich nenne es Höflichkeit. Diese Bezeichnung ist sicherlich nicht allzu weit hergeholt, wenn man sich einmal die Parallelen zu unserem Begrüßungslächeln vor Augen führt oder auch Gesten wie die Verbeugung vor anderen: Durch Ritualisierung werden Beschwichtigungs- oder Unterwerfungsgesten zu dem, was wir Menschen »Höflichkeit« nennen.

Neben all den vielseitigen ritualisierten oder nicht ritualisierten Signalen, die alle Vertreter einer Art als artspezifische analoge Sprache teilen, entwickeln Lebewesen auch individuelle Ausdrucksmuster. Meine Sunny ist ein gutes Beispiel. Im Tricktraining zeigt sie es mir ebenso deutlich wie unkonventionell, wenn sie einen Zwischenschritt oder eine kleine Hilfestellung braucht. Das Signal, mit dem sie mir das mitteilt, wird wahrscheinlich in keinem einzigen »Sprechen-Sie-Hund-Wörterbuch« zu finden sein: Sie leckt sich kurz die rechte Pfote.

Um Ausdruckssignale richtig zu verstehen, genügt es also nicht, »Vokabeln zu lernen«, um diese dann zu »übersetzen«. Sogar feinste Nuancen sind von Bedeutung. Wir dürfen das entsprechende Signal auch nicht isoliert vom restlichen körpersprachlichen Ausdruck sehen und vor allem spielt der Kontext, in dem es auftritt, eine wesentliche Rolle.

Das Ausdrucksverhalten eines Lebewesens hat Sinn, nämlich den, dass andere wissen, wie es ihm geht und was es beabsichtigt. »Ausdruck ist immer adressiert«, sagen die Ausdruckspsychologen und sie meinen damit, dass ein Luftsprung, den wir vielleicht beim Lesen einer tollen Nachricht machen, sogar dann anderen unsere Freude mitteilen soll, wenn gar keine anderen da sind. Der Ausdruck unserer Hunde ist auch adressiert – und sehr oft an uns. Die gesamte Körpersprache transportiert Botschaften, die Mimik, eventuelle Lautäußerungen, aber vor allem auch der Ausdruck der Augen unserer Hunde. Hunde sprechen nicht Latein. Die Sprache »Hund« ist alles andere als eine tote Sprache.

Botschaften wollen nicht erklärt, sondern verstanden werden. Und jemanden zu verstehen ist ein ganz anderer Vorgang, als einfach nur seine Ausdruckssignale zu deuten.

## *Sag mir, was du denkst*

Wie weiß ein Mann, dass eine Frau an ihm interessiert ist? Und wie weiß der Händler im Bazar, dass er mit dem Preis für seinen Teppich nicht mehr weiter herunter gehen muss, da der Kunde mit einiger Sicherheit kaufen wird? In beiden Fällen hätten sich die Pupillen der anderen Person leicht geweitet, auch wenn diese noch so sehr versucht, ihr Interesse zu verbergen. Feinste körpersprachliche Signale teilen dem anderen mit, was wir denken und fühlen, sogar dann, wenn wir uns unserer Gedanken und Gefühle gar nicht bewusst sind. Und wir nehmen in der Regel die Signale anderer auf, ohne dass uns diese im Einzelnen bewusst werden. Denken Sie etwa über die Pupillen Ihres Gesprächspartners nach, wenn Sie sich mit jemandem unterhalten? Wohl kaum. Studieren Sie die Atemmuster anderer, winzigste Veränderungen in der Hautfärbung, flüchtigste Bewegungen der Mundwinkel, der Augen, der Brauen, minimalste Wechsel in der Muskelspannung? Bestimmt nicht! Und doch sind all das Botschaften an Sie. Sie nehmen all diese feinen Signale auch wahr und reagieren darauf, ohne dass dies Ihr Bewusstsein registrieren muss. Auch das Verstehen anderer, unabhängig davon, ob es sich um einen anderen Menschen oder um ein Tier handelt, ist ein intuitiver Vorgang.

In seinem Buch *Das Gefühlsleben der Tiere* weist der Verhaltensforscher Marc Bekoff darauf hin, dass es überraschend leicht sei, Emotionen von Tieren zu erkennen und dass Menschen oft durch einfaches Beobachten von Tieren intuitiv die richtigen Emotionen erfassen. Er verweist auf die umfangreichen Studien von Françoise Wemelsfelder, die ergeben haben, dass auch nicht speziell geschulte Menschen bei der Identifizierung tierischer Emotionen gute Arbeit leisten.[37] Menschen können also die »Sprache Hund« ganz gut verstehen, auch wenn sie niemals deren Vokabeln und Grammatik gelernt haben (was natürlich nicht heißen soll, dass es falsch oder überflüssig wäre, »Vokabeln« und »Grammatik« zu lernen. Sie wissen ja: Die Intuition bevorzugt den präparierten Geist). Das könnte ein Stück weit daran liegen, dass es erstaunlich viele Ähnlichkeiten zwischen der Mimik und der Körpersprache von Hunden und Menschen gibt. Aber sogar in Bereichen, wo das Ausdrucksverhalten von Mensch und Hund eher unterschiedlich ist, können wir einander überraschend gut verstehen. Hunde erkennen unter

[37] Marc Bekoff: *Das Gefühlsleben der Tiere* (2008), S. 69

anderem am Klang unserer Stimme unsere Stimmung, obwohl wir ja nicht bellen, sondern »Mensch« sprechen. Und sogar andersherum klappt es: Unter der Leitung von Adam Miklosi startete man in Budapest eine groß angelegte Studie über Hundeverhalten. Unter anderem ging es dabei auch um die Lautäußerungen von Hunden. Die Budapester Forscher fanden heraus, dass Menschen durchaus einen Sinn für unterschiedliche Bellweisen haben – und das unabhängig davon, ob sie mit Hunden vertraut sind oder nicht. Wenn die Versuchspersonen Hundegebell von einem Tonband hörten, konnten sie recht treffend beurteilen, ob es von einem wütenden, einem ängstlichen oder glücklichen Hund stammte.

Im Übrigen kann ich auch die sehr differenzierte Lautsprache meines Minipigs Piccolino recht gut verstehen, ohne dass ich mich allzu sehr in ein bewusstes Studium derselben vertieft hätte. Sein verärgertes »Mannooo!«, das er z. B. ertönen lässt, wenn er nach draußen soll obwohl es regnet, erinnert mich sehr an eine gelegentliche, recht ähnlich klingende Reaktion meines Sohnes Christopher als kleiner Junge, wenn er ins Bett sollte. Piccos begeistertes »Ho-ho-ho!« ist unverkennbar ein Ausdruck der Wiedersehensfreude, obwohl es auch ein »Ho-ho-ho« gibt, das eher energische Verhandlungen einleitet (»Hallo, Sunny, der Korb in dem du grade liegst, wäre im Moment für mich genau richtig. Also komm bitte raus!«). Knurren ist eine Warnung oder Ausdruck von Unsicherheit oder Ängstlichkeit, wie beim Hund auch, und bei den vielen Varianten von »Hm, hm«, bestimmen Frequenz, Lautstärke und Klangfarbe die Botschaft.

So wichtig es auch ist, sich möglichst viel Wissen über das Ausdrucksverhalten von Hunden anzueignen – ohne die Weisheit der Gefühle, die Intuition, ist unser Wissen wertlos. Ebenso, wie wir ohne die Intelligenz der Gefühle keine vernünftigen Entscheidungen treffen können, ist es uns auch nicht möglich, andere Lebewesen, ob Mensch oder Tier, ohne Beteiligung der Gefühle zu verstehen. Aus Untersuchungen an Menschen mit schweren Störungen im emotionalen Bereich wissen wir, dass diese die Körpersprache und Mimik anderer nur sehr eingeschränkt oder überhaupt nicht »lesen« können. Nur dann, wenn die Gefühlsebene in einen Kommunikationsprozess einbezogen ist, können wir wirklich verstehen, was die nonverbalen Signale anderer ausdrücken, sei es die Mimik eines Hundes oder auch das Lächeln eines Menschen. Intuitiv können wir übrigens sogar ein echtes von einem aufgesetzten Lächeln anderer Menschen unterscheiden, obwohl die Unterschiede so subtil sind, dass wir sie bewusst meist nicht registrieren (am echten Lächeln ist der Ringmuskel um die Augenpartie beteiligt, dessen Funktion wir nicht bewusst steuern können).

Das Ausdrucksverhalten von Lebewesen ist vielschichtig und komplex. Es enthält so feine Signale, die vom bewussten Verstand oft gar nicht wahrgenommen werden können. Zudem laufen Kommunikationen oft unglaublich schnell und subtil ab. Sogar im genauen Beobachten von Tieren hochtrainierte Ethologen müssen auf Videoanalysen zurückgreifen, um Details der Kommunikationsprozesse bewusst zu erfassen. Einmal mehr haben wir es mit einer Aufgabe zu tun, die der bewusste Verstand allein nicht leisten kann. Glücklicherweise muss er das auch gar nicht. Wir machen das nämlich ganz anders ...

## *Wie ein kleiner Affe das Weltbild der Wissenschaftler erschütterte*

Es begann damit, dass Leo Fogassi nach einer Erdnuss griff. Oder war es Vittorio Gallese, der sich in einer kleinen Arbeitspause eine Kugel Eis gönnte? Heute kann das Team um den Neurophysiologen Giacomo Rizzolatti nicht mehr genau sagen, wie es eigentlich damals, vor fast zwanzig Jahren, zu jener zufälligen Entdeckung kam, die grundlegende Überzeugungen der wissenschaftlichen Welt regelrecht auf den Kopf stellen sollte. Rizzolatti, Chef des physiologischen Instituts der Universität Parma, und seine Mitarbeiter waren dabei zu studieren, wie im Gehirn Bewegungen geplant werden. Dazu hatte man Affen unter Narkose feine Elektroden im prämotorischen Cortex, dem Teil des Gehirns, der für Handlungsplanung zuständig ist, eingepflanzt (wobei die Wissenschaftler versichern, dass sie dabei zu jeder Zeit äußerste Sorgfalt walten ließen, um zu verhindern, dass sich die Tiere mit den Implantaten unwohl fühlen). Die Elektroden wurden während der Versuche mit einem Computer verbunden, so dass man die Aktivitäten der einzelnen motorischen Nervenzellen genau beobachten konnte. Motorische Nervenzellen sind Neurone, die Handlungen planen und steuern.

Eines Tages kam es zu einem unerwarteten Vorfall. Ein Affenweibchen saß gerade auf einem Stuhl und wartete auf seine nächste Aufgabe, während sich einer der Wissenschaftler im Labor zu schaffen machte. Ob es nun Gallese war oder Fogassi, ob es um Eis ging, eine Erdnuss oder etwas ganz anderes – genau in dem Moment, als der Mann seine Hand ausstreckte, um nach dem »Was-auch-immer-Ding« zu greifen, hörte man ein Geräusch aus dem Computer. Es war das typische Rauschen, das auf eine deutliche Neuronen-Aktivität hinwies. Ein schneller Blick auf den Bildschirm bewies: Tatsächlich hatte eine Nervenzelle der Äffin »gefeuert«, wie das die Hirnforscher nennen. Es war jene Nervenzelle, die für Greifhandlungen zuständig war. Das Merkwürdige daran war, dass das Tier völlig still saß und auch weiterhin keinerlei Anstalten machte, nach irgendetwas zu greifen.

Zu dieser Zeit hätte es kein Neurowissenschaftler auf der ganzen Welt für möglich gehalten, dass eine motorische Zelle nur durch die Wahrnehmung der Handlung eines anderen aktiv werden könnte. Das ging den Wissenschaftlern in Parma nicht anders – sie konnten kaum glauben, dass es mit diesem eigenartigen Phänomen irgendetwas auf sich haben könnte. Trotzdem gingen sie der Sache in ihrem Labor systematisch nach. Immer wieder zeigte sich, dass jene Nervenzellen, die ein bestimmtes Handlungs-Programm gespeichert hatten, auch dann aktiv waren, wenn die Tiere den Vorgang nur beobachteten. Sie reagierten sogar in exakt derselben Weise, als würde der jeweilige Affe die Handlung selbst ausführen.

Es dauerte einige Jahre, bis sich die Forscher in Parma selbst ganz klar darüber waren, dass sie einer echten wissenschaftlichen Sensation auf der Spur waren. Nach vielen, streng kontrollierten Experimenten mit Affen – und später auch mit Menschen – konnten sie jedoch sicher sagen, dass es Nervenzellen gab, die die Handlungen anderer gewissermaßen mitvollzogen. Sie nannten diese wundersamen Zellen Spiegelneurone. Rizolatti und sein Team hatten herausgefunden, dass es etwas wie eine neurobiologische Resonanz gibt!

Resonanz bedeutet wörtlich übersetzt »Mitschwingen«. Ursprünglich wurde der Ausdruck gebraucht, um das physikalische Phänomen zu beschreiben, dass schwingende Saiten eines Musikinstruments andere Saiten zum Mitschwingen und -klingen bringen können. Unsere Fähigkeit, uns in andere einzufühlen, mit ihnen mitzufühlen, beruht also auf einem System, das den Austausch von Vorstellungen und Gefühlen nicht nur ermöglicht, sondern sie im Gehirn des Gegenübers auch aktiviert und spürbar macht. Es sind kleine, wundersame Nervenzellen, die hinter dem Geheimnis der Empathie stehen, die Spiegelneurone.

Wir alle kennen Spiegelphänomene aus Erfahrung: Kaum gähnt jemand in unserer Gegenwart, schon gähnen wir mit (weswegen das Gähnen auch der Synchronisation des Gruppenverhaltens dienen kann und weshalb Rüden auf diesem Weg offenbar sogar mit Hündinnen anbändeln können). Ein bekannter und immer noch beliebter »Lausbuben«-Streich scheint mir die Funktion der Spiegelneurone besonders gut zu verdeutlichen: Man stelle sich vor eine Blaskapelle und beiße herzhaft in eine Zitrone. Den armen Musikern läuft dermaßen das Wasser im Mund zusammen, dass sie nicht mehr imstande sind, weiterzuspielen.

Überall wo Menschen zusammen sind, finden Spiegelungen statt: Wir spiegeln einander in unserer Haltung, in Bewegungen, sogar im Sprechtempo und im Tonfall – je besser wir uns verstehen, desto intensiver. Verliebte gleichen ihre Körpersprache manchmal so stark aneinander an, dass sie wirken, als würden sie miteinander tanzen. Viele Menschen, die Kinder lieben, gehen ganz automatisch in die Hocke, um mit ihnen zu reden, und sie sprechen mit einer höheren, kindlichen Stimme. Und Menschen, die Hunde lieben, tun oft dasselbe. Sie hocken sich hin und benutzen Babysprache. Ich habe das im Zusammenhang mit dem Thema »Vermenschlichung« schon erwähnt – auch das ist eine Art Spiegelungsprozess und ein Zeichen von Verbundenheit. Apropos Baby – haben Sie vielleicht schon einmal versucht, ein Baby zu füttern, ohne dabei selbst den Mund aufzumachen?

Jede unserer Handlungen ist mit Gefühlen verbunden. Immer wenn wir andere Lebewesen mit Hilfe unserer Spiegelnervenzellen simulieren, werden zugleich auch die sogenannten sensiblen Nervenzellen aktiv, in denen die Vorstellungen von Empfindungen gespeichert sind. Ob wir nun selbst handeln oder ob wir die Handlungen anderer spiegeln – es werden dabei immer auch jene Gefühle aktiviert, die mit dieser Handlung verbunden sind. So kommt es, dass uns ein schlecht gelaunter Mensch den ganzen Tag verderben kann, ein fröhlicher hingegen hebt unsere Stimmung. Angst ist ansteckend, Lachen und Übermut sind es auch.

Auch im Tierreich grassiert die Ansteckung. Da wird zum Beispiel ein sattes Huhn durch einen fressenden Artgenossen schnell dazu gebracht, selbst wieder Körner zu picken (ein Muster, das ja vielleicht nicht nur für Hühner typisch ist ...). Ein im Sand badender Sperling veranlasst andere, dasselbe zu tun. Man nimmt an, dass bei schwarmbildenden Vögeln die allgemeine »Flugstimmung« jene Tiere regelrecht mitreißt, die noch nicht abflugbereit sind. Wenn Sie mehr als einen Hund besitzen, werden Sie wissen, dass Bellen fast so ansteckend ist wie das Chorheulen der Wölfe. Alle diese Phänomene sind in der Verhaltensforschung seit langer Zeit als Stimmungsübertragung bekannt.

Der Autor des ersten deutschsprachigen Buches über die Spiegelnervenzellen, Prof. Dr. Joachim Bauer, vergleicht das, was die Spiegelneurone in uns bewirken, mit der Erfahrung einer Person, die in einem Flugsimulator sitzt. Alles sei so, als würde man selber fliegen, sogar das Schwindelgefühl beim Sturzflug stelle sich ein, erklärt Bauer, und er schreibt über den Beobachter einer Handlung: »Indem er das, was er beobachtet, unbewusst als inneres Simulationsprogramm erlebt, *versteht* er, und zwar spontan, ohne nachzudenken, was der andere tut.«[38]

Ein Weggefährte Rizzolattis, Marco Jacoboni, ist heute als Spiegelneuronenforscher an der University of California in Los Angeles tätig und arbeitet weiterhin mit dem Team in Parma zusammen. In seinem Buch *Woher wir wissen, was andere denken und fühlen* führt er zahlreiche Studien und Untersuchungen an, die auf empirischem Weg beweisen, dass unsere Gehirne in der Lage sind, selbst verborgenste Aspekte im Geist eines anderen widerzuspiegeln. Auch Marco Jacoboni weist auf die bemerkenswerte Mühelosigkeit dieser Simulation hin.

Es war wohl gerade die mühelose Einfachheit der ablaufenden Prozesse, was die wissenschaftliche Welt ein wenig aus den Fugen geraten ließ. Wie wir schon festgestellt haben, laufen auch Wissenschaftler leicht in die BDP-Falle. Sie erinnern sich vielleicht an den etwas sperrigen Ausdruck »Belief-Disconfirmation-Paradigm«, von dem schon im ersten Teil dieses Buches die Rede war (*Tragische Blüten einer verhängnisvollen Philosophie*). So versuchte man zunächst alles, um an der gängigen Theorie festzuhalten. Diese hatte den ungewöhnlichen Namen »Theorie-Theorie« und besagte, dass wir Menschen vom zartesten Alter an wie Naturwissenschaftler vorgehen, um die geistigen Zustände einer anderen Person zu erfassen. Dabei würden wir, so dachte man, das Verhalten des anderen beobachten, dann eine Theorie darüber aufstellen, was in ihm vorgeht, und schließlich nach Indizien für unsere Theorie suchen, um diese zu bestätigen, zu ergänzen oder zu verwerfen.

Nachdem man also hinter dem Prozess des Einfühlens dermaßen komplizierte geistige Operationen vermutete, war es letztlich logisch, die Fähigkeit zur Empathie ausschließlich dem Menschen zuzutrauen. Eigenartig nur, dass kaum jemand zu hinterfragen schien, ob vielleicht nicht nur Tiere, sondern auch jüngere Kinder mit einer solchen Denkweise überfordert sein könnten. Heute ist die Theorie-Theorie zugunsten der Simulations-Theorie ins Hintertreffen gerückt. Wir wissen: Um zu verstehen, was in anderen vorgeht, brauchen wir keine komplexen Schlüsse zu ziehen oder vertrackte Berechnungen anzustellen. Die Spiegelnervenzellen sind dafür verantwortlich, dass wir andere spontan verstehen können und ohne sie gäbe es keine Empathie.

In Parma ging indes die Forschung weiter. Eine junge Mitarbeiterin Rizzolattis, Alessandra Umiltà, ließ sich ein weiteres Experiment einfallen. Sie legte eine Nuss auf ein Tablett, ließ einen Affen einen ganz kurzen Blick darauf werfen und stellte es sofort hinter eine kleine Trennwand. Alles, was der Affe nun sehen konnte, war eine Menschenhand, die hinter der Trennwand verschwand.

[38] Joachim Bauer: *Warum ich fühle, was du fühlst. Intuitive Kommunikation und das Geheimnis der Spiegelneurone* (2005), S. 26/27

Den eigentlichen Griff zur Nuss konnte er auf diese Weise nicht beobachten. Die Spiegelnervenzelle, die das Programm »Greifen nach einer Nuss« gespeichert hatte, feuerte. Dieses raffinierte Experiment zeigte, dass bereits die Beobachtung von Teilen eines Handlungsablaufs ausreicht, um jene Spiegelneurone zu aktivieren, die den gesamten Ablauf dieser Handlung kennen. Weitere Forschungen ergaben dann, dass dies nicht nur für Handlungsabfolgen gilt, sondern auch für Abläufe des Empfindens und Fühlens. Spiegelnervenzellen ermöglichen uns also nicht nur einfühlendes Verstehen, sie machen auch soziale Situationen vorhersehbar. Intuitive Ahnungen und Vorhersagen, die man früher nur belächelt hatte, sind damit erklärbar geworden. Die Spiegelneurone sind die neurobiologische Grundlage der sozialen Intuition.

## *Was die Spiegelneurone noch können*

Ein Flugsimulator ist eine gute Sache, um tatsächlich fliegen zu lernen. Mein Sohn Christopher, begeisterter Segel- und Ultraleichtflieger, hat viel und erfolgreich mit einem Flug-Simulationsprogramm trainiert. Ganz ähnlich verhält es sich mit unserem inneren Simulationsprogramm. Indem die Spiegelneurone Handlungen anderer innerlich mitvollziehen und uns dazu verführen, diese auch äußerlich zu kopieren, werden im Gehirn Handlungsbereitschaften gebahnt. Die Spiegelnervenzellen haben also einen modellbildenden Effekt und sind für das verantwortlich, was wir »Lernen am Modell« nennen.

Je jünger wir sind, desto intensiver ist unsere Tendenz, Gesehenes gleich selbst zu machen und uns auf diese Weise immer weitere Fähigkeiten und Fertigkeiten anzueignen. Mit zunehmender Reifung werden dann auch hemmende neurobiologische Systeme aktiv, die dafür sorgen, dass wir nicht alles und jedes imitieren, was wir von anderen sehen (oder auch hören). Die Ausdruckssignale anderer Lebewesen spiegeln wir weiterhin automatisch. Im Bereich des Lernens muss nun aber auch eine spezifische Motivation dazukommen, damit die »Imitationsbremse« gelöst wird. Dennoch bleibt das Lernen am Modell für uns ein Leben lang wichtig. Während sich zur Zeit des Behaviorismus alles um operantes Lernen drehte, nach der kognitiven Revolution plötzlich das kognitive Lernen mit Hilfe von Denkprozessen im Mittelpunkt des Interesses stand, wissen wir heute dank der Spiegelneuronenforschung um die immense Bedeutung, die das Modelllernen für uns Menschen hat. Geht es aber um das Lernen von Tieren, so führt diese Lernform immer noch ein gewisses Schattendasein. Lange traute man

Tieren das soziale Lernen am Modell ebenso wenig zu wie die Problemlösung durch Nachdenken.

Als Roger Fouts in den 1960er Jahren mit Washoe, dem ersten sprechenden Schimpansen, zu arbeiten begann, sollte er auf Anweisung seines Doktorvaters Allan Gardner, nach den Methoden Skinners vorgehen. Jede neue Gebärde sollte »geshapt« werden (»Shaping« ist der Fachausdruck für das Formen von Verhalten, wie ich es am Beispiel des Tricks »Socken ausziehen« gezeigt habe). Das erwies sich als extrem mühsam, als Ding der Unmöglichkeit letztlich. Erst als Fouts begann, auf Washoes Neugier, Nachahmungs- und Spielfreude zu setzen, sie zum Teil anleitete, ihr Gebärden vormachte und andererseits die Lernprozesse auch einfach geschehen ließ, lernte sie schnell und mit beeindruckenden Ergebnissen.

Noch drastischer waren die Erfahrungen von Sue Savage-Rumbaugh, die mit Schimpansen und Bonobos tierische Sprachforschung mit Hilfe einer Computertastatur betrieb. Keiner der sorgfältig ausgebildeten Menschenaffen erreichte jemals das fast unglaubliche Niveau des sprachlichen Ausdrucks und Verstehens von Kanzi. Und Kanzi war der Einzige unter den Menschenaffen, der überhaupt kein Training erhalten hatte, da er noch sehr jung war. Er war lediglich bei den Trainingssitzungen seiner Mutter dabei gewesen.

Ein weiteres tierisches Genie, über dessen unglaubliche Fähigkeiten wir wohl niemals etwas erfahren hätten, wenn sich seine Besitzerin nicht über die herrschende Lehrmeinung hinweggesetzt hätte, war Papagei Alex. Prof. Irene Pepperberg nutzte die recht ungewöhnliche, kaum bekannte »Model-Rival-Methode«, die ursprünglich von dem deutschen Verhaltensforscher Dietmar Todt stammte, und entwickelte sie weiter. Bei dieser Methode stellen jeweils zwei Trainer einander Fragen zu einem bestimmten Gegenstand, während der Vogel dabei sitzt und zuschaut. Trainer A fragt also z. B. Trainer B, wie ein bestimmter Gegenstand heißt, welche Farbe er hat, aus welchem Material er besteht usw. Antwortet Trainer B richtig, bekommt er eine Belohnung. Von Zeit zu Zeit wird dann das Tier gefragt. Antwortet es richtig, erhält es natürlich ebenfalls eine Belohnung. Da Alex ganz verrückt darauf war, mit verschiedenen Dingen zu spielen oder aber sie zu zerlegen, erhielt er jeweils den richtig bezeichneten Gegenstand.

Man gab Frau Pepperberg damals deutlich zu verstehen, dass es verrückt sei, auf operante Konditionierung zu verzichten und stattdessen auf die »merkwürdige Methode« der sozialen Interaktion zu setzen. Irene Pepperberg aber war auf diese Weise in der Lage nachzuweisen, dass es bei Papageien kognitive Prozesse gibt, die man bis dahin nur Menschen und allenfalls Menschenaffen zugetraut hätte.

Noch viel beeindruckender als Alex' enorme Fähigkeiten im Zuordnen von Namen, Größen, Farben und Material zu Gegenständen, war seine Fähigkeit, die Sprache außerhalb der Experimente im Alltag oder auch als Trainer der Nachwuchs-Papageien flexibel und verständig einzusetzen. »Du irrst dich«, sagte er beispielweise in seiner Funktion als Trainer zu seinen gefiederten Trainees, wenn diese bei einer Antwort falsch lagen, »Sag besser«, forderte er sie auf, wenn sie seiner Meinung nach undeutlich sprachen. Bei seinen eigenen Trainern entschuldigte Alex sich mit »Tut mir Leid!«, wenn er seine Späße mal wieder zu weit getrieben hatte. Eines Tages, nachdem er der Institutssekretärin Nüsse, Mais und Ähnliches angeboten hatte, was diese immer wieder dankend ablehnte, fragte er sie: »Was willst du dann?« Und als Frau Pepperberg eimal den Raum betrat, nachdem sie gerade Ärger gehabt hatte, forderte er sie auf: »Beruhige dich!«[39]

Trotz dieser eindrucksvollen Erfahrungen engagierter Forscher wird die Bedeutung des Modelllernens bei Tieren nach wie vor unterschätzt. So lese ich zum Beispiel in einem von zwei Biologen verfassten, 2001 erschienenen Buch über Waschbären, junge Waschbären würden nicht durch Nachahmung lernen, auch wenn es so aussehe, sondern ausschließlich durch Versuch und Irrtum. Ich musste beim Lesen doch ein wenig grinsen – weiß ich doch zu genau, warum meine Bärchen enorme Umwege über das Gehegedachgebälk machen, wenn sie gerade auf einem Baum sitzen und ich sie zu mir rufe: Richtig und sicher von einem Baum herabzuklettern, nämlich mit dem Hinterteil und nicht mit dem Kopf voran, lernt man durch Nachahmung von der Mutter oder gar nicht (Wieder ein Punkt, in dem ich meine mütterlichen Pflichten Monty und Paul gegenüber vernachlässigt habe). Bei Katzen ist es übrigens genauso. Nur wenige Katzenkinder haben heute noch die Gelegenheit, das Herunterklettern von Bäumen von ihrer Mutter zu lernen. Das ist der Grund, warum immer wieder mal die Feuerwehr ausrücken muss, um ein Kätzchen zu retten, das sich in höchste Höhen verstiegen hat und nicht weiß, wie es nun wieder herunterkommen soll.

Wenn ich hier sehr deutlich auf die Bedeutung des sozialen Lernens am Modell hinweise, möchte ich damit nicht sagen, dass ich dieses für eine »gute« und Konditionierung für eine »schlechte« Lernform halte. Verschiedene Anforderungen und Aufgaben verlangen nach unterschiedlichen Lernformen. Operantes Konditionieren mit Futterbelohnungen ist bis heute eine der besten Herangehensweisen, wenn es um das Erlernen von »Kunst-Stücken« geht – allerdings nur

[39] Nach Irene Pepperberg: *Alex und ich* (2009)

dann. Wir sollten auch die Konditionierungs-Techniken wieder bewusst mit der sozialen und emotionalen Komponente anreichern. Auch ein Training mit Hilfe von Konditionierung ist etwas, das durch die Beziehung getragen wird.

Die meisten Forscher sind heute der Meinung, dass Spiegelnervenzellen hinter der Entwicklung der menschlichen Sprache stehen und einige nehmen an, dass diese auch für die Kultur verantwortlich sind. Diese Bereiche sind jedoch für unseren Zusammenhang weniger wichtig. Viel bedeutsamer ist da schon die Rolle, die die Spiegelnervenzellen beim Zustandekommen von Bindung spielen.

Wahrscheinlich ist es ja inzwischen keine große Überraschung mehr, dass die Spiegelneurone auch für die Bindungserfahrungen von Lebewesen verantwortlich sind. »Geglückte Spiegelungen und das auf dieser Basis entstehende Gefühl der Bindung führen auch zu einem Ausstoß körpereigener Opioide (...) Frühe Spiegelungen führen also nicht nur zu seelischem, sondern auch zu körperlichem Glück«, erklärt Joachim Bauer.[40] Bei geglückten Spiegelungen werden neben den körpereigenen Opiaten, den auch »Opioide« genannten Schmerzstillern, auch das Bindungshormon Oxytocin und der Belohnungstransmitter Dopamin verstärkt ausgeschüttet. Die »Feinfühligkeit der Bindungsperson«, von der Bindungsforscher sprechen, wie auch das »fürsorgliche Verhalten« von Suomis Supermüttern könnte man auch als gut ausgeprägte soziale Intuition bezeichnen und diese beruht auf den Aktivitäten hochentwickelter Spiegelneurone.

Warum aber gibt es überhaupt gute und weniger gute »Bindungsfiguren«, einfühlsame und weniger einfühlsame, »talentierte Spiegler« und solche, die so gar keine Antenne für die spontane Erwiderung von Gesten und Stimmungen haben? Man könnte meinen, der eine hätte von der Natur besonders viele Spiegelnervenzellen mitbekommen und andere eher weniger. Das wäre allerdings nicht ganz richtig. Wir und andere Lebewesen kommen mit einer guten genetischen Grundausstattung an Spiegelneuronen zur Welt. Diese müssen jedoch »aufgeweckt« werden. Sie brauchen ein Gegenüber, echte Mitspieler, die selbst gut spiegeln können, um sich zu entwickeln. Wie schon Stephen Suomi an seinen Rhesusaffen feststellte, hängt alles von der Bindungsfigur ab. Es braucht deren sozial-intuitive Begabung, um das Wechselspiel zärtlicher Imitationen in Gang zu bringen, das die Grundlage einer sicheren Bindung ist. Spiegelungen zwischen Mutter und Kind wecken die Spiegelnervenzellen des jungen Lebewesens auf.

Wer am Anfang seines Lebens die Erfahrung einer sicheren Bindung gemacht hat, verfügt für das weitere Leben über viele hochaktive Spiegelneurone. Das wieder erklärt, warum sichere Bindung zu einer hohen sozialen Kompetenz führt

[40] Joachim Bauer: *Warum ich fühle, was du fühlst* (2005), S. 62

und warum die Töchter von »Supermüttern« selbst wieder zu hervorragenden Müttern werden. Auf der anderen Seite wissen wir von Menschen, die in einer emotionsarmen Umgebung aufgewachsen sind, sei es in einer lieblosen Atmosphäre, sei es durch einen rationalen, vernunftgeprägten Erziehungsstil, dass sie es entsprechend schwer haben, mit anderen in emotionalen Kontakt zu kommen.

Die Gehirne von Lebewesen arbeiten nach dem Grundsatz »Use it or loose it«. Nervenzellsysteme, die nicht benutzt werden, gehen verloren. »Use it or loose it« bedeutet aber glücklicherweise nicht, dass Fähigkeiten, die nicht früh entwickelt wurden, ein für allemal verloren sind. Total ausgleichen lassen sich die Folgen fehlender emotionaler Zuwendung in der Kindheit wohl weder bei Menschen noch bei Tieren. Dennoch bleibt das Gehirn in derselben Weise trainierbar wie unsere Muskeln – ein Leben lang.

## *Flüstererneurone*

Vor Jahren besuchte ich in der Schweiz den Tierlehrer René Strickler in seinem Beschäftigungszoo für Raubtiere und sah ihm bei seiner eindrucksvollen Arbeit mit den großen Katzen zu. Als Erstes war eine Gruppe von Tigern an der Reihe. Nachdem die Tiger auf ihren Podesten Platz genommen hatten, begrüßte der Dompteur jedes Tier einzeln. Er tat das, indem er sich gegenüberstellte, zunächst »auf Mensch« zu jedem Tier »Guten Morgen« sagte. Schließlich, da er von jedem Tier den typischen Singsang eines freundlichen Tigers als Antwort bekam, nahm er diese Geräusche auf und imitierte sie, so dass die Unterhaltung »auf Tiger« weiter ging. Ein junges Tier hob während dieses kleinen Guten-Morgen-Dialogs den Blick plötzlich zur Kuppel des Trainingszeltes. Fast synchron wanderte auch der Blick des Tierlehrers nach oben.

Es mag ein wenig merkwürdig klingen, aber das ist genau das Verhalten, das Mütter ihren Kindern gegenüber zeigen, wenn die Mutter-Kind-Beziehung intakt ist. Schon diese kurze Sequenz, in der das eigentliche Training ja noch nicht einmal begonnen hatte, konnte eine Menge über den Trainer und die Beziehung zwischen ihm und seinen Tieren erzählen. All diese Kommunikationsmuster sind Ausdruck einer tiefen und vertrauensvollen Bindung. Hier war es nicht nur das liebevoll wirkende Aufgreifen (Spiegeln) der Geräusche seiner Tiere, das den hochbegabten Trainer verriet, sondern auch der Blick, der sich zeitgleich mit dem des Tigers nach oben bewegte.

Dieses spontane Einschwenken auf ein gemeinsames Aufmerksamkeitsziel nennt man »Joint Attention«. Joint Attention ist eine Spiegelreaktion ganz eigener Art, sie erfolgt spontan, fast simultan und ohne jedes Nachdenken. Dieses Phänomen gehört einerseits zu den wichtigsten Voraussetzungen für den Aufbau einer emotionalen Bindung, ist andererseits, wenn es spontan und zusammen mit anderen Spiegelungsprozessen auftritt, aber auch ein untrügliches Zeichen für eine bereits bestehende innige Beziehung.

Man könnte natürlich Zweifel haben, ob die Spiegelneurone in einer zwischenartlichen Beziehung dieselbe Rolle spielen wie zwischen Artgenossen. Sprechen Spiegelnervenzellen möglicherweise weniger gut auf andere Lebewesen an? Sind sie vielleicht sogar zwischen unterschiedlichen Arten bedeutungslos? Diese Fragen sind durchaus berechtigt. Immerhin wäre es doch denkbar, dass wir zwar andere Menschen auf diese spontane und unmittelbare Weise verstehen, nicht aber Tiere. Schließlich hat jede Tierart ihre ganz eigene Ausdrucksweise und die analoge Sprache »Hund« bleibt, bei allen Ähnlichkeiten mit unserem nonverbalen Ausdrucksverhalten, für uns eine Fremdsprache.

Die ersten Antworten auf unsere Fragen geben uns bereits die Tiere, an denen man die Spiegelnervenzellen zuerst erforscht hatte: Rizzolattis Affen. Lange Zeit waren alle Versuche, die in Parma durchgeführt wurden, zwischenartlicher Natur: Ein Mensch gab eine Handlung vor, der Affe spiegelte diese. Übrigens waren diese Affen nicht etwa Schimpansen oder Bonobos, unsere allernächsten Verwandten also – es handelte sich um Makaken, sogenannte Tieraffen. Nun könnte man immer noch einwenden, dass dort in Parma ja immerhin Primaten unter sich waren. Das ist richtig. Aber auch unsere Alltagserfahrung deutet darauf hin, dass Spiegelneurone eine wichtige Rolle spielen, wenn wir mit Tieren umgehen. Jeder, der schon einmal darunter gelitten hat, wenn er mit ansehen musste, wie ein Tier misshandelt wird, weiß, wie sehr Menschen auch mit Tieren mitfühlen können. Jeder, der sich schon einmal vom ausgelassenen Übermut seines Hundes mitreißen ließ, konnte spüren, dass uns auch Vierbeiner mit ihrer Stimmung anstecken können. Um uns einzufühlen, um mitzufühlen und um uns anstecken zu lassen, haben wir jedoch keine Wahl der Mittel. Uns steht für diese Zwecke ganz einfach kein anderes System innerhalb unseres Gehirns zur Verfügung als das der Spiegelnervenzellen.

Spiegelneurone reagieren auf das, was wir sehen, und auch auf Gehörtes. So wären z. B. die Ergebnisse der Budapester »Bell-Studie«, die zeigte, dass Menschen spontan den Gefühlsausdruck von Hundegebell verstehen können, ohne die Arbeit der kleinen Wunderzellen nicht möglich gewesen. Vor allem aber rufen

Handlungen und Ausdruckssignale, die wir bei anderen Lebewesen sehen, Spiegelreaktionen hervor. Auch die Körpersprache unserer Hunde können wir nur mit Hilfe des inneren Simulationsprogramms wirklich verstehen. Die Grenze ist dort, wo wir Verhaltensweisen des Hundes mit unserem eigenen Gefühl nicht spiegeln können. Erinnern Sie sich an das Beispiel »Hund wälzt sich in Rattenaas«. Unsere Spiegelzellen feuern zwar, wenn wir das sehen, wir vollziehen die Handlung bis zu einem gewissen Grad auch innerlich mit. Das Gefühl, das damit bei uns einhergeht, ist allerdings ein völlig anderes als das des Hundes. Somit ist der Spiegelungsprozess nicht vollständig.

Grundsätzlich aber sind die Spiegelneurone nicht auf Artgenossen angewiesen. Sie reagieren auf alle »biologischen Akteure«, also auf andere Menschen, auf Tiere und alles, was uns lebendig zu sein scheint. Dazu gehören beispielsweise virtuelle Welten, die so gut gemacht sind, dass sie von der Realität kaum mehr zu unterscheiden sind, oder auch wirklich lebensechte Roboter. Maschinen, die wir als solche erkennen, rufen keine Spiegelreaktionen hervor – wenn wir sie erkennen ... Der Tierarzt Franklin D. McMillan, Herausgeber des hier oft zitierten Werkes *Mental Health and Well-Being in Animals* schildert eine Begebenheit, die sich während der Dreharbeiten zu einem Film zutrug. McMillan war damals als wissenschaftlicher Berater für den Kinofilm »Dr. Doolittle« mit Eddy Murphy tätig. Die Darsteller der Tierrollen waren zum Teil echte Tiere, zum Teil lebensechte Roboter. Auch die Rolle des Hundes Lucky war auf diese Weise doppelt besetzt. Gerade in einem Moment, als Dr. McMillan voller Bewunderung für das besonders eindrucksvolle Spiel von Lucky war, tiefe Sympathie für ihn und seine Ausdrucksstärke empfand, stellte sich heraus, dass man kurz davor den echten Lucky gegen den Roboterhund ausgetauscht hatte. McMillan hatte sich gerade mit dem Regisseur unterhalten, so war ihm der Wechsel nicht aufgefallen. Er hatte eine Maschine bewundert und mit ihr mitgefühlt! Seine Spiegelneurone haben ihm da offenbar einen gewaltigen Streich gespielt.

Seit der Entdeckung der Spiegelneurone wissen wir, weshalb Einfühlungsvermögen und soziale Intuition, das Vorausahnen, was der andere als Nächstes tun wird, untrennbar zusammen gehören. Ein ausgeprägtes Einfühlungsvermögen und soziale Intuition führen unweigerlich auch zur Flexibilität, dem blitzartigen Anpassen an die jeweiligen Gegebenheiten. Wir können daher feststellen, dass die auffallendsten und zentralsten Fähigkeiten herausragender Tiertrainer Funktionen der Spiegelnervenzellen sind – wir könnten diese wohl genauso gut »Flüstererneurone« nennen.

Bedeutet das nun, dass alle Menschen, die aufgrund einer glücklichen, sicheren Bindungsbeziehung in der Kindheit ein reiches und aktives Spiegelsystem entwickelt haben, automatisch großartige Tiertrainer sind? Nicht ganz. Über ein hoch entwickeltes Spiegelsystem zu verfügen, das jemandem eine überragende Empathiefähigkeit und soziale Intuition gegenüber seinen Mitmenschen beschert, muss nicht immer automatisch heißen, dass diese Person auch Tieren gegenüber hoch einfühlsam ist. Es gibt Menschen, deren Spiegelneurone sowohl auf andere Menschen als auch auf Tiere stark reagieren, solche, die ihre Artgenossen hervorragend spiegeln, Tiere aber nicht, und schließlich auch solche, die mit Tieren »besser können« als mit Menschen. Womit das zusammenhängt, lässt sich bisher nicht sicher sagen. Erfahrungen mit Tieren in der Kindheit spielen dabei sicher eine wichtige Rolle. Es ist wahrscheinlich, dass sich die Spiegelneurone speziell auf Tiere, vielleicht sogar auf bestimmte Tierarten einspielen müssen – genau wissen wir das nicht. Offensichtlich ist es dagegen, dass hoch einfühlsame, intuitive Tiertrainer Personen sind, deren Spiegelsystem stark auf Tiere anspricht.

Nicht irgendwelche mystischen Methoden oder Supertrainingstechniken sind es also, die den Unterschied zwischen einem nur guten und einem herausragenden Tiertrainer ausmachen, sondern vor allem die vielen subtilen Spiegelungen, die unwillkürlich zu einer tiefen, vertrauensvollen Beziehung führen und Kommunikationsprozesse gelingen lassen. Das also ist das Geheimnis der innigen Mensch-Tierbeziehung, von dem Georg Kleemann sprach. Wir haben es mit Hilfe der Hirnforschung ein Stück weit gelüftet. Das soll nun nicht bedeuten, dass wir das bewundernswertes Talent hochbegabter »Tieremenschen« klein reden und die Faszination der Analyse opfern müssten. Wenn wir aber eine Ahnung haben, was hinter dem besonderen Zugang zum Tier steckt, können wir dieses Wissen nutzen. Das Wissen um die Bedeutung der Spiegelneurone kann uns dabei helfen, unsere eigenen Trainerfähigkeiten immer besser zur Entfaltung zu bringen und die Mensch-Tierbeziehung immer tiefer und inniger werden zu lassen. Vielleicht können wir auf diesem Weg nicht gleich nach den Sternen greifen, aber die eine oder andere Sternschnuppe einzufangen ist allemal möglich.

## Tierisch intuitiv

Während ich hier am Computer arbeite, liegen meine beiden Hunde und das Schweinchen oft in ihren Körbchen und dösen vor sich hin. Es zieht sie gerade nicht so sehr nach draußen, denn es ist bitter kalt und der Garten ist tief verschneit. In der Regel reagieren meine drei Schlafmützen kaum, wenn ich mal kurz den Raum verlasse, um ein Getränk zu holen oder was auch immer zwischendurch zu erledigen. Stehe ich jedoch auf, weil ich finde, dass wir alle etwas Abwechslung gebrauchen könnten und daher eine unterhaltsame Tricktrainingsrunde einlegen sollten, schießen alle drei sofort von ihren Plätzen hoch. Sie tun das auch, wenn ich eher ungewöhnliche Zeiten für das Training wähle, bewusst nichts sage, sie nicht ansehe und mich meiner Meinung nach genauso verhalte, wie sonst auch, wenn ich vom Stuhl aufstehe. Es ist fast unmöglich, sie zu täuschen. Manchmal erinnern sie mich an die zurzeit so beliebten Mentalmagier, wie etwa Thorsten Havener, der auf U-Bahnhöfen umherläuft und Menschen, die er nie zuvor gesehen hat, auf den Kopf zusagt, wohin sie fahren wollen.

Tiere brauchen eine überragende Wahrnehmungsfähigkeit, denn sie sind auf Gedeih und Verderb auf diese angewiesen. Für Wildtiere ist es sogar überlebensnotwendig, immer wieder alle möglichen Situationen richtig einzuschätzen und blitzartig die bestmöglichen Entscheidungen zu treffen. Der Primatologe Ray Carpenter beschreibt dies folgendermaßen: »Stell dir vor, du bist ein Affe und läufst einen Pfad entlang, um einen Felsen herum und stehst plötzlich vor einem anderen Tier. Bevor du weißt, ob du es angreifen, ignorieren oder ob du fliehen sollst, musst du eine Vielzahl von Entscheidungen treffen. Ist es ein Affe oder ein Nicht-Affe? Wenn es ein Nicht-Affe ist: ist es ein Pro-Affe oder ein Anti-Affe? Wenn es ein Affe ist, ist er weiblich oder männlich? Wenn es ein Weibchen ist, ist es in der Hitze? Wenn es ein Männchen ist, ist es erwachsen oder jung? Wenn es erwachsen ist, gehört es zu meiner oder zu einer anderen Gruppe? Gehört es zu meiner Gruppe, ist es ranghöher oder rangtiefer? Es bleibt dir ungefähr ein Fünftel Sekunde, um alle diese Entscheidungen zu treffen, andernfalls kannst du angegriffen werden.«

Dieser Bericht stammt aus dem Buch: *Der Gesellschaftsvertrag* von Robert Ardrey. Es erschien 1971. Zu dieser Zeit wusste man noch nichts von Spiegelneuronen und den Begriff »Intuition« hätte man damals flugs in die Esoterik-Ecke gepackt. Heute würden wir wohl davon ausgehen, dass solche immensen Wahrnehmungs-, Entscheidungs- und Vorhersehens-Leistungen auf Intuition beruhen. Diese Leistungen sind, genau betrachtet, so beeindruckend, dass wir uns letztlich alle nur wünschen könnten, »tierisch intuitiv« zu sein. Aber sind Tiere überhaupt intuitiv? Noch klingt das sehr ungewohnt.

Ehe wir uns dem Klugen Hans, einem der berühmtesten vierbeinigen Meister der ganzheitlichen Wahrnehmung und der zwischenartlichen sozialen Intuition zuwenden, möchte ich daher korrekterweise kurz der Frage nachgehen, was wir über Spiegelnervenzellen bei Tieren wissen und ob diese auch bei Nichtprimaten für die an Hellseherei grenzende soziale Intuition verantwortlich sein könnten.

## *Unerforschte Spiegel*

Im vorigen Kapitel habe ich Beispiele für die grassierende Ansteckung im Tierreich aufgezählt und festgestellt, dass das Phänomen der Stimmungsübertragung zwischen Tieren, aber auch zwischen Mensch und Tier, längst bekannt ist. Ich habe von den beachtlichen Leistungen berichtet, die Tiere mit Hilfe des sozialen Lernens am Modell zustande gebracht haben. Schließlich haben wir festgestellt, dass Tiere uns in einer unglaublichen Art und Weise durchschauen und ich habe ein Beispiel für soziale Intuition in freier Wildbahn angeführt. Es ist also nur logisch, davon auszugehen, dass die meisten Tiere über besonders aktive Spiegelnervenzellen verfügen. »Offiziell« aber waren Spiegelneurone bisher nur beim Affen und beim Menschen nachgewiesen und so wurde bzw. wird ihre Existenz bei allen anderen Arten stark angezweifelt.

Üblicherweise schrieb man in der Vergangenheit alles Verhalten von Tieren, das man nicht so recht erklären konnte, dem »Instinkt« zu. Der Instinktbegriff bezog sich ja aber auf angeborenes Verhalten. Wollten wir denn diesen beibehalten, könnten wir ihn allenfalls auf die »instinktive« Suche nach der mütterlichen Milchquelle bei neugeborenen Säugetieren, den Nestbau bei Vögeln oder ähnliche Verhaltensmuster anwenden. Weder das Phänomen der Stimmungsübertragung noch die Fähigkeit, von Vorbildern zu lernen, kann man so erklären und erst recht nicht die schier unglaublichen Wahrnehmungsleistungen im sozialen Zusammenhang.

Auch die ausgeprägte Detailwahrnehmung der Tiere reicht hier als Erklärung nicht aus. Das Wissen um die Detailwahrnehmung hilft nachzuvollziehen, warum zum Beispiel ein Pferd scheut, wenn ein kleines, zusammengeknülltes Papiertaschentuch am Wegesrand liegt – einfach weil dieses bisher nie dort lag (was dem Reiter natürlich prompt entgangen ist). Hochkomplexe Wahrnehmungen aber, die sich auf soziale Situationen beziehen und darüber hinaus innerhalb von Sekundenbruchteilen zu richtigen Entscheidungen führen, lassen sich auf diesem Weg nicht erklären (Temple Grandin leitet ihr Konzept ja aus dem Vergleich der Wahrnehmungsfähigkeiten von autistischen Menschen und Tieren ab. Die unglaublichen Wahrnehmungsleistungen autistischer Menschen beziehen sich aber niemals auf soziale Situationen).

Vielleicht hat der Mensch mit der Entdeckung der Spiegelneurone einmal mehr etwas an Tieren erforscht, was für ihn selbst interessant und nützlich war – und sich dann, wie so oft, nur noch für sich selbst und die eigene Art interessiert. Natürlich könnte auch das altvertraute, »alles erklärende« Instinktmodell der Grund sein, dass man lange Zeit nicht nach den Spielgelnervenzellen bei irgendwelchen anderen Tieren außer den Affen fragte. Möglicherweise liegt es auch daran, dass die Untersuchungen aufwändig sind. Tatsache ist, wir wissen noch wenig über Spiegelneurone bei Nichtprimaten.

»Inoffiziell« hatte ich allerdings nie die geringsten Zweifel, dass viele Tierarten über ein Spiegelneuronensystem verfügen. Wenn Primaten sich mit Hilfe der Spiegelnervenzellen aneinander anpassen, einander mit Stimmungen und Gefühlen anstecken und so weiter, gibt es keinen einzigen vernünftigen Grund anzunehmen, dass Elefanten, Papageien, Ratten oder Hunde das vollkommen anders machen und daher gar keine Spiegelneurone brauchen. Das wäre unlogisch. Solche Quantensprünge macht die Evolution nicht.

Prof. Dr. Joachim Bauer sieht die Spiegelung sogar als Leitgedanken der Evolution. In seinem Buch über die Spiegelneurone widmet er diesem Thema ein ganzes Kapitel. Er weist auf intuitiv abgestimmtes Verhalten von Fisch- und Vogelschwärmen hin, das ohne Spiegelmechanismen gar nicht denkbar wäre. Dasselbe gilt für die vielen in sozialen Gruppen lebenden höheren Wirbeltiere, die differenzierte Spiegelphänomene zeigen – innerartlich, aber auch artübergreifend. Über Spiegelphänomene zwischen Mensch und Hund schreibt Joachim Bauer: »Spiegelndes Verhalten zwischen diesen beiden Spezies lässt sich zum Beispiel dann beobachten, wenn der Mensch (oder der Hund) seine Aufmerksamkeit spontan und intuitiv auf den Gegenstand richtet, den der Hund (oder der Mensch) gerade fixiert.«[41]

Inzwischen berichtet Marco Jacoboni im neuesten Buch über Spiegelneurone, *Woher wir wissen, was andere denken und fühlen,* dass man nun begonnen habe, die Forschung an Spiegelnervenzellen über die Ordnung der Primaten hinaus auszudehnen. So wurden bei Singvögeln akustisch-vokale Spiegelneurone entdeckt, die für das Erlernen des Artgesangs von entscheidender Bedeutung sein dürften. Wie Joachim Bauer auch, rechnet Marco Jacoboni damit, dass es in nächster Zeit mehr solcher Untersuchungen bei Nichtprimaten geben wird.

[41] Joachim Bauer: *Warum ich fühle, was du fühlst.* (2005), S. 172

## *Der Kluge Hans und andere vierbeinige Meister der intuitiven Wahrnehmung*

Hans, ein achtjähriger Hengst aus Berlin, versetzte zu Anfang des 20. Jahrhunderts die wissenschaftliche Welt in Aufruhr. Ein uralter Menschheitstraum schien sich erfüllt zu haben: die Verständigung zwischen Mensch und Tier.

Hans gehörte einem pensionierten Lehrer namens von Osten. Dieser hatte im Ruhestand seine pädagogischen Fähigkeiten statt an Kindern an seinem Pferd erprobt und stellte nun die Ergebnisse seiner Arbeit Interessierten vor. Zoologen, Psychologen, Physiologen, Psychiater, Veterinärmediziner, ganze Expertenkommissionen und akademische Komitees pilgerten damals nach Berlin, um das Wunder zu bestaunen: Hans konnte rechnen! Der Hengst klopfte die Ergebnisse komplizierter mathematischer Aufgaben mit seinem Huf. Um auch nichtnummerische Aufgaben lösen zu können, hatte er das ganze Alphabet auswendig gelernt: a = 1x klopfen, b = 2x klopfen usw. Darüber hinaus konnte er die Uhr lesen, Fotos von Leuten erkennen, die ihm vorgestellt worden waren, und vieles mehr. Da man sichergehen wollte, dass der clevere Hengst nicht irgendwelche heimlichen Zeichen von seinem Besitzer erhielt, sollte er seine Fähigkeiten auch in Abwesenheit von Ostens unter Beweis stellen. Kein Problem für Hans!

Die Euphorie der Wissenschaftler kannte keine Grenzen – bis eines Tages der Experimentalpsychologe Oskar Pfungst feststellte, dass das Pferd »versagte«, wenn die Lösung der gestellten Aufgabe keinem der im Raum Anwesenden bekannt war beziehungsweise wenn verhindert wurde, dass das Tier die betreffende Person sehen konnte. Hans brauchte also optische Hilfen. Diese Hilfen mussten allerdings nicht absichtlich gegeben werden. Es genügten winzigste Reaktionen einer beliebigen Person im Raum, minimalste Veränderungen der Körperhaltung, Mimik, der Atemmuster oder was auch immer, um Hans zu signalisieren, dass er beim richtigen Ergebnis angekommen sei und mit dem Klopfen aufhören sollte.

Schon zu Anfang des 20. Jahrhunderts hätten die Menschen also eine Chance gehabt, der unglaublichen Wahrnehmungsfähigkeit von Tieren auf die Spur zu kommen. Was aber passierte? Der Besitzer des genialen Hengstes reagierte mit Enttäuschung und sein Zorn richtete sich gegen den Klugen Hans. Und die Wissenschaftler? Sie hatten inzwischen eine Reihe von anderen Tieren untersucht, die dieselben Fähigkeiten zeigten oder Hans sogar übertrafen: weitere Pferde, Hunde, Schweine. Alle rechnenden Tiere orientierten sich offensichtlich am Ausdruck einer Person, die das gewünschte Ergebnis kannte, aber selbst oft nicht wusste, dass sie als Signalgeber fungierte. Statt diese erstaunlichen Leistungen der Tiere zu würdigen und die spannende Entdeckung weiter zu verfolgen, werteten die Wissenschaftler diese Ergebnisse als Blamage. Die Erfahrungen mit dem Pferd Hans wurden für die wissenschaftliche Welt zu einem Trauma, das als das »Kluge-Hans-Trauma« in die Geschichte einging und über das die Tierforschung bis in unsere Zeit hinein offensichtlich nicht ganz hinweggekommen ist. Ab sofort ging es nur noch um eines: Vermeidung des »Klugen-Hans-Fehlers«. Striktes Vermeiden jedes Mensch-Tierkontakts sollte jede unwillkürliche Zeichengebung in Lernexperimenten absolut ausschalten. Hier finden wir auch die Wiege der Rattenlabyrinthe, der Skinnerboxen und anderer Vorrichtungen, die der »einzig wissenschaftlichen« Erforschung des Lernens dienen sollten.

1980, also Jahrzehnte später, lud die »New York Academy of Sciences« zu einer Konferenz, die unter dem Motto stand: »Das Phänomen des Klugen Hans: Ist Menschen Kommunikation mit Pferden, Walen, Affen möglich?« Frau Prof. Pepperberg, die damals schon längere Zeit mit Papagei Alex gearbeitet hatte, nahm an dieser Konferenz teil. In ihrem Buch *Alex und ich* berichtet sie von der giftspritzerischen Atmosphäre, die dort den »tierischen Sprachforschern« entgegenschlug. Die Veranstaltung habe nur einen einzigen Zweck gehabt: endgültig zu beweisen, dass Tiere nicht reden könnten, und dass daher jede Erforschung der Kommunikation zwischen Tier und Mensch unsinnig und unwissenschaftlich sei. Anscheinend fiel es niemandem auf, dass der Kluge Hans die Frage, ob eine Kommunikation zwischen Menschen und Tieren möglich sei, längst mit »Ja« beantwortet hatte. Schließlich war er ja ein Pferd und er kommunizierte auf eine hochdifferenzierte Art mit Menschen. Leider musste der hochbegabte Hengst auch noch lange nach seinem Tod (er dürfte im Ersten Weltkrieg umgekommen sein) für den Versuch herhalten, jede unerwünschte Erforschung der Fähigkeiten von Tieren zu unterbinden.

Dass ich selbst so einen Klugen Hans in der Familie habe, entdeckte ich durch Zufall. Ich wollte mit Piccolino, der ja ein schier unersättlicher Trickkünstler ist, etwas Neues einstudieren. An die Geschichte vom Klugen Hans dachte ich damals nicht im entferntesten. Mir ging es nur um das Erlernen eines Kunststücks und ich hatte mir vorgenommen, mit dem Schweinchen eine Variante des klassischen Zirkustricks »Rechnen« zu üben. Ich bot ihm einfache Rechenaufgaben an (Ich bin mathematisch nicht sehr begabt) und hielt ihm dazu ein Täfelchen vor den Rüssel, auf dem ein Ergebnis stand. War das Ergebnis richtig, sollte Picco das

Täfelchen nehmen, war es falsch, sollte er es nicht nehmen und sich stattdessen setzen. Um ihm »falsch« zu signalisieren, benutzte ich das rechte Knie, das ich zunächst deutlich anhob, wenn er das Täfelchen nicht nehmen sollte. Ich wollte dieses Signal später schrittweise zurücknehmen, bis es schließlich für Zuschauer nicht mehr zu bemerken war.

Nachdem wir ein paar Mal geübt hatten, passierte mir ein Fehler. Bei der korrekten Aufgabe »3 + 3 = 6« hob ich irrtümlich das rechte Knie an. Nach allen Regeln der Logik hätte sich das Schweinchen nun setzen müssen, ohne das Täfelchen mit der Sechs darauf zu nehmen. Piccolino aber schnappte sich die Tafel. Sechs war ja richtig! Ich muss dazu erklären, dass mir während dieses Vorgangs durchaus klar war, dass ich ihm eine Rechenaufgabe mit richtigem Ergebnis gegeben hatte (so schlimm ist es dann auch wieder nicht um meine Rechenkünste bestellt). Meine Fehlleistung bestand nur darin, dass ich das »Falsch-Knie« hochgenommen hatte – warum auch immer. Ich konnte es kaum glauben: Picco hatte über meinen Fehler hinweggesehen und die richtige Lösung gefunden. Meine plumpe, bewusste »Signal-Körpersprache« und mein unbewusstes Ausdrucksverhalten hatten nicht übereingestimmt. Das Schweinchen hatte sich an den subtilen authentischen Signalen orientiert und die falschen, überdeutlichen außer Acht gelassen. Es war ein unglaublicher Moment für mich. Es war eines jener Schlüsselerlebnisse, die mich dazu brachten, mich immer intensiver mit all dem Überraschenden und Erstaunlichen auseinanderzusetzen, das zwischen uns Menschen und unseren Tieren passiert, wenn wir miteinander arbeiten und leben.

## *WU-WEI – Von der absichtlichen Absichtslosigkeit zur ganzheitlich-intuitiven Wahrnehmung*

Als ein koreanisches Fernsehteam einen Film über Piccolino drehte, waren alle von Piccos »Rechenkünsten« fasziniert. Ich hatte die Kluge-Hans-Übung immer und immer wieder überprüft und wusste inzwischen genau: Ich musste gar nichts tun, außer intensiv »Richtig – nimm die Tafel!« oder »Falsch, nimm sie nicht!« zu denken. Kein Wunder also, dass das Filmteam nicht herausfinden konnte, wie Picco wusste, was er tun sollte. Ich erklärte den Koreanern, dass er sich meinem Gefühl nach nicht auf ein einzelnes verräterisches Zeichen konzentriert, sondern sich offenbar am Gesamtausdruck meiner Körpersprache orientiert.

Umso erstaunter war ich, als ich ein paar Wochen später den Mitschnitt der

Fernsehshow zugesandt bekam, in der der Film gelaufen war. Man sah Picco und mich beim Rechnen und gleich darauf eine Szene, die einen Wissenschaftler im Labor zeigte – die Koreaner hatten meine Stimme mit Hilfe eines Stimmdecoders analysieren lassen! Auf diesem Weg hatte man tatsächlich Unterschiede gefunden, die man mit freiem Ohr niemals gehört hätte: Es gab ein paar abweichende Frequenzen, je nachdem, ob ich eine richtige Aufgabe ansagte oder aber eine falsche. Ich fand das hochinteressant, wenn auch nicht besonders überraschend. Dennoch konnte ich nicht glauben, dass es ausschließlich diese minimalen Unterschiede im Stimmklang waren, an denen Piccolino sich orientierte. Intuitiv wusste ich, dass er mich als Ganzes wahrnahm, und ich machte mich nun daran, dies zu überprüfen.

Am nächsten Tag versuchte ich die Übung ohne Stimme, indem ich die Rechenaufgaben nur dachte. Es war wesentlich anstrengender, vor allem für mich, weil ich mich viel stärker konzentrieren musste, aber es funktionierte. Ich hatte Recht behalten, die Stimme war es nicht, die ihm die entscheidenden Hinweise gab, zumindest nicht die Stimme allein. Wie der Kluge Hans auch, »versagte« Piccolino nur, wenn er mich nicht sehen konnte und er hatte eine niedrigere Trefferquote, wenn ich eine dunkle Sonnenbrille trug. Ebenso wichtig schienen für ihn winzige Gewichtsverlagerungen und meine Atemmuster zu sein. Offenbar brachte ich mein Gewicht unbewusst etwas weiter nach vorne, wenn ich »Richtig« dachte, denn mein kleiner Mentalmagier wirkte etwas irritiert, wenn ich zwar intensiv »Richtig« dachte, den Oberkörper aber etwas zurücknahm. Dasselbe passierte, wenn ich bei »Richtig« bewusst die Luft anhielt. Niemals jedoch bewirkte ihn die Veränderung eines einzelnen körpersprachlichen Details, dass er sich gar nicht mehr orientieren konnte.

Ich achtete diesbezüglich nun auch verstärkt auf meine anderen Vierbeiner. Immer deutlicher wurde es, dass die Tiere sich nicht auf ein bestimmtes Detail konzentrierten, um »mich zu lesen«, sondern den Gesamtausdruck wahrnahmen. Wahrscheinlich war ich mir in dieser Sache von vorneherein so sicher gewesen, weil ich als begeisterte Jongleurin diesen Wahrnehmungszustand aus eigenem Erleben kannte: Er stellt sich ein, wenn ein neuer Jongliertrick beginnt, sich zu automatisieren. Man ist dann hochkonzentriert und zugleich total entspannt. Man hat alles im Blick, ohne irgendetwas genau anzusehen. Man reagiert ganz ohne zu denken und wie von selbst richtig, während man völlig im Tun aufgeht. Ein ähnlicher Zustand stellte sich nun auch immer öfter und deutlicher während der Trainingsarbeit mit meinen Tieren ein. Ich nannte ihn »ganzheitlich-intuitiven

Wahrnehmungszustand« und er scheint mir recht genau der Art zu entsprechen, wie Tiere uns wahrnehmen. Die ganzheitlich-intuitive Wahrnehmung ist also eine Wahrnehmungsform, die wir mit unseren Tieren teilen können und die uns mit ihnen verbindet.

Von Anfang an hatten mich an der Arbeit mit Tieren die Mensch-Tierkommunikation und die Rolle der Beziehung im Training am stärksten interessiert. Wichtige Erlebnisse wie die Erfahrungen mit Piccolinos Rechentrick, machten mich bald immer achtsamer für all das, was da zwischen den Tieren und mir während des Trainings passierte. Ich entdeckte Fähigkeiten an meinen Tieren, die mich zum Staunen brachten. Da war nicht nur ihr unglaublicher Einfallsreichtum und ihre enorme Kreativität, sie hatten auch die Fähigkeit, Handlungen umzusetzen, die ich mir wünschte, aber noch gar nicht signalisiert hatte – zumindest nicht bewusst.

Ich konnte wahrnehmen, wie stark meine Tiere das spiegelten, was in meinem Inneren vorging. Bald beobachtete ich, dass sich nicht nur die Tiere, mit denen ich arbeitete, veränderten, sondern auch ich selbst. Ich entdeckte völlig neue Fähigkeiten in mir. So hatte ich begonnen, die Übungen nicht mehr von außen, sondern gewissermaßen aus den Augen des Tieres zu sehen. Ich wusste, wie sich die einzelnen Übungen anfühlten, auch, wo eventuell Schwierigkeiten verborgen waren, weil ich es innerlich miterlebte. Immer deutlicher wurde es, dass ich Tricks wie zum Beispiel das Hochsitzen dadurch verlängern konnte, dass ich selbst in einer gewissen »Arbeitsspannung« blieb, und ich konnte Tricks beenden, indem ich diese entspannte Spannung beendete. Ich merkte, dass ich es genau spüren konnte, wie ich stehen musste, um zum Beispiel Deli beim Erklettern einer Leiter optimal zu unterstützen, obwohl ich sie gar nicht anfasste. Fasziniert stellte ich fest, dass Piccolino die für ein Schwein wirklich sehr schwierige Drehung auf dem Schwebebalken gelang, wenn ich sie konzentriert innerlich mit vollzog, aber nicht, wenn ich nur einen kurzen Moment lang unaufmerksam war. Durch diese achtsame Form der Arbeit veränderte und intensivierte sich die Kommunikation zwischen meinen Tieren und mir in einer Art, die ich niemals für möglich gehalten hätte. Sie wurde zunehmend ganzheitlicher, intuitiver und immer öfter stellte sich das Gefühl des Schwingens in einem ungeahnten Gleichklang ein, das man Resonanz nennt.

Natürlich begann ich bald, meine Aufmerksamkeit auch dann auf diese Vorgänge zu lenken, wenn ich mit anderen Menschen und ihren Tieren arbeitete. Immer wieder zeigte es sich, wie stark Tiere ihre Menschen und deren Gefühle spiegeln, wie heftig sie auf die inneren Zustände ihrer Menschen reagieren – und wie leicht und beglückend die Arbeit und das Zusammensein mit dem Tier wird, wenn der Zustand der ganzheitlich-intuitiven Wahrnehmung Mensch und Tier auf eine Wellenlänge bringt.

Die Grundlage der ganzheitlich-intuitiven Wahrnehmung ist ein Zustand, der in der fernöstlichen Philosopie eine wichtige Rolle spielt und den Namen »Wu-Wei« trägt. Es ist der Zustand der absichtlichen Absichtslosigkeit, von dem Kommunikationsforscher Watzlawick sagt, dass er unsere Sensibilität für kleine averbale Kommunikationen erhöht – auch für solche zwischen Mensch und Tier.[42] Hierher gehört auch der Begriff der inneren Achtsamkeit. »Innere Achtsamkeit zielt auf die Balance zwischen Gefühl und Vernunft, um auf diese Weise intuitives Selbstverständnis zu stärken.« Dieses Zitat stammt nicht etwa aus einem esoterischen Ratgeber, sondern von Martin Bohus, Oberarzt der Psychiatrischen Universitätsklinik in Freiburg.[43] Ich würde gerne ergänzen: ... um intuitives Selbstverständnis, Empathiefähigkeit und soziale Intuition zu stärken.

Die ganzheitlich-intuitive Form der Wahrnehmung geht mit hochaktiven Spiegelzellen einher. Es ist der Zustand, in dem wir denken können wie unsere Tiere, in dem wir uns ganz selbstverständlich einfühlen und blitzartig intuitiv reagieren. Ganz offensichtlich sind Spitzentrainer, die besondere Fähigkeiten im Umgang mit Tieren haben, im Unterschied zu uns »Normalsterblichen« wie von selbst immer in diesem Wahrnehmungszustand, wenn sie mit ihren vierbeinigen Schülern arbeiten. Genauso offensichtlich ist es aber auch, dass dieser trainierbar ist – schließlich habe ich ihn mir auch angeeignet und ich heiße keineswegs Franziska von Assisi oder Frau Dr. Doolittle. Ich bin keine »Flüsterin« und keines dieser erstaunlichen Naturtalente, die sich mit Tieren so selbstverständlich verständigen, wie andere über den Gartenzaun hinweg mit der Nachbarin plaudern. Ich hatte nur das Glück, einige inspirierende Vorbilder zu haben und darüber hinaus die besten Lehrer, die man sich vorstellen kann – meine Tiere. Aus diesen Erfahrungen heraus sind ein paar Übungen entstanden, die ich Ihnen im letzten Teil dieses Buches vorstellen möchte.

[42] Paul Watzlawick: *Wie wirklich ist die Wirklichkeit?* (1976/2005), S. 40/41
[43] Martin Bohus: *Borderline-Störung* (2002), S. 78

# 4

# Übungen und Trainingsinstrumente für Spitzentrainer

*Ideale sind wie Sterne: Man kann sie nicht erreichen,*
*aber man kann sich an ihnen orientieren.*
Carl Schurz

## Antidominanztraining einmal anders

»Du musst eben denken wie ein Tier!« Immer wieder bekam ich diese Antwort, wenn ich hochbegabte Tiertrainer nach ihrem Geheimnis fragte. Das ist eine großartige, gefühlte Erklärung für einige Phänomene, denen wir uns zunächst eher vom wissenschaftlichen Blickwinkel her genähert haben. So haben wir im Zusammenhang mit dem Bedürfnismodell bereits festgestellt, dass das Einfühlen in andere – ob Mensch oder Tier – sehr viel leichter wird, wenn wir uns eher auf Gemeinsamkeiten konzentrieren als auf Unterschiede. In der Kommunikation mit dem Hund denken zu können wie dieser, wäre das Optimum an Gemeinsamkeit, das überhaupt erreicht werden kann – und bleibt natürlich eine Idealvorstellung. Allerdings können wir uns dem Denken von Tieren ein Stück weit annähern.

Wir haben ja bereits festgestellt, dass die Wahrnehmung von Tieren viel genauer ist als die unsere, was mit unserer starken Neigung zur Konzeptbildung zusammenhängt. Diese bringt uns dazu, möglichst alles, was um uns herum passiert, sofort zu interpretieren, um es in unsere Konzepte einzupassen. Wir sind sogar dermaßen »konzeptbildungswütig«, dass wir sogar dort Konzepte und Regeln zu erkennen glauben, wo nachweislich keine sind. Man nennt dieses Phänomen das »Monte-Carlo-Syndrom« (Der Name bezieht sich auf die Unverdrossenheit, mit der Menschen immer neue Spielsysteme für das Roulette entwickeln und überzeugt sind, auf diese Art viel Geld gewinnen zu können, obwohl es beim Roulette nachweislich keine Gesetzmäßigkeiten gibt). Wir sollten also im Umgang mit Tieren unsere Neigung, zu interpretieren deutlich »herunterfahren«, so dass die Wahrnehmungsfähigkeit unserer Sinne nicht durch Konzepte zugeschüttet wird. So schlecht sind wir ja letztlich gar nicht in unseren Wahrnehmungsleistungen. Denken Sie nur an den jungen Mann, der beim Flirten an winzigen Veränderungen der Pupillen wahrnimmt, dass die Angebetete durchaus an ihm interessiert ist, und an die vielen anderen Beispiele, die ich angeführt habe. Viele unserer Wahrnehmungen sind uns einfach nicht bewusst und was uns nicht bewusst ist, nehmen wir nicht ernst. Wir haben unserem bewussten Verstand im Laufe der Entwicklung unserer Art einen Stellenwert zugeschrieben, der ihm so nicht zusteht. Von diesem Thron sollten wir ihn wieder herunterholen, gerade dann, wenn wir mit Tieren leben und arbeiten.

Unsere Hunde haben jedoch nicht nur ein weniger ausgeprägtes Stirnhirn (und denken daher nicht so stark in Konzepten wie wir), sie kommentieren im Unterschied zu uns auch nicht pausenlos innerlich, was um sie herum gerade passiert und was sie selbst tun. Für die ständigen Kommentare und Interpretationen in unseren Köpfen sind die hoch aktiven Sprachzentren verantwortlich, die sich bei Rechtshändern überwiegend in der linken Hälfte des Großhirns befinden (bei Linkshändern ist es unterschiedlich). Die linke Gehirnhälfte wird auch dominante Hemisphäre genannt. Sie steuert die Aktivitäten der rechten Körperseite, weswegen die meisten Menschen mit der rechten Hand sehr viel geschickter sind als mit der linken. Nun sind wir aber die einzigen Lebewesen, die eine dominante Hemisphäre haben. Bei allen anderen Säugetieren sind beide Gehirnhälften recht gleichmäßig ausgeprägt. Das trifft sogar auf unsere nächsten Verwandten, die Schimpansen, zu. Auch wir selbst haben als Babys noch keine dominante Hemisphäre. Die meisten Wissenschaftler sehen daher einen Zusammenhang zwischen der Entwicklung der gesprochenen Sprache beim Menschen und der Bevorzugung einer Körperhälfte (Die Gebärdensprache, die etliche Menschenaffen erlernt haben, funktioniert ganzheitlicher, sie bezieht auch beide Hände ein).

Einer, der diesen wunderbar einfachen und logischen Zusammenhang zwischen bestimmten Hirnfunktionen und Sprache dann doch wieder ein wenig erschüttert hat, ist Alex, der geniale Papagei. Als Vogel besaß er nämlich gar kein Großhirn und folglich auch keine Großhirnhälften. Wie dem auch sei – dass wir eine dominante Hemisphäre haben, ist unbestritten, ebenso die Dominanz unseres Denkens in Sprachmustern und die unseres bewussten Verstandes. Wie Tiere ihre kognitiven Leistungen genau zustande bringen, können wir nicht sicher sagen. Vieles aber spricht dafür, dass sie in Bildern denken. Allein schon durch bewusstes Abtrainieren der inneren Kommentare im Trainingskontext können wir uns dem »Denken wie ein Tier« ein Stück weit nähern. Schließlich können wir ja beides: mit Hilfe von Sprachmustern denken und anhand von bildlichen Vorstellungen, logisch-abstrakt und auch ganzheitlich-intuitiv. Aber wir können nicht beides zugleich. Es ist notwendig, die Sprachzentren ruhig zu stellen, um ganzheitlich-intuitives Denken zu ermöglichen. Das Training der wichtigsten Trainerfähigkeiten, des Einfühlungsvermögens und der Intuition ist daher immer auch ein Stück »Antidominanztraining«. Unsere Intuition hat auf diese Weise überhaupt erst eine Chance zu arbeiten. Indem wir uns auf die unmittelbare, ganzheitliche und emotionale Welt der Tiere einlassen, holen wir uns zugleich auch ein Stück des direkten, intensiven Wahrnehmens und Erlebens zurück, das die meisten von uns aus der Kindheit kennen und dort zurückgelassen haben.

Die folgenden Übungen habe ich zu Gruppen zusammengefasst. Die Überschriften sollen ein wenig Orientierung darüber geben, welche Ziele jeweils im Vordergrund stehen. Diese Aufteilung bedeutet jedoch nicht, dass sich die einzelnen Bereiche scharf abgrenzen lassen. Selbstmanagement ist eine unentbehrliche Grundlage für die Entwicklung hochkarätiger Trainerfähigkeiten. Das Einfühlungsvermögen ist Teil der sozialen Intuition und wird daher nicht gesondert betrachtet. Resonanz schließlich ist das Ergebnis geglückter intuitiver Kommunikation.

## Selbstmanagement

Im Training mit dem Hund die eigenen emotionalen Befindlichkeiten gut managen zu können, macht uns zu einer guten Bindungsperson für den Hund. Wer im Tiertraining über diese Fähigkeit nicht verfügt, verletzt immer wieder das Kontrollbedürfnis des Tieres, wie ich es schon im zweiten Teil dieses Buches erklärt habe. Die Kunst des Selbstmanagements hilft uns darüber hinaus, in den Zustand der entspannten Konzentration zu kommen, der die Spiegelneurone arbeiten lässt. Entspannte Konzentration tritt bei uns Menschen ein, wenn wir einer Tätigkeit nachgehen, die uns vollkommen im Tun aufgehen lässt. Die bekannte Schweizer Katzentrainerin Gabi Federer beispielsweise beschreibt den Zustand, in dem sie sich während der Arbeit mit Tieren befindet: »Ich bin stets voll dabei und vergesse alles rund um mich herum.«

### *Motiviert ins Training gehen/Neue Übungen vorbereiten*

Sie möchten ja gerne mit Ihrem Hund trainieren – eigentlich. Aber irgendwie ist wohl nicht so recht Ihr Tag heute und Sie merken, dass Sie im Grunde keine große Lust haben? Wenn wir gelegentlich aus dem Gefühl, keine Lust zu haben (wozu auch immer), nicht mehr so recht herauskommen, liegt es meistens daran, dass wir uns gedanklich regelrecht auf dieses Unlust-Gefühl einschießen. In der Regel konzentrieren wir uns dabei auf das, was uns unmittelbar bevorsteht: Wir müssen das, was wir gerade tun, unterbrechen, um das Training beginnen zu können und empfinden das als unangenehm. Wir erzählen uns dann meist selbst, wie schrecklich mühsam es sein wird, aufzustehen und all das zu tun, was zur Vorbereitung des Trainings erforderlich ist.

Abhilfe können Sie schaffen, indem Sie sich stattdessen an einen besonders schönen Moment erinnern, den Sie im Training mit Ihrem Hund erlebt haben oder indem Sie an eine neue Übung denken, die Sie sich vorgenommen haben.

**So gehen Sie motiviert ins Training:**

- Nehmen Sie sich einen Augenblick Zeit, um innerlich ruhig zu werden. Falls Sie noch Kommentare in Ihrem Kopf haben, stellen Sie sich vor, Ihr Kopf sei ein altmodisches Radio, eines an dem man mit Drehknöpfen die Lautstärke regeln kann. Drehen Sie in Ihrer Vorstellung die Stimmen vollkommen ab.

- Gehen Sie nun in Ihrer Erinnerung ein Stück zurück in die Vergangenheit, bis Sie einen besonders schönen Trainingsmoment finden. Vielleicht ist Ihnen damals etwas besonders gut gelungen, vielleicht hatte Ihr Hund einen plötzlichen Durchbruch beim Lernen, vielleicht hatten Sie sogar ein wunderbares Erlebnis von Resonanz. Sobald Sie eine solche Erinnerung gefunden haben, gehen Sie in Ihrer Fantasie noch einmal richtig in die Szene hinein, als würden Sie diese jetzt gerade erleben. Erlauben Sie den Erinnerungsbildern richtig präsent zu sein, so dass Sie sich in der erinnerten Szene regelrecht umsehen können. Nehmen Sie auch Geräusche und Gerüche wahr, die zu dieser Erinnerung gehören. Genießen Sie das gute Gefühl, das diese Szene in Ihnen hervorruft.

- Rufen Sie jetzt Ihren Hund und fangen Sie an.

**Variante: Motiviert eine neue Übung angehen**
Diese Variante ist gut geeignet, wenn Sie etwas Neues trainieren wollen und ist ganz allgemein hilfreich, um das Erarbeiten neuer Übungen vorzubereiten.

- Stellen Sie sich das Ziel vor. Es liegt noch vor Ihnen in der Zukunft. Machen Sie sich ein Bild davon, wie es aussehen wird, wenn Sie und Ihr Hund das Ziel erreicht haben werden. Sehen Sie Ihren Hund vor sich, wie er das, was er nun lernen soll, bereits kann. Wichtig: Erlauben Sie sich keine inneren Kommentare, drehen Sie diese sofort ab, wenn sie sich aufdrängen und bleiben Sie bei Ihren Vorstellungsbildern.

- Wenn Sie möchten, können Sie an dieser Stelle bereits auch ein paar mögliche Übungswege entwerfen. Wie könnte der Weg zum Ziel aussehen? Bleiben Sie bei den bildlichen Vorstellungen und entwickeln Sie mehrere Varianten, damit Sie nachher beim praktischen Training flexibel genug sind.

- Gehen Sie noch einmal zum Zielbild zurück. Achten Sie jetzt auch darauf, wie Ihr Hund in Ihrer Vorstellung auf Sie wirkt, während er die geplante Übung ausführt. Geht es ihm gut? Hat er Spaß? Ist er stolz auf seine neue Fertigkeit? Nehmen Sie auch Ihr Gefühl wahr – Sie sollten jetzt motiviert und voller Vorfreude sein. Fangen Sie an.

### *Den Alltag draußen lassen*

Manchmal braucht es wirklich einen Trick, um für das Training den Kopf so frei zu kriegen, wie Sie und Ihr Hund das brauchen. Eine gute Möglichkeit, das zu erreichen, ist ein kleines Ritual. Ich weiß nicht, welches Ritual Ihnen gut tun würde, also verrate ich Ihnen einfach, was ich tue, wenn das Leben gerade etwas unfreundlich zu mir ist und mich irgendwelche Probleme nicht loslassen wollen: An solchen Tagen halte ich einen Augenblick inne, ehe ich meinen Übungsraum oder den Übungsplatz betrete, atme ein paar Mal kräftig aus und stelle mir dabei vor, wie all der Ärger in der Erde verschwindet und im Erdinneren verglüht. Habe ich Probleme, die später noch gelöst werden sollen, schiebe ich diese mit einer Geste mit beiden Händen symbolisch hinter mich und stelle mir vor, wie sie dort, hinter meinem Rücken zurückbleiben, während ich frei von Sorgen den Übungsraum betrete. Danach nehme ich – wie jeden Tag – bewusst den Kontakt mit jedem meiner Tiere auf (was ich ähnlich wie René Strickler mache).

Auch Ihrem Hund hilft ein Ritual, das ihn auf die Arbeit einstimmt (Denken Sie daran, wie sehr zum Beispiel das Anlegen des Führgeschirrs bei Führhunden oder entsprechender Geschirre bei Rettungs- oder Service-Hunden diese dabei unterstützt, von »Freizeit« auf »Arbeit« umzuschalten).

**So können Sie vorgehen, um den Alltag draußen zu lassen:**

- Suchen Sie sich ein kleines Ritual aus, das das bewusste Draußen-Lassen aller Alltagsprobleme für Sie am besten symbolisiert und körperlich erfahrbar macht. Führen Sie Ihr Ritual durch, wann immer Ihr Kopf nicht vollständig frei für die Arbeit mit dem Hund ist.

- Suchen Sie sich ein Ritual aus, mit dem Ihr Hund und Sie Kontakt aufnehmen. Das kann ein bestimmter Platz sein, den er zu Beginn des Trainings immer einnimmt und auf dem Sie ihn »begrüßen« oder auch eine kurze ritualisierte Übung (Immer, wenn ich mit nur einem Hund arbeite, beginnen wir zum Beispiel das Training, indem wir uns voreinander verbeugen). Mit diesem kleinen Einstimmungsritual für Sie und Ihren Hund sollte das Training immer beginnen, auch wenn Sie noch so gut »drauf sind«.

## *Positiver Fokus*

Nein, ich werde Ihnen nicht empfehlen »positiv zu denken«. Manche Leute verordnen sich selbst Gedanken wie: »Alles, was ich anfange, wird großartig funktionieren!« oder: »Ich bin ein hervorragender Trainer/eine hervorragende Trainerin!« oder auch: »Mein Hund ist so intelligent, er schafft einfach alles!« Auf diese Weise setzt man sich zum einen leicht selbst unter Druck, zum anderen wird einen das äußerst dominante Sprachzentrum wahrscheinlich schnell »austricksen«. Es pflegt nämlich auf solche »positiven Affirmationen« sofort mit wahren »Ja-aber-Tiraden« zu reagieren. Was wir wollen, ist, das innere Gerede zurückzuschrauben und keinesfalls, es erst recht anzuregen.

Hier geht es um etwas anderes: Wenn Sie mit »positiven« Trainingstechniken arbeiten, also mit Lob und Belohnungen oder, wenn Sie mögen, auch mit einem Clicker und Belohnungen, ist es absolut notwendig, das aus einem positiven Blickwinkel heraus zu tun. Ein Beispiel: Nehmen wir an, Frau Müllers Hund Arco geht mit fürchterlichem Gebell auf jeden Artgenossen los, der ihm begegnet. Nehmen wir weiter an, Frau Müller hat nur einen einzigen Wunsch und nur einen einzigen Gedanken im Kopf: Das soll aufhören! Verständlich – wer sollte es ihr verdenken? Dennoch ist es praktisch unmöglich, aus dieser Haltung heraus mit Lob und Belohnung zu arbeiten, weshalb Frau Müller zur Rütteldose oder anderen »Bestrafungs«-Maßnahmen greifen wird – oder aber umdenken muss.

Aus einem positiven Fokus heraus zu arbeiten bedeutet, im Training auf Talente und Fähigkeiten Ihres Hundes ausgerichtet zu sein, nicht auf seine Schwächen, und auf das, was Sie wollen, nicht auf das, was Sie nicht wollen. Es bedeutet auch, die Aufmerksamkeit auf Fortschritte zu richten und nicht auf das »was nicht geht«. Es ist in der Regel einfacher, im positiven Fokus zu bleiben, wenn es um den Bereich geht, den man im Fachjargon »Tätigkeitsdressur« nennt. Das bedeutet, dass der Hund für einen Sport oder einen Job ausgebildet wird, dass Sie ihm ein paar Tricks beibringen oder Ähnliches. Schwieriger ist das schon im Bereich der sogenannten Unterlassungsdressur, wenn Sie also bewirken möchten, dass der Hund bestimmte Dinge nicht tut. Ausgesprochen schwierig ist es darüber hinaus auch, ein Training auf Lob und Belohnung aufbauen zu wollen und dabei selbst in einer grundsätzlichen Vermeidungshaltung zu sein, auch wenn diese oft nicht bewusst ist. Sie zeigt sich in einer oft kaum merklichen Einstellung, Dinge eher vorsorglich verhindern als Ziele erreichen zu wollen.

**So können Sie vorgehen, wenn Sie Ihrem Hund etwas abtrainieren möchten:**

- Wenn Sie feststellen, dass Ihr Hund etwas tut, was Sie nicht wollen (z. B. beim Spaziergang an der Leine entgegenkommende Hunde anzubellen), fragen Sie sich sofort: Was will ich stattdessen? Was soll er stattdessen tun? (Stellen Sie sich vor, wie Sie und Ihr Hund zügig und unter gutem Kontakt zueinander an dem Artgenossen vorbeigehen). Dies ist nun Ihr Trainingsziel.

- Entwickeln Sie einen Trainingsplan, indem Sie sich den ungefähren Ablauf der wichtigsten Trainingsschritte bildlich vorstellen. Denken Sie daran, dass Ihr Trainingsplan nur ein ungefährer Leitfaden sein wird, der Sie nicht daran hindern soll, flexibel zu reagieren, wenn das Training eben nicht »nach Plan« verläuft.

Selbstverständlich können oder sollten sich Anfänger beim Erstellen des Trainingsplans oder auch beim praktischen Training helfen lassen. Auch Hundetrainings-Neulinge sollten dabei immer auf die positive Ausrichtung achten.

## *Atemtechnik*

Zustände von Gelassenheit und Entspannung sind mit tiefer, ruhiger Bauchatmung verbunden, während Aufregung, Angst und Nervosität mit kurzer Hochatmung einhergehen. Tiere lesen unsere Atemmuster sehr genau. Es macht daher durchaus Sinn, sich mit Yoga- oder Gesangsatmung zu befassen, wenn man Tiere trainieren möchte.

Wir alle atmen tief nach unten in den Bauch – solange wir Säuglinge sind. Später beginnen wir meist, überwiegend in den Brustbereich zu atmen. Diese Form der Atmung ist insgesamt ungesund. Die Lunge wird auf diese Weise weder richtig gefüllt noch richtig geleert. Eingeatmete Schadstoffe bleiben in den Lungen zurück und Körper und Gehirn werden nicht ausreichend mit Sauerstoff versorgt.

Wenn Sie die Bauchatmung beherrschen, strahlen Sie für Tiere Ruhe und Souveränität aus, und wenn es um den Zustand der entspannten Konzentration geht, haben Sie mit dieser Atemtechnik bereits die halbe Miete. Wenn Sie sich bereits mit Atemtechnik befasst haben, nutzen Sie Ihr Können ganz bewusst für das Training und den Umgang mit Ihrem Hund und allen Tieren, die Ihnen begegnen. Als Atemtechnik-Anfänger sollten Sie häufiger kurz üben, am besten in Verbindung mit einer Tätigkeit, die Sie ganz sicher regelmäßig durchführen (z. B. Zähneputzen). Auf diese Weise werden Sie Ihre kleine Atemübung nicht vergessen. Achten Sie auch im Alltag immer wieder auf Ihre Atmung. Die Bauchatmung wird sich auf diese Weise bald automatisieren, so dass Sie im Training mit dem Hund nicht übertrieben viel Aufmerksamkeit auf Ihre Atmung lenken müssen.

**So können Sie die Bauchatmung/Vollatmung erlernen:**

- Stellen Sie sich vor, Sie sind ein Gefäß, in das Flüssigkeit eingefüllt wird. Die

Flüssigkeit breitet sich am Boden des Gefäßes aus und füllt es langsam von unten nach oben. Legen Sie eine Hand auf den Bauch. Spüren Sie, wie sich die Bauchdecke hebt, während Sie langsam einatmen. Schließlich weitet sich auch noch der Rippenbereich – das Gefäß ist voll. Lassen Sie danach die Luft wieder langsam ausströmen und nehmen Sie wahr, wie Sie dabei »immer dünner« werden. Die Bauchdecke bewegt sich deutlich nach innen.

- Wiederholen Sie die Übung mehrmals am Stück. Eine Minute pro Übungseinheit genügt.

- Lenken Sie beim Training mit dem Hund immer wieder zwischendurch ein wenig (entspannte) Aufmerksamkeit auf Ihre Atmung. Achten Sie in allen »kritischen Momenten« des Alltags (Beispiel: Der Todfeind kommt des Weges) bewusst auf Ihre Atmung.

### *Kongruenz/Maulkorb ab*

Kongruenz (Deckungsgleichheit) bedeutet in der Kommunikationswissenschaft, dass jemand über sämtliche »Output-Kanäle« übereinstimmende Signale abgibt. Die Output-Kanäle der Kommunikation sind: Sprache (in der Kommunikation mit Menschen das, was jemand inhaltlich sagt; in der Kommunikation mit Hunden die erlernten Signale und Kommandos), Körperhaltung und Bewegungen, Mimik, Ausdruck der Augen und Blickrichtung, Stimmklang und Sprachmodulation, sowie die Atemmuster (in der Kommunikation mit Hunden kommt auch noch der Geruch dazu, der Stressreaktionen und einige Gefühle verrät).

Kommt beispielweise jemand beschwingten Schrittes auf Sie zu, begrüßt Sie mit voll klingender Stimme und offenem Blick, ist diese Person kongruent. Ganz anders verhält sich das bei einer Person, die wir hier Frau Meier nennen wollen. Stellen Sie sich bitte vor, Frau Meier sitzt in leicht zusammengesunkener Haltung und von ihrem Mann abgewandt in ihrem Wohnzimmer. Sie hat eine leicht beleidigte Miene aufgesetzt und antwortet auf seine Frage, was denn los sei, mit ersterbender Stimme »Nichts!« Frau Meier gibt ihrem Mann also körpersprachlich eine Botschaft, die überhaupt nicht zu dem passt, was sie sagt. Sie ist inkongruent.

Im Umgang mit dem Hund kongruent zu sein bedeutet, ihm »auf allen Kanälen« nur eine einzige Botschaft zu geben. Kongruenz ist eine der wichtigsten Fähigkeiten des Trainers. Inkongruenz bedeutet, zwei oder mehrere widersprüchliche Botschaften zu geben. Wenn wir selbst nicht merken, dass wir inkongruent sind, wird es oft passieren, dass wir das Verhalten des Hundes nicht verstehen, da Tiere in der Regel stärker auf unsere unbewussten, körpersprachlichen Botschaften reagieren, als auf das, was wir zu signalisieren glauben. Denken Sie nur an die Frau, deren Hund nach dem Ehemann schnappte, sobald er versuchte, sich ihr zu nähern. Da Inkongruenzen das Bedürfnis nach Orientierung und Kontrolle verletzen, reagieren Tiere darauf oft auch ängstlich und mit einer Vermeidungshaltung. In jedem Fall aber löst Inkongruenz Irritation und Beunruhigung aus. Kongruenten Menschen hingegen folgt man gerne – nicht nur als Hund. Sie sind vertrauenswürdig und geben Sicherheit.

Es gibt ein Phänomen, das auf den ersten Blick recht eigenartig zu sein scheint, das sich jedoch gut erklären lässt, wenn man die Bedeutung der Kongruenz bedenkt: Es kommt immer wieder vor, dass ein Tier oftmals besser auf einen Menschen reagiert, wenn dieser in ganzen Sätzen »normal« spricht (»Los, komm, Suzie Wong, wir gehen nach Hause!«), als auf »vorschriftsmäßige« Kommandos (»Hiiiiiier!«). Das liegt daran, dass es uns verbal orientierten Lebewesen in der Regel leichter fällt, kongruent zu sein, wenn wir in normalen Sätzen aussprechen, was wir wollen. Unsere Körpersprache wird dabei oft eindeutiger und klarer. Natürlich ist es unwahrscheinlich, dass das Tier die gesprochenen Sätze versteht. Vielmehr »liest« es die körpersprachlichen Signale und entnimmt dem Klang der Stimme Informationen. In jedem Fall können wir getrost den Maulkorb abnehmen, der dem Menschen in fast allen Formen des Hundetrainings verpasst wird.

Auch die Stimme des Trainers sollte Kongruenz »transportieren«. Die Art, wie etwas gesprochen wird, soll zu dem Inhalt der Botschaft und der gesamten Körpersprache passen. Ich halte es für eine Unsitte, die Stimme künstlich hoch und piepsig klingen zu lassen, weil dies angeblich dem Hund Freundlichkeit signalisiert. Eine künstlich »hochgeschraubte« Stimme signalisiert eher Inkongruenz als Freundlichkeit. Die Stimme kann im Umgang mit Tieren so differenziert eingesetzt werden, dass man dieses Gebiet als »eigene Wissenschaft« betrachten könnte. Aber es gibt auch eine ganz einfache Faustregel: Die Stimme soll Unaufgeregtheit und Kongruenz ausdrücken. Hunde (und andere Tiere) sind sehr empfindsam für die emotionale Färbung der Stimme. Sie registrieren vor allem den Unterschied zwischen einer entspannten, vollklingenden und einer verkrampften Stimme und wissen sehr wohl, ob die Stimme zur momentanen Situation passt.

**»Sag die Wahrheit« – So können Sie Ihr Gespür für Kongruenz schulen:**
Für diese an die Fernsehshow »Sag die Wahrheit« angelehnte Übung benötigen Sie einen oder mehrere Partner.

- Überlegen Sie sich zwei Geschichten, um Sie Ihren Übungspartnern zu erzählen. Eine der Geschichten sollte wahr sein und von einer Sache handeln, die Sie wirklich begeistert. Wenn Sie Segeln über alles lieben, erzählen Sie vom Segeln und warum Sie diese Sportart so sehr mögen. Bei der anderen Geschichte lügen Sie, dass sich die Balken biegen. Wenn Sie es zum Beispiel hassen, auf Bergen herumzuklettern, erzählen Sie, was für ein begeisterter Bergsteiger/eine begeisterte Bergsteigerin Sie sind. Lassen Sie sich nichts anmerken!

- Ihr Übungspartner sollte möglichst schnell und intuitiv sagen, welche Geschichte seinem Gefühl nach wahr und welche gelogen ist. Ihre Aufgabe ist es, sich zu merken, wie es sich anfühlt, wenn Sie kongruent sind (bei der wahren Geschichte) und wie, wenn Sie inkongruent sind (Lüge und Inkongruenz sind nicht gleichzusetzen, aber die meisten Menschen sind inkongruent, wenn sie lügen, daher eignen sich Lügengeschichten gut zum Üben). Die meisten Menschen können mit etwas Achtsamkeit klare »Kongruenz- und Inkongruenzsignale« bei sich selber feststellen (Beispiel: Die eigene Stimme hört sich anders an, bestimmte Körpergefühle unterscheiden sich, je nachdem ob man gerade kongruent oder inkongruent ist).

**Worauf Sie achten sollten, wenn Sie beim Training mit dem Hund sprechen:**
- Machen Sie sich klar, dass die Gefahr, den Hund »zuzutexten« nicht so groß ist, wie das meist vermittelt wird. Hochproblematisch ist lediglich inneres Gerede, das wir oft gar nicht richtig bemerken. Dem Hund können Sie ruhig »etwas erzählen«. Hunde sind sehr wohl imstande, ein klares Kommando von einem dahinplätschernden Redefluss zu unterscheiden. Wichtig: Weder das Schweigen noch das Reden ist ein Muss! Sie werden am besten selbst spüren, was Ihnen und Ihrem Hund gut tut. (Wenn Sie mit einem Clicker arbeiten, sollten Sie in den Phasen des schnellen Shapings besser nicht reden, weil es die Konzentration des Hundes stören kann. Gemeint sind damit die Phasen des Trainings, in denen Sie ein neues Verhalten Schritt für Schritt aufbauen und in ganz kurzen Abständen mit dem Clicker zurückmelden. Training besteht aber

nicht nur aus solchen schnellen Shaping-Sequenzen. Sie können also auch als Clickertrainer ruhig sprechen, wenn Ihnen das hilft).

- Wie viel oder wenig Sie auch für gewöhnlich beim Training reden – wenn Sie den Eindruck haben, Sie sind gerade nicht so gut konzentriert, vor allem aber, wenn Sie innere Kommentare nicht abstellen können, reden Sie lieber mit Ihrem Hund. So bleiben Sie auch an schlechten Tagen gut bei der Sache und Ihre Körpersprache wird klarer und verständlicher für den Hund sein, als wenn Sie nichts sagen.

Übrigens: Wer insgesamt große Schwierigkeiten hat, innere Monologe abzustellen, sich sogar selber kritisiert oder im Kopf »Geht-ja-doch-nicht-Reden« hält, redet am besten während des gesamten Trainings »wie ein Buch« – mit dem Hund, nicht weiterhin mit sich selber. Ich habe diesen kleinen Kniff immer wieder mit Personen ausprobiert, die stark zu innerem Kommentieren neigen. Die Ergebnisse sind überzeugend.

## Intuitionstraining

Es ist schon erstaunlich, dass Intuition trainierbar ist. Natürlich gibt es dafür keine so klaren Trainingsvorgaben wie für das Erlernen des Autofahrens oder des Skilaufens. Aber schon die Beschäftigung mit der Intuition hilft. Haben wir uns erst mit der Weisheit der Gefühle auseinandergesetzt, fallen uns die Zeichen, die das Unbewusste gibt, eher auf. Wenn wir uns dessen bewusst sind, dass Emotionen in den eigenen Entscheidungen eine enorm wichtige Rolle spielen, werden wir aufhören, unsere »weisen Gefühle« zu unterdrücken. Je achtsamer wir mit unserer Intuition umgehen, desto zuverlässiger unterstützt sie uns. Intuition ist eine typische »Use it or loose it«-Fähigkeit. Natürlich kann sie irren – oder sollten wir besser sagen, wir irren und halten etwas für Intuition, was keine war? In jedem Fall ist es wichtig, Intuitionen zu überprüfen – hinterher, nachdem wir auf unser Gefühl gehört haben, wie ich es schon erklärt habe.

Je routinierter Sie im Hundetraining sind, desto intuitiver können Sie vorgehen. Sie wissen ja: Die Intuition braucht etwas, worauf sie zurückgreifen kann. Für Trainingsanfänger ist es daher normal – wenn auch mühsam – beim Training zunächst noch viel denken zu müssen, bis sie einen gewissen Erfahrungsschatz erworben haben. Das ist auf jedem Gebiet so: Ein erfahrener Chirurg, Pilot oder

Tennisspieler wird intuitiv mehr richtige Entscheidungen treffen als jemand mit wenig Erfahrung.

Schließlich brauchen wir noch Bewusstheit über die Fallen, in die wir laufen können. Je besser wir diese kennen, desto eher können wir Vertrauen zu unserer Intuition entwickeln.

## *Intuitionsfallen*

Meine Seminare zum ganzheitlichen Hundetraining eröffne ich meist mit dem »Hellseher«-Spiel. Jeder Teilnehmer erhält dabei drei Kärtchen und schreibt auf jedes ein besonderes Hobby oder eine spezielle Vorliebe – die allerdings nichts mit Hunden zu tun haben sollte (Hunde lieben Teilnehmer eines Hundeseminars in der Regel ja immer). Aussagen wie: »Ich liebe Urlaube in Schweden« oder »Ich bin ganz verrückt auf alte Filme« sind dagegen gut geeignet. Wenn alle Kärtchen beschriftet sind, werden sie gemischt und jeder Teilnehmer zieht drei davon. Nun bewegen sich alle durcheinander und heften ein Kärtchen nach dem anderen jeweils der Person auf den Rücken, zu der das entsprechende Hobby oder die Vorliebe zu passen scheint. Es ist immer wieder erstaunlich, wie gut die Intuition funktioniert. Wenn die Teilnehmer am Ende des Spiels die Kärtchen abnehmen und vorlesen, erweisen sich nur wenige Zuschreibungen als »ganz daneben«. Erstaunlich viele stimmen oder sind wenigstens nicht ganz unpassend.

Eines Tages passierte bei dieser Übung etwas sehr Unangenehmes. Wir hatten eine sehr beleibte Teilnehmerin in der Gruppe. Als sie an der Reihe war vorzulesen, konnte man deutlich sehen, wie peinlich ihr die angebliche Vorliebe war, die ihr die anderen Gruppenmitglieder zugeschrieben hatten: Sie hatte nur zwei Kärtchen erhalten. Eines davon trug die Aufschrift »Ich esse gerne«, auf dem anderen stand »Ich liebe Schokolade«.

Vorurteile, Mythen und Glaubenssätze sind die heftigsten Intuitionskiller, die es gibt. Überflüssig festzustellen, dass Menschen, die Gewichtsprobleme haben, in den seltensten Fällen »gerne essen«. Zumindest essen sie nicht unbeschwert. Meist ist der Genuss durch »schlechtes Gewissen« getrübt oder wenigstens durch das Wissen, dass für sie der Genuss immer unangenehme Folgen hat. Dass füllige Menschen sich andauernd und hemmungslos mit Essen vollstopfen, ist jedoch nach wie vor ein verbreitetes Vorurteil.

Vielleicht ist »Essen« tatsächlich eines der wenigen Gebiete, das in Punkto Mythen und Glaubenssätze mit dem der Tierhaltung im Allgemeinen und dem des

Hundetrainings im Besonderen mithalten kann. Nicht umsonst habe ich so viel von unsinnigen Ansichten über Tiere und fragwürdigen Überzeugungen zum Umgang mit dem Hund erzählt. Ich habe den alten Irrtümern viele neuere wissenschaftliche Ergebnisse gegenübergestellt, wohl wissend, dass auch diese nicht in jedem Fall der Weisheit letzter Schluss sind. Auch die Wissenschaft erforscht immer nur den neuesten Stand des Irrtums, sage ich oft mit leichtem Augenzwinkern. Alle zu unantastbaren »Wahrheiten« erstarrten Glaubenssätze, auch die »wissenschaftlich bewiesenen«, blockieren die Weisheit der Gefühle.

Eine weitere typische Intuitionsfalle verbirgt sich in der Überschätzung des bewussten Verstandes. Da wir im Nachhinein fast immer Gründe für unsere Entscheidungen angeben können, glauben wir oft, bewusst entschieden zu haben, wo das gar nicht der Fall war (Natürlich ist das nachträgliche »Rationalisieren« nicht immer so krass wie bei dem Mann, der aufgrund eines posthypnotischen Befehls das Blumenwasser austrank und das dann als angeblich bewusste Entscheidung »vernünftig« begründete). Dadurch unterschätzen wir die Leistungen der Intuition, trauen ihr nicht und schieben manch einen ihrer wertvollen Hinweise zur Seite, um »vernünftig« vorzugehen.

Schließlich wird die Intuition auch durch inneres Reden heftig blockiert, das sich auch in dieser Hinsicht negativ auswirkt. Der Hauptgrund dafür ist, dass innere Monologe und Kommentare die Aufmerksamkeit in einer Weise nach innen lenken, die uns gewissermaßen mit uns selbst verstrickt sein lässt. Inneres Reden macht die Sinneskanäle dicht und die Wahrnehmung zu. Die soziale, auf der Aktivität der Spiegelzellen beruhende Intuition ist jedoch auf hellwache Sinne und gute Wahrnehmung angewiesen.

**So vermeiden Sie typische Intuitionsfallen:**

- Drehen Sie konsequent immer wieder innere Kommentare und Monologe ab. Üben Sie sich im Denken in Bildern.

- Handeln Sie während des Trainings so unmittelbar und intuitiv wie möglich – je nachdem, wie viel Erfahrung Sie haben. Lassen Sie, wenn Sie die Übungen mit Ihrem Hund beendet haben, das Training noch einmal vor Ihrem geistigen Auge ablaufen. Ich nenne das den »Nachbereitungsfilm«. Dieser ist sehr hilfreich um festzustellen: Wann habe ich intuitiv gehandelt und wie? Sie können nun Ihre intuitiven Entscheidungen, Handlungen und Reaktionen genau überprüfen: Waren sie richtig? Waren sie sinnvoll? Sie werden staunen, wie viele gute Entscheidungen Sie getroffen haben, wie gekonnt und passend Sie immer wieder reagiert haben, obwohl Ihnen in der Situation selbst gar nicht wirklich klar war, warum Sie tun, was Sie tun. Die Weisheit der Gefühle »wusste« es sehr wohl.

## *Sinnesspezifisch genaue Wahrnehmung statt Interpretation*

Eine zu schnelle Interpretation der Dinge, die wir wahrnehmen, behindert die Intuition oder blockiert sie sogar vollständig. Interpretation bedeutet, dass wir Wahrgenommenes sofort erklären – und das möglichst so, dass es zu den Konzepten passt, die wir bereits haben. Interpretation ist eine besondere Form des inneren Redens und verführt auch leicht zu weiteren inneren Kommentaren und Monologen, die die Intuition überdecken. Es ist daher sinnvoll, die sinnesspezifisch genaue Wahrnehmung zu trainieren, also wahrzunehmen, was ist, statt sofort (und quasi automatisch) zu interpretieren, was dies oder jenes bedeuten könnte.

**So können Sie die sinnesspezifisch-genaue Wahrnehmung trainieren – die Übung »nette und unangenehme Person«:**
Für diese Übung brauchen Sie mindestens einen Partner oder eine Partnerin. Am effektivsten und lustigsten ist sie in der Gruppe.

- Denken Sie an eine nette Person, die Sie sehr gerne mögen. Ihre Mitspieler sehen Sie an und lassen es ein wenig auf sich wirken, wie Sie aussehen, wenn Sie an diese nette Person denken. Nun machen Sie dasselbe, indem Sie an eine Person denken, die Sie nicht leiden können. Geben Sie keine absichtlichen mimischen Hinweise – für Sie selber sollte sich Ihr Gesichtsausdruck neutral anfühlen.

- Ihre Mitspieler beginnen nun Fragen zu stellen wie: »Welche der beiden Personen ist jünger?« oder: »Welche von beiden hat länger Haare?« usw. Sie sagen nichts, denken nur an die jeweilige Person. Ihre Mitspieler sollen sagen, ob es die nette oder die unangenehme Person war, an die sie gedacht haben.

- Tauschen Sie die Rollen.

**Einen Hund sinnesspezifisch-genau wahrnehmen – Übung zur »reinen Wahrnehmung«:**
Diese Übung ist am besten für eine kleine Gruppe mit mehreren Hunden geeignet. Sie funktioniert jedoch auch mit zwei Personen und mindestens einem Hund.

- Eine Person zeigt eine beliebige Übung mit dem Hund. Die anderen beschreiben anschließend, was sie gesehen und gehört haben – ohne zu interpretieren!

- Beachten Sie bitte: Eine Feststellung wie »Der Hund liegt gerade wie eine Sphinx vor X. Sein Maul ist leicht geöffnet« ist eine sinnesspezifisch genaue Aussage, die keine Interpretation enthält. »Der Hund liegt entspannt vor X, man sieht an dem leicht geöffneten Maul, dass es ihm gut geht« hingegen enthält bereits zwei Interpretationen. Unabhängig davon, ob diese Interpretationen nun richtig oder falsch sind – bei dieser Übung geht es darum, sich bewusst zu machen, wie leicht und schnell wir Wahrgenommenes interpretieren. Daher soll in diesem Spiel überhaupt nicht interpretiert werden.

## *Aufspannen der Aufmerksamkeit/Der periphere Blick*

Den peripheren Blick, das »Sehen aus den Augenwinkeln« zu schulen, ist ein weiteres unentbehrliches Trainingsinstrument, das der Intuition beim Arbeiten hilft. Während der fokussierte Blick stärker mit dem bewussten Teil unserer Psyche zu korrespondieren scheint, schafft peripheres Sehen eher den Zugang zu unbewussten Potenzialen und unterstützt den Trainer daher, in einen Zustand entspannter Konzentration und intuitiv-ganzheitlicher Wahrnehmung zu gelangen. Der periphere Blick ist aber auch grundlegend, wenn Sie das »Zaubermittel« Joint Attention, die gleichgerichtete Aufmerksamkeit, im Training nutzen wollen (Ich komme im nächsten Kapitel darauf zurück).

**So schulen Sie die periphere Sehfähigkeit:**
- Setzen Sie sich irgendwo hin, wo sich viele Menschen aufhalten, z. B. in ein gut besuchtes Café. Sehen Sie entspannt geradeaus und stellen Sie sich nun vor, Sie könnten Ihren Blick aufspannen wie einen Regenschirm. Während Sie weiterhin geradeaus sehen, nehmen Sie wahr, was rechts und schließlich rechts-hinten von Ihnen passiert. Sie werden es nicht genau sehen können, Sie müssen es auch nicht beschreiben – aber Sie können es wahrnehmen. Lenken

Sie nun Ihre Aufmerksamkeit (nicht den Blick!) nach links und schließlich so weit wie möglich nach links-hinten.

- Machen Sie dieselbe Übung mit Ihrem Hund – zunächst wenn er in seinem Körbchen oder auf seiner Decke liegt. Setzen Sie sich so, dass Sie ihn nur aus dem äußersten Augenwinkel wahrnehmen können. Starren Sie nicht vor sich hin, in dieser Situation ist es sogar besser, sich zu beschäftigen. Lesen Sie zum Beispiel etwas. Geben Sie zwischendurch immer wieder etwas Aufmerksamkeit in den peripheren Bereich Ihres Sehens. Machen Sie sich bewusst, wie viel von Ihrem Hund Sie wahrnehmen, ob er ruhig liegt oder die Position verändert ... Sie können sogar erspüren, wie es ihm geht.

- Nehmen Sie Ihren Hund an die Leine. Lassen Sie ihn neben sich laufen und nehmen Sie ihn aus dem Augenwinkel wahr, obwohl Sie geradeaus schauen.

### *Mit Achtsamkeit und absichtlicher Absichtslosigkeit zur ganzheitlich-intuitiven Wahrnehmung*

Der Wahrnehmungszustand, den ich »ganzheitlich-intuitiv« nenne, lässt sich nicht willentlich herstellen. Auf dem Weg der Achtsamkeit und mit Hilfe einer Haltung von absichtlicher Absichtslosigkeit aber fällt er uns ganz einfach zu. Er stellt sich wie von selbst ein, mühelos und unkompliziert.

Achtsamkeit bedeutet, mit hellwachen Sinnen ganz und gar in der Gegenwart zu sein und alles, was geschieht, wahrzunehmen ohne zu urteilen. In der Gegenwart zu sein, ist die Voraussetzung dafür, ganz und gar im Tun aufzugehen. Wenn wir mit Tieren arbeiten, ist es außerordentlich wichtig »ganz da« zu sein. Unsere Hunde leben zwar nicht »ausschließlich in der Gegenwart«, wie man das lange dachte – sie können durchaus vorausplanen und sich erinnern – aber sie leben doch überwiegend im Hier und Jetzt, während wir uns gedanklich mit Vorliebe in der Vergangenheit oder Zukunft aufhalten. Nur in der Gegenwart können wir mit Tieren kommunizieren. Im Übrigen können wir auch nur in der Gegenwart wirklich leben, unsere Lebendigkeit spüren. Das zweite Element der Achtsamkeit ist die interpretationsfreie, sinnesspezifisch genaue Wahrnehmung.

Im Zustand der Achtsamkeit sind wir gleichermaßen uns selbst wie auch den Dingen der Welt zugewandt. Eine gute Balance zwischen Verstand und Gefühl stellt sich ein, ohne dass wir uns in angestrengtes Denken oder auch in emotionale Belange verstricken. Achtsamkeit ist eine unangestrengte Form von Aufmerksamkeit und damit das Gegenteil der verkrampften Beobachtung. Vielleicht haben Sie sich ja bereits mit Zen oder Yoga befasst. In diesem Fall werden Sie die segensreichen Auswirkungen der Achtsamkeit gut kennen (die sich übrigens inzwischen auch die moderne Psychotherapie zunutze macht, da sich die positiven Wirkungen von Achtsamkeitstraining sogar empirisch überprüfen lassen). Für den Umgang und die Arbeit mit Tieren ist Achtsamkeit deshalb so unendlich wertvoll, weil sie uns Menschen in den für das Tier vertrauenserweckenden Zustand der entspannten Konzentration versetzt, weil Achtsamkeit uns aufnahmebereit und offen sein lässt und für unsere Spiegelneurone die besten Voraussetzungen zum Arbeiten schafft.

Der taoistische Begriff der absichtlichen Absichtslosigkeit »Wu-Wei« entspricht in vielen Punkten der aus dem Zen stammenden Idee der Achtsamkeit, in anderen wieder ergänzen Achtsamkeit und absichtliche Absichtslosigkeit einander. Jedes Mal, wenn Sie mit wachen Sinnen wahrnehmen ohne zu urteilen, sind Sie im Zustand der Achtsamkeit. Die Haltung der absichtslosen Absichtslosigkeit geht mit dem Loslassen von innerem Druck einher, sei er durch Versagensängste entstanden, durch eine verkrampfte, übertriebene Zielorientierung oder auch durch Erwartungen.

Noch ein Wort zur Erwartung. Natürlich können wir nicht anders, als Dinge zu erwarten. Unser Gehirn nimmt Gegebenheiten voraus, macht sich Bilder von zukünftigen Ereignissen, damit wir uns gut auf diese einstellen können. Das Problem ist, dass wir unsere Erwartungen, also von uns selbst konstruierte Bilder und Annahmen, leicht mit der Realität verwechseln. Da sie nicht real sind, können wir uns täuschen. Diese Täuschung wird leicht durch eine »Ent-Täuschung« beendet. Das ist zum Beispiel bei Frau Muckenstrunz der Fall, die schweigend erwartet, dass ihr Sohn sein Zimmer aufräumen wird, weil es gerade sehr unordentlich aussieht. Die Realität ist allerdings, dass dem Junior das Chaos gar nicht auffällt, geschweige denn, dass es ihn stören würde. Damit gehen Realität und die Erwartung, der Sohn würde von sich aus aufräumen, stark auseinander. Das Ergebnis ist Verärgerung, »Frust« und Enttäuschung.

Viele Erwartungen, die Menschen an Hunde haben, sind regelrecht tragisch, wie etwa die Erwartung, der Hund würde seine eigenen Bedürfnisse »zurückstecken«, weil es dem Menschen gerade nicht in den Kram passt, diese zu erfüllen. Ein weiteres Beispiel für eine verhängnisvolle Erwartung wäre es, wenn jemand davon ausgeht, ein Hund, der ins Haus kommt, müsste genauso sein, wie sein Vorgänger. Erwartungen im Training beziehen sich meist darauf, dass etwas »funktionieren muss« oder auch »ohnehin nicht funktionieren« wird oder vielleicht auch, dass etwas genau so funktionieren muss, wie wir uns das vorstellen. All das erzeugt Druck, verhindert flexibles Handeln und Reagieren und blockiert die Spiegelneurone. Erwartungen und Achtsamkeit schließen einander aus.

**Achtsamkeitstraining**

- Bauen Sie das Achtsamkeitstraining in Ihren Alltag ein. Üben Sie sich darin, wahrzunehmen, ohne zu urteilen.

- Erledigen Sie bestimmte Arbeiten wie Gartenarbeit oder Geschirrspülen, indem Sie dabei üben, alles wahrzunehmen, was man bei der jeweiligen Tätigkeit sehen, hören, fühlen und riechen kann, ohne zu werten oder zu kommentieren.

- Halten Sie im Alltag immer wieder inne und überprüfen Sie, wo Sie gerade mit Ihren Gedanken waren. Bei etwas, das bereits vorbei ist, Sie aber immer noch beschäftigt? Bei etwas, das Ihnen noch bevorsteht? Gehen Sie immer wieder bewusst in die Gegenwart zurück.

**Absichtliche Absichtslosigkeit**

- Arbeiten Sie aus der Haltung »Ich erwarte nichts und halte alles (Positive, Gute) für möglich« heraus mit Ihrem Hund. So sind Sie frei von jedem Druck, offen dafür, flexibel zu reagieren und auch für angenehme Überraschungen, wie zum Beispiel die, dass eine Übung erstaunlich leicht und locker zu bewältigen ist.

## Wege zur Resonanz

In Resonanz mit einem Tier zu sein, hat für mich zweierlei Bedeutung. Einmal meine ich damit eine grundsätzliche Bezogenheit aufeinander. Auf der anderen Seite stehen die intensiven, beglückenden Momente tiefen Resonanzerlebens, mit denen »Herz-und-Verstand-Trainer« immer wieder beschenkt werden.

### *Fühlen und denken wie ein Tier - die Welt aus den Augen des Hundes sehen und erleben*

Deli ist gerade dabei, das Laufen und Springen auf den Hinterbeinen zu erlernen. Ich schaue sie an und weiß genau, warum sie rückwärts läuft. Es ist auf diese Art sehr viel leichter, die Balance zu halten. Ich weiß es, weil ich es spüre.

Ich sehe Bärchen Monty am Balancierbalken hin und herrennen und weiß, dass in diesem Moment keine Belohnung gefragt ist. Er ist vollkommen ins Tun versunken. Ich sehe es nicht einfach, ich fühle es.

Ich übe mit Sunny »Peng«, das regungslose Liegen auf der Seite. Ich weiß, wie lange ich diese Position von ihr verlangen kann. Ich spüre es irgendwie, wenn es Zeit ist, die Übung aufzulösen.

Deli schiebt Sunny, die gerade ein Stück mit ihrem Roller-Skateboard gefahren ist, die ganze Strecke zurück in die Ausgangsposition. Ich gehe neben dem Skateboard her. Ich spüre, dass es doch recht schwer ist, das Requisit mit Sunny darauf vorwärts zu schieben und mir fällt plötzlich auf, dass meine Muskeln genau so angespannt sind, wie die von Deli. Ich schiebe innerlich mit.

Meine Spiegelneurone ermöglichen mir, die Übungen und den aktuellen Zustand der Tiere so stark innerlich mitzuerleben, dass ich weiß, wie ich handeln soll. All das passiert unbewusst. Ich »mache« es nicht, ich lasse es jedoch bewusst zu – vielleicht einfach deshalb, weil ich eines Tages entdeckt habe, dass ich die Übungen der Tiere fast so erlebe, als wäre ich selbst die Ausführende. Oft genügt es schon, nur ab und an im Training ein wenig Aufmerksamkeit auf diese inneren Simulationen zu lenken, um das Mit- und Einfühlen immer weiter zu schulen und zu verbessern. Das wirksamste Training der Spiegelneurone ist das tatsächliche körperliche Imitieren, das natürlich im Umgang mit Hunden auf gewisse Grenzen stößt. Aber auch bewusstes Hineinversetzen in den Hund bringt uns weiter. Aus der Kommunikationsforschung – und natürlich auch unserer Erfahrung – wissen wir, dass der Schlüssel zu guter Kommunikation und intensiver Beziehung im

Aufeinander-Einstellen und -Eingehen liegt, einer gewissen Anpassung also. Betrachten wir bewusst und absichtlich die Welt immer wieder aus ihren Augen, trainiert und fördert dies unsere Fähigkeit, sich auch spontan in Tiere einzufühlen.

**Die Welt aus den Augen des Hundes sehen**

Am besten machen Sie Ihre ersten bewussten Übungen zum Hineinversetzen in Ihren Hund in aller Ruhe, nicht gleich beim Training.

- Stellen Sie sich vor, Sie seien Ihr Hund. Den meisten Menschen hilft es, bei dieser Übung die Augen zu schließen. Wenn es Ihnen angenehm ist, tun Sie das. Stellen Sie sich vor, wie es ist, im Körper dieses Tieres zu sein, auf allen Vieren zu laufen, ein Fell und vor allem diese unglaublich sensiblen Sinne zu haben.

- Sehen Sie sich »als Hund« in der Umgebung um, in der Sie sich gerade befinden. Da Sie ein Vierfüßer sind und kleiner als ein Mensch, haben Sie nun eine ganz andere Perspektive. Wie sehen Sie die Welt? Was und wie hören Sie? Die Geräusche sind sehr viel intensiver, nicht wahr? Ihre Nase ist recht dicht am Boden und sie ist sehr sensibel. Welche Gerüche nehmen Sie auf? Wie fühlt sich die Umgebung an? Ist da Sonne auf dem Fell? Wind? Wie fühlt sich das an? Wenn Sie in einem Innenraum sind – ist die Temperatur angenehm, zu warm, zu kalt? Wenn Sie etwas tun, laufen zum Beispiel oder ruhen, wie fühlt sich der Untergrund an und das, was Sie grade tun - als Hund?

Bitte beachten Sie, dass diese Übung nicht den Anspruch erhebt, Sie sollten oder könnten nun wirklich die Welt auf dieselbe Weise erleben, wie Ihr Hund das tut. Wenn wir uns beispielsweise vorstellen, die ganze Symphonie von Gerüchen aufzunehmen, die ein Hund aufnimmt, wird dadurch weder unser Geruchssinn feiner und leistungsfähiger, noch erleben wir in unserer Fantasie wirklich dasselbe, was der Hund in der Realität erlebt. Wir schaffen uns auf diese Weise dennoch gewisse innere Repräsentationen vom Erleben unserer Hunde. Vielleicht erinnern Sie sich: Die inneren Repräsentationen sind das, worauf die »Suchmaschine Intuition« zurückgreift. Es stört die Intuition nicht, wenn Repräsentationen etwas ungenau sind. Schließlich sind wir nicht einmal absolut genau, wenn wir die inneren Erfahrungen unserer eigenen Artgenossen spiegelnd miterleben – und dennoch können wir uns auf diesem Weg hervorragend einfühlen.

**Einzelne Übungen aus den Augen des Hundes sehen**

Es bietet sich an, nach dem Training die Übungen nicht nur als Nachbereitungsfilm aus eigener Sicht vor dem inneren Auge ablaufen zu lassen, sondern sie auch aus der Sicht des Hundes zu beschreiben. Diesmal ist das Denken in Sprachmustern ausdrücklich erlaubt und erwünscht. Tun Sie so, als könne Ihr Hund sprechen. Wählen Sie die Ichform, so, wie Sie es machen würden, wenn Sie »im Namen des Hundes« Postkarten oder Mails schreiben – und »vermenschlichen« Sie drauflos.

- Stellen Sie sich vor, Sie seien Ihr Hund, der gerade eine bestimmte Übung lernt. Nehmen Sie sich wieder einen Moment Zeit, sich ganz in Ihren Hund hineinzuversetzen. Sie sind jetzt beim Training.

- Wie fühlt sich die Übung an, die Sie gerade machen? Was ist leicht, was ist schwer? Was tut Ihr Herrchen/Frauchen? Was würde Ihnen beim Lernen helfen? Welche Gefühle haben Sie?

Die Übung ist umso effektiver, je intensiver Sie sich in Ihren Hund hineinversetzen. Sie eignet sich auch gut, um sie schriftlich zu machen.

Die beiden folgenden Übungen haben zwar nicht unmittelbar mit dem Training von Tieren zu tun, sie vermitteln Ihnen jedoch einen Eindruck von der Power bildlichen Denkens. Was Sie sich bildlich vorstellen, setzt Ihr Körper sofort um. Visuelle Vorstellungskraft ist daher eine der wichtigsten Fähigkeiten herausragender Trainer. Für die erste Übung brauchen Sie einen Partner.

**Die Power des Denkens in Bildern erfahren – der Feuerwehrschlauch**

- Halten Sie Ihren rechten Arm leicht angewinkelt vor den Körper. Ballen Sie die Faust und spannen Sie die Muskeln an. Ihr Partner/Ihre Partnerin wird nun versuchen, den Unterarm gegen den Oberarm zu drücken. Der Übungspartner sollte sich den Kraftaufwand, den er benötigt, wenn Sie mit aller Kraft dagegen halten, in etwa merken.

- Wiederholen Sie die Übung. Sie haben jetzt schlechtere Karten, weil Sie vom Gegenhalten bereits ein wenig müde sind (das Gegenhalten beansprucht viel mehr Kraft als das Drücken, Ihr Partner ist also jetzt noch stärker im Vorteil).

Wenn Sie diesmal den Arm angewinkelt vor den Körper halten, schließen Sie die Hand allerdings nicht zur Faust, sondern Sie lassen sie offen. Sie spannen auch keinen einzigen Muskel an. Stellen Sie sich vor, Ihr Arm ist ein Feuerwehrschlauch, durch den mit gewaltigem Druck das Wasser rast. Das ist alles, was Sie tun. Wenn Sie ganz in der Vorstellung sind, geben Sie Ihrem Partner das Signal zum Drücken: »Jetzt!« Sie werden beide staunen: Wenn die Größen- und Kräfteverhältnisse einigermaßen ausgewogen sind, hat Ihr Partner nun keine Chance mehr, Ihren Arm abzubiegen. Ist er sehr viel stärker als Sie, wird er dennoch einen gewaltigen Unterschied in der Kraft, die er aufwenden muss, wahrnehmen.

- Wechseln Sie die Rollen.

**Die Kartoffelübung**

Wenn Sie noch mehr über die kraftvollen Wirkungen des bildlichen Denkens erfahren wollen, habe ich noch eine kleine »Zugabe« für Sie. Diese Übung können Sie allein ausführen. Zu mehreren macht es allerdings viel mehr Spaß.

- Nehmen Sie eine mittelgroße, rohe Kartoffel zwischen Daumen und Zeigefinger der linken Hand (Linkshänder nehmen die rechte). In die rechte Hand nehmen Sie einen handelsüblichen Kunststoff-Trinkhalm. Versuchen Sie jetzt, die Kartoffel mit dem Strohhalm zu durchbohren. Der Strohhalm wird vermutlich abknicken und allenfalls ein kleines Stück weit in die Kartoffel zu rammen sein. Sie sollen diese jedoch ganz durchbohren.

- Wie das geht? Sie ahnen es schon: Das Bild, das Sie im Kopf haben, macht den Unterschied. Halten Sie die Kartoffel über eine mit einem Punkt markierte Unterlage (legen Sie diese am besten auf den Boden, aber es geht auch auf dem Schoß). Konzentrieren Sie sich auf den Punkt und auf die Vorstellung, diesen zu durchbohren – nicht die Kartoffel, den Punkt! Die Kartoffel halten Sie lediglich dazwischen, wenn Sie Ihren Trinkhalm »durch den Punkt hindurch in die Erde rammen«. Geschafft? Herzlichen Glückwunsch! Sie können Ihre eigene kleine Shaolin-Show eröffnen.

## *Joint Attention und Arbeitsspannung*

Joint Attention, die gleichgerichtete Aufmerksamkeit, stellt sich bei gutem Kontakt automatisch ein. Sie ist aber auch ein ungemein wertvolles Trainingsinstrument, das Sie bewusst einsetzen können, um den Kontakt zu intensivieren. Sie können Ihren Hund mit Hilfe Ihrer Aufmerksamkeit ein wenig führen und ihn auf diese Weise beim Lernen sehr effektiv unterstützen. Für das Training der Joint Attention eignen sich am Anfang besonders Übungen mit Requisiten.

Hier sind zwei Beispiele:

**Das Viele-Dinge-Spiel**

- Legen Sie mehrere Gegenstände, zum Beispiel Hundespielzeug, auf dem Boden aus. Der Hund bekommt für jeden Gegenstand, mit dem er irgendetwas macht, eine kleine Belohnung. Es ist dabei egal, ob er den Gegenstand nur beschnüffelt, ihn aufnimmt, ihn wegschubst, mit der Pfote berührt, drauftritt ...

- Lenken Sie die Aufmerksamkeit Ihres Hundes mit Hilfe Ihrer eigenen Aufmerksamkeit von einem Gegenstand zum nächsten. Selbstverständlich sollten Sie am Anfang Ihre Blickrichtung und Ihre innere Aufmerksamkeit mit deutlicher oder sogar übertriebener Körpersprache unterstützen. Wichtig: Bleiben Sie mit dem Blick beim jeweiligen Requisit. Den Hund haben Sie im peripheren Blick.

**Bodentargetübung**

»Target« bedeutet Ziel. Ziele können auch bestimmte Punkte am Boden sein, die der Hund aufsuchen soll. Um diese zu markieren, bevorzuge ich Restchen eines PVC-Bodenbelags in der Größe von ca. 30 x 20 cm. Sie können auch ganz einfach Pappstücke verwenden, die geeignet sind, dass der Hund mit einer Pfote darauf tritt.

- Bringen Sie Ihrem Hund bei, auf das Target zu treten, indem Sie ihn belohnen, wenn er es von sich aus tut. Es ist in Ordnung, wenn er es anfangs unabsichtlich tut, wenn Sie ihn ein paar Mal bestätigt haben, wird er es bewusst machen. Ob er nur eine Vorderpfote auf das Target stellt oder beide, spielt ebenfalls keine große Rolle.

- Legen Sie nun zwei identische Targets aus und führen Sie den Hund mit Ihrer Aufmerksamkeit, Ihrem Blick und anfangs übertrieben deutlicher Körpersprache von einem zum anderen. Eine Belohnung gibt es immer, wenn er das Target betritt, auf das Sie gerade Ihre Aufmerksamkeit lenken. Passen Sie gut auf, dass Ihr Hund nicht etwa lernt, abwechselnd das rechte und das linke Target zu wählen. Variieren Sie: Zweimal rechts, einmal links, einmal rechts, dreimal links usw.

- Reduzieren Sie die Körpersprache Schritt für Schritt, bis Ihr Blick genügt, den Hund sicher zum gewünschten Ziel zu führen.

Mit der Kombination von Joint Attention und der Fähigkeit, Übungen aus den Augen des Hundes zu sehen (beides lässt sich nicht scharf voneinander trennen), haben Sie eines der effizientesten Trainingsinstrumente in der Hand, die es gibt. Diese erweiterte Form der Joint Attention bedeutet, die Übungen/Aufgaben innerlich mitzuvollziehen und dabei auf dasselbe Ziel ausgerichtet zu sein. Sie haben auf diese Weise automatisch dieselbe »Arbeitsspannung« wie Ihr Hund und können Übungen einfach durch Entspannen beenden. Joint Attention kann zwar nicht die Trainingstechnik ersetzen, sie bewirkt jedoch, dass auch schwierige Übungen gelingen, die ohne inneres Mitgehen des Trainers missglücken. Der Trick »Drehung am Schwebebalken« meines Schweinchens Piccolino ist ein gutes Beispiel für dieses Phänomen.

**Den Hund unter Joint Attention an etwas vorbeiführen**

Vielleicht geht Ihr Hund an allem und jedem völlig gelassen vorbei, seien es Gärten mit kläffenden Artgenossen oder sämtliche entgegenkommende Hunde, auch an noch so engen Stellen des Weges und selbst dann, wenn diese vor Wut fast platzen. Wenn ja: Herzlichen Glückwunsch! Wenn nein: Versuchen Sie es einmal so:

- Führen Sie Ihren Hund unter Joint Attention an etwas vorbei, woran er »einfach so« erfahrungsgemäß nicht vorbeigehen würde. Sobald das »Problem« in Sichtweite ist, atmen Sie tief in den Bauch, gehen Sie mit Ihrer Aufmerksamkeit dorthin, wo Sie hinwollen, nämlich an dem anderen Hund, dem Garten oder was immer vorbei. Wichtig: Schauen Sie nicht »das Problem« an, sondern konzentrieren Sie sich auf den Weg, der an diesem vorbeiführt.

Schauen Sie auch nicht Ihren eigenen Hund an, den haben Sie im peripheren Blick.

Dies ist kein absolutes Allheilmittel gegen Leinenaggression oder Ängstlichkeit, aber selbst in schwierigen Fällen eine unglaublich wirkungsvolle Unterstützung.

## *Von der Kunst des Führens und Folgens*

Der Mensch führt – der Hund folgt. Das ist es, was die meisten von uns gelernt haben und es ist ja auch grundsätzlich richtig. Wir sind für unsere Hunde verantwortlich, sie brauchen unsere Führung, um in der Menschenwelt zurechtzukommen. Sie brauchen auch Regeln, die ihnen Orientierung und damit Sicherheit im Zusammenleben geben. Wir müssen gute »Eltern« sein, die freundlich und konsequent auf die Einhaltung dieser Regeln achten und sich andererseits auch selbst an die Spielregeln des Zusammenlebens halten. Wer aber den klassischen Grundsatz der Hundeerziehung »Der Mensch agiert – der Hund reagiert« strikt befolgt, verletzt leicht das Grundbedürfnis nach Orientierung und Kontrolle. Er verwehrt dem Hund die Erfahrung, dass er auf bestimmte Situationen selbst Einfluss hat. Diese ist für alle Lebewesen wichtig, natürlich auch für alle Hunde und besonders für die ängstlichen unter ihnen. Vor allem aber kann bei einem »absoluten Führungsanspruch« des Menschen keine echte, tiefe Beziehung zustande kommen, erst recht nicht die Erfahrung von Resonanz. Resonanzerfahrungen der intensiveren Art basieren immer auf einem häufigen, unmerklichen und reibungslosen Wechsel von Führen und Folgen zwischen zwei Partnern.

Wie das Wechselspiel zwischen Führen und Folgen aussehen kann, ohne dass wir unsere »elterliche Autorität« aufs Spiel setzen müssen, möchte ich Ihnen anhand eines Beispiels aus dem Tricktraining zeigen.

### Führen und Folgen – ein Beispiel aus dem Tricktraining

Ich möchte Deli aus dem Umgang mit einem Ball nach Möglichkeit einen neuen Trick entwickeln lassen. Ich arbeite hier mit einem Clicker und habe Futterbelohnungen vorbereitet. Ich gebe den gesamten Rahmen des Trainings vor, nämlich wo und wann wir üben, was wir üben und mit welchem Requisit. Ich entscheide, was bestärkt wird und was nicht. Ich bin also in einer Art »grundsätzlicher Führungsposition« und die werde ich behalten, auch wenn ich mich während des Übens immer wieder von Deli führen lasse.

Ich lege einen Basketball auf den Boden. Deli ist kein Schnauzen-, sondern ein Pfotenhund: Wenn es möglich ist, macht sie alles mit den Pfoten. Sie stubst den Ball mit der Pfote an. Ich clicke und belohne sie. Sie stubst ihn mit der anderen Pfote an, ich belohne auch das. In dieser Phase führt Deli. Sie zeigt mir den Weg zu einem neuen Trick – sie agiert, ich reagiere.

Plötzlich stellt mein trickerfahrener Hund beide Pfoten auf den Ball. Das ist eine wacklige Angelegenheit (Wäre ich darauf gefasst gewesen, hätte ich den Ball am Anfang für sie festgehalten. Das Kippeln schreckt sie aber nicht ab). Sie guckt mich an, Stolz in den Augen »Ist das nicht toll?« Ich folge ihr noch einmal deutlich: Ja, Deli, das ist toll! Ich freue mich, lobe sie und belohne sie fürstlich – und übernehme wieder ein Stück weit die Führung. »Jetzt haben wir ihn«, den Beginn eines neuen Tricks. An diesem Punkt kann ich aufbauen, in meinem Kopf entstehen Bilder, was daraus werden kann.

Ich führe Deli zunächst mit Hilfe der Körpersprache ein Stück vorwärts. Sie kullert den Ball also mit den Vorderpfoten, während sie mit den Hinterpfoten auf dem Boden läuft. Jetzt brauche ich viel Gespür, denn die Bewegung ist schwierig. Sie muss ja mit den Vorderpfoten das Kippeln des Balles ausgleichen, außerdem rückwärts treten, um ihn nach vorne zu bewegen und zugleich mit den Hinterbeinen vorwärts laufen. Ich muss entscheiden, ob sie eine kleine Hilfestellung braucht (indem ich zum Beispiel den Ball mit der Hand etwas abbremse), wie viele Schritte sie bereits gut vorwärts »kullern« kann und so weiter. Als Deli nach einiger Übung den Ball um eine Kurve treibt, folge ich sofort wieder. Ich bestätige ihr Angebot mit einer Belohnung, die ich ihr zustecke, ohne zu unterbrechen. Gleich darauf führe ich sie wieder, nämlich mit Hilfe eines Handzeichens, samt Ball durch meine gegrätschten Beine und schließlich kullert sie den Ball gleich zweimal unter meinen Beinen hindurch. Das sind die Anfänge eines im Teamwork kreierten Tricks, des »Kullerslaloms«! Wir sind beide in absoluter Hochstimmung. Heureka!

Wie ich es oben schon erwähnt habe, resultiert Resonanzerleben aus einfühlendem wechselseitigen Führen und Folgen. Es ist schwierig zu erklären, wie das vor sich geht, aber eindrucksvoll, es selbst zu erfahren. Das ermöglicht die folgende Übung. Sie brauchen dafür einen Partner und tanzbare Musik.

**Führen und Folgen als Partnerübung**

- Legen Sie die gewählte Musik auf und stellen Sie sich Ihrem Partner gegenüber. Sprechen Sie ab, wer führt und wer folgt. Der Führende gibt die Bewegungen vor, der Geführte spiegelt sie. Wichtig: Der Führende hat immer die Verantwortung für den Geführten. Das ist beim Führen von Menschen nicht anders als beim Führen von Hunden. Für die führende Person in unserem Spiel heißt das: Sie muss mit ihrer Wahrnehmung beim Partner bleiben, nur Bewegungen machen, die für den anderen machbar und in Ordnung sind. Tauschen Sie sich nach der Übung kurz über Ihre Erfahrungen aus.

- Tauschen Sie die Rollen. Wer in der ersten Runde geführt hat, folgt diesmal.

- Bei der dritten Runde wird nicht abgesprochen, wer führt und wer folgt. Die Führung sollte häufig wechseln, ohne dass Sie einander irgendwelche absichtlichen Zeichen geben. Da in den beiden ersten Runden durch das Imitieren des Partners die Spiegelneurone bereits aktiviert sind, sollten diese jetzt so gut arbeiten, dass der intuitive Wechsel möglich wird. Wieder ist es sehr wichtig, die Intuition nicht durch innere Kommentare zu stören. Wenn Sie sich ganz und gar und ohne inneres Reden auf Ihren Partner einlassen, einfach nur wahrnehmen und sich gemeinsam bewegen, kann es gut sein, dass Sie einen kleinen, glücklichen Rauschzustand erleben. Das ist der »Resonanz-Flow«.

Wer mit Tieren arbeitet und als Tiertrainer immer wieder Flow-Erfahrungen macht, wird feststellen, dass auch Tiere Flow-Zustände kennen. Sie scheinen dann völlig ins Tun zu versinken, in einen kreativen Rausch zu geraten, einen Zustand, in dem es vorkommt, dass sie Belohnungen einfach liegen lassen und weitermachen. Darüber hinaus treten bei sicherer, vertrauensvoller Bindung diese Flow-Zustände beim Trainer und beim Tier meistens synchron auf. Es geschieht in jenen glücklichen Momenten, in denen die Mensch-Tierbeziehung am intensivsten ist, den Momenten perfekter Resonanz.

## Zu guter Letzt

Der Hund hat mehr mit uns gemeinsam, als man lange Zeit dachte. Er teilt Empfindungen, Gefühle und die Fähigkeit zu denken mit uns ebenso wie die grundlegendsten Bedürfnisse. Keine Frage – man muss mit einem fühlenden, denkenden Geschöpf anders umgehen, als wenn man es mit einem sehr einfachen, nur-reagierenden Lebewesen zu tun hätte. Aber ich glaube, Sie haben längst gewusst, dass Ihr Hund ein fühlendes, denkendes Wesen ist und daher sind Sie bestimmt auch genau so mit ihm umgegangen, ehe Sie dieses Buch gelesen haben. Nicht nur einige wenige Ausnahme-Begabungen haben die Tiere schon immer gesehen und behandelt, als hätten sie längst über all die faszinierenden Erkenntnisse verfügt, die die Wissenschaft heute für uns bereit hält – unzählige Menschen haben so mit Hunden gelebt, sie erzogen und ausgebildet. Sie haben ihre Tiere mit Herz und Verstand trainiert und waren glücklich mit ihnen, als es noch undenkbar war, offiziell über Gefühle von Tieren zu sprechen oder sich Gedanken über emotionale Fähigkeiten des Menschen zu machen. Ich habe dieses Buch also letztlich nicht geschrieben, um darauf hinzuweisen, dass es Erkenntnisse gibt, die bestimmte Konsequenzen für unseren Umgang mit Hunden haben sollten. Vielmehr wollte ich zeigen, dass wir alle, die wir Hunde lieben, mit ihnen leben und trainieren, uns nicht verunsichern lassen sollten, wenn wir unsere emotionale Kompetenz in das Hundetraining einbeziehen. Der Krieg zwischen Kopf und Bauch ist längst beendet.

Immerhin mag es gut tun, um die vielen Gemeinsamkeiten zu wissen. Das gilt auch für die andere Seite der Medaille: Die Erkenntnis, dass wir unseren Hunden in vielen Sinnesleistungen unterlegen sind, ist sicher nicht neu, dass wir aber viel weiter an die Wahrnehmungsfähigkeit unserer vierbeinigen Hellseher und Mentalmagier herankommen, als man lange dachte, vielleicht doch. Gemeinsamkeiten schaffen Nähe, Verbindung, Beziehung. Indem wir uns unsere eigenen Fähigkeiten bewusst machen und die unserer Hunde, können wir Lehrer und Lernende zugleich sein. Auf diese Weise können wir auch flüstern – beinahe. Wir müssen uns einfach nur immer wieder hinhocken, uns auf Augenhöhe mit den uns anvertrauten Lebewesen begeben, wie liebevolle Eltern das tun, damit unser Geflüster verstanden wird.

# Danke

Mein Dank gilt all meinen Seminarteilnehmern, die mich zu diesem Buch ermutigt haben, allen voran meiner Seminarveranstalterin und lieben Freundin Kristina Heilmann, die dieser Aufforderung durch mehrmaliges Nachhaken den nötigen Nachdruck verliehen hat.

Ein herzliches Dankeschön an Claudia Schwarz fürs Mitlesen, für ihre konstruktive Kritik, ihre Fragen und Anregungen.

Mein besonderer Dank richtet sich an Gisela Rau von Kynos Verlag für die ausnehmend gute und angenehme Zusammenarbeit.

Meinem Mann Albrecht danke ich für alle Unterstützung bei der Entstehung dieses Buches und bei allen anderen tierischen Projekten, aber vor allem dafür, dass er sein Leben mit mir und unserer kunterbunten Mensch-Tierfamilie teilt.

In großer Dankbarkeit denke ich an all die Menschen, die mir Vorbild waren und von denen ich lernen durfte. Meine wichtigsten Lehrerinnen und Lehrer aber haben allesamt vier Beine – und ich bin ihnen unendlich dankbar für ihre Geduld mit mir und für all das Überraschende und Faszinierende, das sie mir vermittelt haben. Ein herzliches Dankeschön an alle meine tierischen Lehrmeister und Freunde und ein ganz besonderes an Pamina, Deli, Sunny und Piccolino!

## Zum Weiterlesen empfohlen


### Aktuelles Wissen über Tiere

Feddersen-Petersen, Dorit Urd: *Ausdrucksverhalten beim Hund. Mimik und Körpersprache, Kommunikation und Verständigung*. Kosmos, Stuttgart 2008

Grandin, Temple: *Ich sehe die Welt wie ein frohes Tier. Wie ich als Autistin Menschen und Tiere einander näher bringen kann*. Ullstein, Berlin 2005

Kaminski, Juliane und Bräuer, Juliane: *Der kluge Hund. Wie Sie ihn verstehen können*. Rowohlt Taschenbuch Verlag, Reinbek 2006

McConnell, Patricia B.: *Liebst Du mich auch? Die Gefühlswelt bei Hund und Mensch*. Kynos Verlag, Mürlenbach/Eifel 2007

McMillan, Franklin D. (Hrsg.): *Mental Health and Well-Being in Animals*. Blackwell Publishing, Iowa 2005

Pepperberg, Irene M.: *Alex und ich. Die einzigartige Freundschaft zwischen einer Harvard-Forscherin und dem schlauesten Vogel der Welt*. mvg Verlag, München 2009

### Leben und trainieren mit Hunden

Clothier, Suzanne: *Würde das Gebet eines Hundes erhört ... Es würde Knochen vom Himmel regnen. Über die Vertiefung unserer Beziehung zu Hunden*. Animal Learn Verlag, Bernau 2004

McConnell, Patricia B.: *Trafen sich zwei. Betrachtungen über Menschen und Hunde*. Kynos Verlag, Nerdlen/Daun 2009

### Kommunikation, Intuition, Spiegelneuronenforschung

Bauer, Joachim: *Warum ich fühle, was du fühlst. Intuitive Kommunikation und das Geheimnis der Spiegelneurone*. Hoffmann und Campe, Hamburg 2005

Jacoboni, Marco: *Woher wir wissen, was andere denken und fühlen. Die neue Wissenschaft der Spiegelneuronen*. Deutsche Verlags-Anstalt, München 2008

Kast, Bas: *Wie der Bauch dem Kopf beim Denken hilft. Die Kraft der Intuition.* S. Fischer Verlag, Frankfurt a. M. 2007

Traufetter, Gerald: *Intuition. Die Weisheit der Gefühle.* Rowohlt, Reinbek 2007

Watzlawick, Paul: *Wie wirklich ist die Wirklichkeit? Wahn, Täuschung, Verstehen.* Piper, München/Zürich 2005

## Literatur

### 1. Aktuelles Wissen

**Alte Vorurteile über Tiere und wo sie herkommen**

Darwin, Charles: *The Expression of Emotions in Man and Animals.* Oxford University Press, New York 1872

Fouts, Roger S.: Vorwort zu McMillan, Franklin D. (Hrsg.): *Mental Health and Well-Being in Animals.* Blackwell Publishing, Iowa 2005

Grandin, Temple: *Ich sehe die Welt wie ein frohes Tier. Wie ich als Autistin Menschen und Tiere einander näher bringen kann.* Ullstein Verlag, Berlin 2005

McMillan, Franklin D. (Hrsg.): *Mental Health and Well-Being in Animals.* Blackwell Publishing, Iowa 2005

Watzlawick, Paul: *Wie wirklich ist die Wirklichkeit? Wahn, Täuschung, Verstehen.* Piper Verlag, München 1976, Taschenbuchsonderausgabe 2005

**Neues aus der Welt der Tiere**

Bekoff, Marc, »The Question of Animal Emotions: An Ethological Perspective«, in McMillan, Franklin D. (Hrsg.): *Mental Health and Well-Being in Animals.* Blackwell Publishing, Iowa 2005

Bekoff, Marc: *Das Gefühlsleben der Tiere.* Animal Learn Verlag. Bernau 2008

Damasio, Antonio R.: *Descartes' Irrtum. Fühlen, Denken und das menschliche Gehirn*. Neuausgabe im List Taschenbuch Verlag, 4. Auflage, Berlin 2006

Fouts, Roger: *Unsere nächsten Verwandten. Von Schimpansen lernen, was es heißt, ein Mensch zu sein*. Knaur, München 2000 (Taschenbuchausgabe)

Kaminski, Juliane und Bräuer, Juliane: *Der kluge Hund. Wie Sie ihn verstehen können*. Rororo, Reinbek 2006

Kast, Bas: *Wie der Bauch dem Kopf beim Denken hilft. Die Kraft der Intuition*. S. Fischer Verlag, Frankfurt a. M. 2007

McConnell, Patricia B.: *Liebst du mich auch? Die Gefühlswelt bei Hund und Mensch*. Kynos Verlag, Mürlenbach/Eifel 2007

Olbrich, Erhard, »Zur Ethik der Mensch-Tierbeziehung«, in: *Menschen brauchen Tiere. Grundlagen und Praxis der tiergestützten Pädagogik und Therapie*. Herausgegeben von Prof. Dr. Erhard Olbrich und Dr. Carola Otterstedt. Kosmos, Stuttgart 2003

Panksepp, Jaak: *Affective Neuroscience: The Foundations of Human and Animal Emotions*. Oxford University Press, New York 1998

Pepperberg, Irene M.: *Alex und ich. Die einzigartige Freundschaft zwischen einer Harvard-Forscherin und dem schlauesten Vogel der Welt*. mgv Verlag, München 2009

Phillips, Helen, »The cell that makes us human«, in: *New Scientist,* Ausgabe vom 18. Juni 2004

Slobodchikoff, C. N., »Cognition and Communication in Prairie Dogs«, in: *The Cognitive Annual: Empirical and Theoretical Perspectives on Animal Cognition*. Herausgegeben von Marc Bekoff, Colin Allen und Gordon M. Burghardt, Cambridge 2002

Stamp Dawkins, Marian: *Die Entdeckung des tierischen Bewusstseins*. Rowohlt Taschenbuch Verlag, Reinbek 1996

*Im Dschungel der Gefühle*. In: *Stern View* 3/2006

*Verlogen lebt es sich angenehmer*. In: *Stern View* 3/2006

**Es geistert weiter auf den Hundeplätzen**

http://www.hunde-rudel.de/tmech.htm (Zusammenfassung der Studie von David Mech über das Familienleben der Wölfe)

Mech, L. David: *The Wolf. The Ecology and Behavior of an Endangered Species*. University of Minnesota Press, Minneapolis, London 1970

Overall, Karen L., »Mental Illness in Animals – The Need for Precision in Terminologiy and Diagnostic Criteria«, in McMillan, Franklin D. (Hrsg.): *Mental Health and Well-Being in Animals*. Blackwell Publishing, Iowa 2005

Panksepp, Jaak, »Affective-Social Neuroscience. Approaches to Understanding Core Emotional Feelings in Animals«, in McMillan, Franklin D. (Hrsg.): *Mental Health and Well-Being in Animals*. Blackwell Publishing, Iowa 2005

Raleigh, M. J. et al., »Serontonergic Mechanisms Promote Dominance Acquisition in Adult Male Vervet Monkeys«, in: *Brain Research 559* (1991). Nach: Temple Grandin: *Ich sehe die Welt wie ein frohes Tier*. Ullstein Verlag, Berlin 2005

Rosenthal, Robert: *Experimenter Effects in Behavioral Research*. Appleton-Century-Crofts, New York 1966.

Sabage-Rumbaugh, Sue/Lewin, Roger: *Kanzi, der sprechende Schimpanse. Was den tierischen vom menschlichen Verstand unterscheidet*. Deutsche Taschenbuchausgabe: Knaur, München 1998

Schjelderup-Ebbe, T., »Beiträge zur Sozialpsychologie des Haushuhns«, in: *Zeitschrift für Psychologie,* H. 88, 1922. Nach: Anders Hallgren: *Das Alpha-Syndrom. Über Führung und Rangordnung bei Hunden – was das ist und was nicht*. Animal Learn Verlag, Bernau 2006

Watzlawick, Paul: *Wie wirklich ist die Wirklichkeit? Wahn, Täuschung, Verstehen* (1976/2005)

Winkler, Sabine: *So lernt mein Hund. Der Schlüssel für die erfolgreiche Erziehung und Ausbildung*. Kosmos Verlag, Stuttgart 2001

**Vermenschlichung – ein ganz heißes Eisen**

Bekoff, Marc, »The Question of Animal Emotions: An Ethological Perspective«, in McMillan, Franklin D. (Hrsg.): *Mental Health and Well-Being in Animals*. Blackwell Publishing, Iowa 2005

Feddersen-Petersen, Dorit Urd: *Ausdrucksverhalten beim Hund. Mimik und Körpersprache, Kommunikation und Verständigung*. Franckh-Kosmos Verlags-GmbH & Co. KG, Stuttgart, 2008

Kaminski, Juliane und Bräuer, Juliane: *Der kluge Hund*. Rororo, Reinbek 2006

Panksepp, Jaak, »Affective-Sozial Neuroscience Approaches to Understanding Core Emotional Feelings in Animals«, in McMillan, Franklin D. (Hrsg.): *Mental Health and Well-Being in Animals*. Blackwell Publishing, Iowa 2005

## 2. Flexibles Training mit Herz und Verstand

**Techniken oder Methoden?**

Feddersen-Petersen, Dorit Urd: *Ausdrucksverhalten beim Hund*. Franckh-Kosmos Verlags-GmbH & Co. KG, Stuttgart 2008

Goleman, Daniel: *Emotionale Intelligenz*. dtv, München, 11. Aufl. 1999

**Das Grundbedürfnis-Modell als Brücke zwischen Gefühl und Verstand**

Epstein, Seymour, »Cognitive-experimental self-theory«, in: L. A. Pervin (Hrsg.): *Handbook of personality*. Guilford, New York 1990

Fountain, Henry, »A Dog's Best Friend in Stormy Weather« (Bericht über die Studie von Dreschel & Granger zur Auswirkung von Berührungen bei Hunden mit Gewitterangst), in: *The New York Times,* Ausgabe vom 20. Dezember 2005

Goleman, Daniel: *Emotionale Intelligenz* (11. Aufl.1999)

Grandin, Temple: *Ich sehe die Welt wie ein frohes Tier.* Ullstein Verlag, Berlin 2005

Grave, Klaus: *Neuropsychotherapie*. Hogrefe, Göttingen, Bern Toronto, Seattle, Oxford, Prag 2004

McConnell, Patricia B.: *Trafen sich zwei. Betrachtungen über Menschen und Hunde*. Kynos Verlag, Nerdlen/Daun 2009

Odendaal, J. S. J. & Meintjes, R. A., »Neurophysiological Correlates of Affiliative Behavior between Humans and Dogs«, in: *The Veterinary Journal* 165/2003. Im Internet unter: www.sciencedirect.com

Panksepp, Jaak: *Affective Neuroscience: The Foundations of Human and Animal Emotions*. Oxford University Press, New York 1998

Suomi, Stephen S., »Attachment in Rhesus Monkeys«, in: J. Cassidy & P. R. Shaver (Hrsg.): *Handbook of Attachment*. Guilford, New York 1999

Stamp Dawkins, Marian: *Die Entdeckung des tierischen Bewusstseins*. Rowohlt Taschenbuch Verlag, Reinbek 1996

*Lernen und Verhalten – Bausteine zum Wesen des Hundes*. Sonderausgabe 1 des Schweizer Hundemagazins. Roro-Press Verlag AG, Dietlikon 2007

## 3. Gefühltes Wissen: Das Geheimnis der innigen Mensch-Tierbeziehung

**Intuition, die Königsfähigkeit der Spitzentrainer**

Damasio, Antonio R.: *Descartes' Irrtum. Fühlen, Denken und das menschliche Gehirn* (Neuausgabe 2006)

Hediger, Heini: *Tierpsychologie im Zoo und im Zirkus*. Reinhardt Verlag, Basel 1961

Kast, Bas: *Wie der Bauch dem Kopf beim Denken hilft. Die Kraft der Intuition*. S. Fischer Verlag, Frankfurt a. M. 2007

Kleemann, Georg: *Manege frei. Die »weiche« Tierdressur*. Kosmos Bibliothek, Franckh'sche Verlagsbuchhandlung, Stuttart 1968

Sheldrake, Rupert: *Der siebte Sinn der Tiere. Warum Ihre Katze weiß, wann Sie nach Hause kommen, und andere bisher ungeklärte Fähigkeiten der Tiere*. Ullstein Taschenbuch Verlag, München 2001
Und:
*Der siebte Sinn des Menschen. Gedankenübertragung, Vorahnungen und andere unerklärliche Fähigkeiten*. Scherz Verlag, Bern 2003

Traufetter, Gerald: *Intuiton. Die Weisheit der Gefühle*. Rowohlt, Reinbek 2007

Wilson, T. & Schooler, J., »Thinking too much: Introspection can reduce the quality of preferences and decisions«, in: *Journal of Personality and Social Psychology,* 60 (1991)

**Soziale Intuition – Vom Einfühlen zum Resonanzerleben**

Bauer, Joachim: *Warum ich fühle, was du fühlst. Intuitive Kommunikation und das Geheimnis der Spiegelneurone*. Hoffmann und Campe, Hamburg 2005

Bekoff, Marc: *Das Gefühlsleben der Tiere*. Animal Learn Verlag, Bernau 2008

Feddersen-Petersen, Dorit Urd: *Ausdrucksverhalten beim Hund. Mimik und Körpersprache, Kommunikation und Verständigung*. Kosmos Verlag, Stuttgart 2008

Fouts, Roger S.: *Unsere nächsten Verwandten. Von Schimpansen lernen, was es heißt, ein Mensch zu sein*. Knaur, München 2000

Hohmann, Ulf und Bartussek, Ingo: *Der Waschbär*. Verlagshaus Reutlingen, Oertel & Spörer, Reutlingen 2001

Immelmann, Klaus/Pröve, Ekkehard/Sossinka, Roland: *Einführung in die Verhaltensforschung*. Blackwell Wissenschafts-Verlag Berlin, Wien 1996

Jacoboni, Marco: *Woher wir wissen, was andere denken und fühlen. Die neue Wissenschaft der Spiegelneuronen*. Deutsche Verlags-Anstalt, München 2009

Kaminski, Juliane/Bräuer, Juliane: *Der kluge Hund. Wie Sie ihn verstehen können*. Rororo, Reinbek 2006

McConnell, Patricia B.: *Liebst du mich auch? Die Gefühlswelt bei Hund und Mensch*. Kynos Verlag, Mürlenbach 2007

McMillan, Franklin D.: Vorwort zu *Mental Health and Well-Being in Animals*. Blackwell Publishing, Iowa 2005

Pepperberg, Irene: *Alex und ich*. mgv Verlag, München 2009

Pietralla, Martin: *Clicker Training für Hunde*. Kosmos Verlag, Stuttgart 2000

Savage-Rumbaugh, Sue und Lewin, Reger: *Kanzi, der sprechende Schimpanse*. Knaur, München 1998

**Tierisch Intuitiv**

Ardrey, Robert: *Der Gesellschaftsvertrag. Das Naturgesetz von der Ungleichheit der Menschen*. Verlag Fritz Molden, Wien, München, Zürich 1971

Bauer, Joachim: *Warum ich fühle, was du fühlst. Intuitive Kommunikation und das Geheimnis der Spiegelneurone*. Hoffman und Campe, Hamburg 2005

Jacoboni, Marco: *Woher wir wissen, was andere denken und fühlen. Die neue Wissenschaft der Spiegelneuronen*. Deutsche Verlags-Anstalt, München 2008

Watzlawick, Paul: *Wie wirklich ist die Wirklichkeit? Wahn, Täuschung, Verstehen* (1976/2005)

# Index

## D



## E



## F



## G

## R



## S